Windows
Server | 2022
Active Directory 建置實務

序

感謝讀者長久以來的支持與愛護！這兩本 Windows Server 2022 書籍仍然是採用我一貫的編寫風格，也就是完全站在讀者立場來思考，並且以實務的觀點來編寫。我花費相當多時間在不斷的測試與驗證書中所敘述的內容，並融合多年的教學經驗，然後以最容易讓您瞭解的方式來編寫，希望能夠協助您迅速的學會 Windows Server 2022。

本套書的宗旨是希望能夠讓讀者透過書中清楚的實務操作，來充分的瞭解 Windows Server 2022，進而能夠輕鬆的控管 Windows Server 2022 的網路環境，因此書中不但理論解說清楚，而且範例充足。對需要參加微軟認證考試的讀者來說，這套書更是不可或缺的實務參考書籍。

學習網路作業系統，首重實做，唯有實際演練書中所介紹的各項技術，才能夠充分瞭解與掌控它，因此建議您利用 Microsoft Hyper-V、VMware Workstation 或 Oracle VirtualBox 等提供虛擬環境的軟體，來建置書中的網路測試環境。

本套書分為《Windows Server 2022 系統與網站建置實務》與《Windows Server 2022 Active Directory 建置實務》兩本，內容豐富紮實，相信它們仍然不會辜負您的期望，給予您在學習 Windows Server 2022 上的最大幫助。

戴有煒

目錄

Chapter 4 利用群組原則管理使用者工作環境

Chapter 6   限制軟體的執行

Chapter 7   建立網域樹狀目錄與樹系

Chapter 10 操作主機的管理

Chapter 13　自動信任根 CA

Chapter 14　利用 WSUS 部署更新程式

1

Active Directory
網域服務（AD DS）

在 Windows Server 的網路環境中，Active Directory 網域服務（Active Directory Domain Services，AD DS）提供了各種強大的功能來組織、管理與控制網路資源。

1-1 Active Directory 網域服務概觀

何謂 **directory** 呢？日常生活中的電話簿內記錄著親朋好友的姓名與電話等資料，這是 **telephone directory**（電話目錄）；電腦中的檔案系統（file system）內記錄著檔案的檔名、大小與日期等資料，這是 **file directory**（檔案目錄）。

這些 directory 內的資料若能夠有系統加以整理的話，使用者就能夠很容易與迅速的尋找到所需資料，而 directory service（目錄服務）所提供的服務，就是要讓使用者很容易與迅速的在 directory 內尋找所需資料。

Active Directory 網域內的 directory database（目錄資料庫）被用來儲存使用者帳戶、電腦帳戶、印表機與共用資料夾等物件，而提供目錄服務的元件就是 **Active Directory 網域服務**（Active Directory Domain Services，AD DS），它負責目錄資料庫的儲存、新增、刪除、修改與查詢等工作。

Active Directory 網域服務的適用範圍（Scope）

AD DS 的適用範圍非常廣泛，它可以用在一台電腦、一個小型區域網路（LAN）或數個廣域網路（WAN）的結合。它包含此範圍中的所有物件，例如檔案、印表機、應用程式、伺服器、網域控制站與使用者帳戶等。

名稱空間（Namespace）

名稱空間是一塊界定好的區域（bounded area），在此區域內，我們可以利用某個名稱來找到與此名稱有關的資訊。例如一本電話簿就是一個**名稱空間**，在這本電話簿內（界定好的區域內），我們可以利用姓名來找到此人的電話、地址與生日等資料。又例如 Windows 作業系統的 NTFS 檔案系統也是一個**名稱空間**，在此檔案系統內，我們可以利用檔案名稱來找到此檔案的大小、修改日期與檔案內容等資料。

Active Directory 網域服務（AD DS）也是一個**名稱空間**。利用 AD DS，我們可以透過物件名稱來找到與此物件有關的所有資訊。

在 TCP/IP 網路環境內利用 Domain Name System（DNS）來解析主機名稱與 IP 位址的對應關係，例如透過 DNS 來得知主機的 IP 位址。AD DS 也是與 DNS 緊密的整合在一起，它的網域名稱空間也是採用 DNS 架構，因此網域名稱是採用 DNS 格式來命名，例如可以將 AD DS 的網域名稱命名為 sayms.local。

物件（Object）與屬性（Attribute）

AD DS 內的資源是以物件的形式存在，例如使用者、電腦等都是物件，而物件是透過**屬性**來描述其特徵，也就是說物件本身是一些**屬性**的集合。例如若要為使用者**王喬治**建立帳戶，則需新增一個物件類型（object class）為**使用者**的物件（也就是使用者帳戶），然後在此物件內輸入**王喬治**的姓、名、登入帳戶與地址等資料，其中的使用者帳戶就是物件，而姓、名與登入帳戶等就是該物件的屬性（見表 1-1-1）。另外圖 1-1-1 中的**王喬治**就是物件類型為**使用者**（user）的物件。

表 1-1-1

物件（object）	屬性（attributes）
使用者（user）	姓 名 登入帳戶 地址 …

圖 1-1-1

容區（Container）與組織單位（Organization Units，OU）

容區與物件相似，它也有自己的名稱，也是一些屬性的集合，不過容區內可以包含其他物件（例如**使用者**、**電腦**等物件），也可以包含其他容區。而組織單位是一個比較特殊的容區，其內除了可以包含其他物件與組織單位之外，還有**群組原則**（group policy）的功能。

如圖 1-1-2 所示就是一個名稱為**業務部**的組織單位，其內包含著數個物件，其中兩個為**電腦**物件、兩個為**使用者**物件與兩個本身也是組織單位的物件。AD DS 是以階層式的架構（hierarchical）將物件、容區與組織單位等組合在一起，並將其儲存到 AD DS 資料庫內。

圖 1-1-2

網域樹狀目錄（Domain Tree）

您可以架設內含數個網域的網路，而且是以網域樹狀目錄（domain tree）的形式存在，例如圖 1-1-3 就是一個網域樹狀目錄，其中最上層的網域名稱為 sayms.local，它是此網域樹狀目錄的根網域（root domain）；根網域之下還有 2 個子網域（sales.sayms.local 與 mkt.sayms.local），之下總共還有 3 個子網域。

圖中網域樹狀目錄有符合 DNS 網域名稱空間的命名原則，而且是有連續性的，也就是子網域的網域名稱中包含其父網域的網域名稱，例如網域 sales.sayms.local 的尾碼中包含其前一層（父網域）的網域名稱 sayms.local；而 nor.sales.sayms.local 的尾碼中包含其前一層的網域名稱 sales.sayms.local。

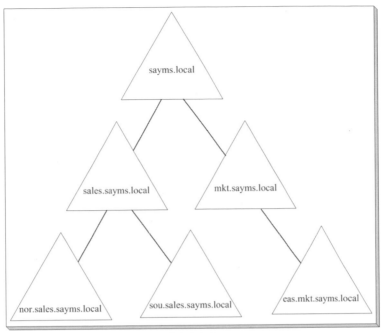

圖 1-1-3

在網域樹狀目錄內的所有網域共用一個 AD DS，也就是在此網域樹狀目錄之下只有一個 AD DS，不過其內的資料是分散儲存在各網域內，每一個網域內只儲存隸屬於該網域的資料，例如該網域內的使用者帳戶（儲存在網域控制站內）。

信任（Trust）

兩個網域之間必須擁有信任關係（trust relationship），才可以存取對方網域內的資源。而任何一個新的 AD DS 網域被加入到網域樹狀目錄後，這個網域便會自動信任其上一層的父網域，同時父網域也會自動信任此新的子網域，而且這些信任關係具備雙向轉移性（two-way transitive）。由於此信任工作是透過 Kerberos security protocol 來完成，因此也被稱為 Kerberos trust。

> **Q** 網域 A 的使用者登入到其所隸屬的網域後，這個使用者可否存取網域 B 內的資源呢？
>
> **A** 只要網域 B 有信任網域 A 就沒有問題。

我們以圖 1-1-4 來解釋雙向轉移性，圖中網域 A 信任網域 B（箭頭由 A 指向 B）、網域 B 又信任網域 C，因此網域 A 自動信任網域 C；另外網域 C 信任網域 B（箭頭由 C 指向 B）、網域 B 又信任網域 A，因此網域 C 自動信任網域 A。結果是網域 A 和網域 C 之間自動有著雙向的信任關係。

所以當任何一個新網域加入到網域樹狀目錄後，它會自動雙向信任這個網域樹狀目錄內所有的網域，因此只要擁有適當權限，這個新網域內的使用者便可以存取其他網域內的資源，同理其他網域內的使用者也可以存取這個新網域內的資源。

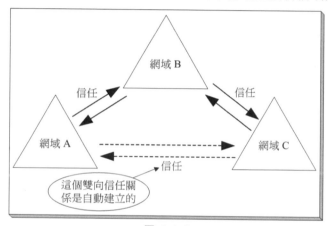

圖 1-1-4

樹系（Forest）

樹系是由一或數個網域樹狀目錄所組成，每一個網域樹狀目錄都有自己唯一的名稱空間，如圖 1-1-5 所示，例如其中一個網域樹狀目錄內的每一個網域名稱都是以 sayms.local 結尾，而另一個則都是以 say365.local 結尾。

第 1 個網域樹狀目錄的根網域，就是整個樹系的根網域（forest root domain），同時其網域名稱就是樹系的樹系名稱。例如圖 1-1-5 中的 sayms.local 是第 1 個網域樹狀目錄的根網域，它就是整個樹系的根網域，而樹系名稱就是 sayms.local。

樹系內，每一個網域樹狀目錄的根網域與樹系根網域之間雙向的、轉移性的信任關係都會自動的被建立起來，因此每一個網域樹狀目錄中的每一個網域內的使用者，只要擁有權限，就可以存取其他任何一個網域樹狀目錄內的資源，也可以到其他任何一個網域樹狀目錄內的成員電腦登入。

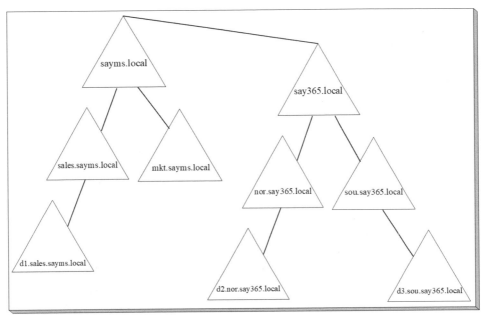

圖 1-1-5

架構（Schema）

AD DS 物件類型與屬性資料是定義在**架構**內，例如它定義了**使用者**物件類型內包含哪一些屬性（姓、名、電話等）、每一個屬性的資料類型等資訊。

隸屬於 Schema Admins 群組的使用者可以修改**架構**內的資料，應用程式也可以自行在**架構**內新增其所需的物件類型或屬性。在一個樹系內的所有網域樹狀目錄共用相同的**架構**。

網域控制站（Domain Controller）

Active Directory 網域服務（AD DS）的目錄資料是儲存在網域控制站內。一個網域內可以有多台網域控制站，每一台網域控制站的地位（幾乎）是平等的，它們各自儲存著一份相同的 AD DS 資料庫。當您在任何一台網域控制站內新增了一個使用者帳戶後，此帳戶預設是被建立在此網域控制站的 AD DS 資料庫，之後會自動被複寫（replicate）到其他網域控制站的 AD DS 資料庫（如圖 1-1-6），以便讓所有網域控制站內的 AD DS 資料庫都能夠同步（synchronize）。

當使用者在某台網域成員電腦登入時，會由其中一台網域控制站根據其 AD DS 資料庫內的帳戶資料，來審核使用者所輸入的帳戶與密碼是否正確。若是正確的，使用者就可以登入成功；反之，會被拒絕登入。

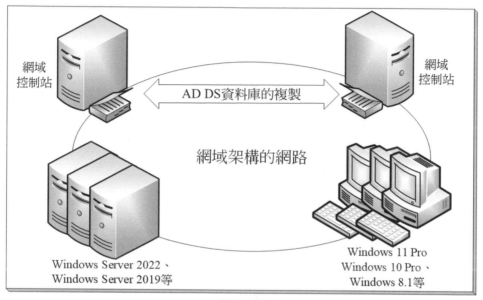

圖 1-1-6

多台網域控制站還可以改善使用者的登入效率，因為多台網域控制站可以分擔審核使用者登入身分（帳戶名稱與密碼）的負擔。另外它也可以提供容錯功能，例如雖然其中一台網域控制站故障了，但是其他網域控制站仍然能夠繼續提供服務。

網域控制站是由伺服器等級的電腦來扮演的，例如 Windows Server 2022、Windows Server 2019、Windows Server 2016 等。

唯讀網域控制站（RODC）

唯讀網域控制站（Read-Only Domain Controller，RODC）的 AD DS 資料庫只可以被讀取、不可以被修改，也就是說使用者或應用程式無法直接修改 RODC 的 AD DS 資料庫。RODC 的 AD DS 資料庫內容只能夠從其他**可寫式網域控制站**複寫過來。RODC 主要是設計給遠端分公司網路來使用，因為一般來說遠端分公司的網路規模比較小、使用者人數比較少，此網路的安全措施或許並不如總公司完備，同時也可能比較缺乏 IT 技術人員，因此採用 RODC 可避免因其 AD DS 資料庫被破壞而影響到整個 AD DS 環境的運作。

RODC 的 AD DS 資料庫內容

RODC 的 AD DS 資料庫內會儲存 AD DS 網域內的所有物件與屬性，但是使用者帳戶的密碼除外。遠地分公司的應用程式要讀取 AD DS 資料庫內的物件時，可以透過 RODC 來快速的取得。不過因為 RODC 並不儲存使用者的密碼，因此它在驗證使用者名稱與密碼時，仍然需將它們送到總公司的可寫式網域控制站來驗證。

由於 RODC 的 AD DS 資料庫是唯讀的，因此遠地分公司的應用程式要變更 AD DS 資料庫的物件（或使用者要變更密碼）的話，這些變更要求都會被轉介到總公司的可寫式網域控制站來處理，總公司的可寫式網域控制站再透過 AD DS 資料庫的複寫程序將這些異動資料複寫到 RODC。

單向複寫（Unidirectional Replication）

總公司的可寫式網域控制站的 AD DS 資料庫有異動時，此異動資料會被複寫到 RODC。然而因使用者或應用程式無法直接變更 RODC 的 AD DS 資料庫，故遠地分公司不會有異動資料被複寫到總公司的可寫式網域控制站，因而可以降低網路的負擔。

除此之外，可寫式網域控制站透過 DFS 分散式檔案系統將 SYSVOL 資料夾（用來儲存群組原則的相關設定）複寫給 RODC 時，也是採用單向複寫。

認證快取（Credential Caching）

RODC 在驗證使用者的密碼時，仍然需將它們送到總公司的可寫式網域控制站來驗證，若希望加快驗證速度的話，可以選擇將使用者的密碼儲存到 RODC 的認證快取區。您需要透過**密碼複寫原則**（Password Replication Policy）來選擇可以被 RODC 快取的帳戶。建議不要快取太多帳戶，因為分公司的安全措施可能比較差，若 RODC 被入侵的話，則儲存在快取區內的認證資訊可能會外洩。

系統管理員角色隔離（**Administrator Role Separation**）

您可以透過**系統管理員角色隔離**來將任何一位網域使用者指派為 RODC 的本機系統管理員，他可以在 RODC 這台網域控制站登入、執行管理工作，例如更新驅動程式等，但他卻無法執行其他網域管理工作，也無法登入其他網域控制站。此功能讓您可以將 RODC 的一般管理工作委派給使用者，但卻不會危害到網域安全。

唯讀網域名稱系統（**Read-Only Domain Name System**）

您可以在 RODC 上架設 DNS 伺服器，RODC 會複寫 DNS 伺服器的所有應用程式目錄分割區。用戶端可向此台扮演 RODC 角色的 DNS 伺服器提出 DNS 查詢要求。

不過 RODC 的 DNS 伺服器不支援用戶端直接來動態更新，因此用戶端的更新記錄要求，會被此 DNS 伺服器轉介到其他 DNS 伺服器，讓用戶端轉向該 DNS 伺服器更新，而 RODC 的 DNS 伺服器也會自動從這台 DNS 伺服器複寫這筆更新記錄。

可重新啟動的 AD DS（Restartable AD DS）

若要進行 AD DS 資料庫維護工作的話（例如資料庫離線重整），可以選擇進入**目錄服務修復模式**（或譯為**目錄服務還原模式**，Directory Service Restore Mode）來完成此工作，然而需先重新啟動電腦，再進入**目錄服務修復模式**，若這台網域控制站也同時提供其他網路服務的話，例如它同時也是 DHCP 伺服器，則重新啟動電腦期間將造成這些服務暫時中斷。

系統另外也提供**可重新啟動的 AD DS** 功能，也就是說若要執行 AD DS 資料庫維護工作的話，只需將 AD DS 服務停止即可，不需重新啟動電腦來進入**目錄服務修復模式**，如此不但可以讓 AD DS 資料庫的維護工作更容易、更快完成，而且其他服務也不會被中斷。完成維護工作後再重新啟動 AD DS 服務即可。

在 AD DS 服務停止的情況下，只要還有其他網域控制站在線上的話，則仍然可以在這台 AD DS 服務已經停止的網域控制站上利用網域使用者帳戶來登入。若沒有其他網域控制站在線上的話，則在這台 AD DS 服務已停止的網域控制站上，預設只能夠利用**目錄服務修復模式**的系統管理員帳戶來進入**目錄服務修復模式**。

Active Directory 資源回收筒

系統管理員若不小心將 AD DS 物件刪除的話，將造成不少困擾，例如誤刪組織單位的話，則其內所有物件都會不見，此時雖然系統管理員可以進入**目錄服務修復模式**來救回被誤刪的物件，不過比較耗費時間，而且在進入**目錄服務修復模式**這段期間內，網域控制站會暫時停止對用戶端提供服務。**Active Directory** 資源回收筒讓系統管理員不需要進入**目錄服務修復模式**，就可以快速救回被刪除的物件。

AD DS 的複寫模式

網域控制站之間在複寫 AD DS 資料庫時，分為以下兩種複寫模式：

▶ **多主機複寫模式**（multi-master replication model）：AD DS 資料庫內的大部分資料是利用此模式在複寫。在此模式下，您可以直接更新任何一台網域控制站內的 AD DS 物件，之後這個更新過的物件會被自動複寫到其他網域控制站。例如當您在任何一台網域控制站的 AD DS 資料庫內新增一個使用者帳戶後，此帳戶會自動被複寫到網域內的其他網域控制站。

▶ **單主機複寫模式**（single-master replication model）：AD DS 資料庫內少部分資料是採用**單主機複寫模式**來複寫。在此模式下，當您提出變更物件資料的要求時，會由其中一台網域控制站（被稱為**操作主機**）負責接收與處理此要求，也就是說該物件是先被更新在**操作主機**，再由**操作主機**將它複寫給其他網域控制站。例如新增或移除一個網域時，此異動資料會先被寫入到扮演**網域命名操作主機**角色的網域控制站內，再由它複寫給其他網域控制站（見第 10 章）。

網域中的其他成員電腦

若要充分控管網路內的電腦的話，請將它們加入網域。使用者在網域成員電腦上才能利用 AD DS 資料庫內的網域使用者帳戶來登入，在未加入網域的電腦上只能夠利用本機使用者帳戶登入。網域中的成員電腦包含：

▶ 成員伺服器（**member server**），例如：

　■ Windows Server 2022 Datacenter/Standard

- Windows Server 2019 Datacenter/Standard
- Windows Server 2016 Datacenter/Standard
- …

上述伺服器等級的電腦加入網域後被稱為**成員伺服器**，但其內並沒有 AD DS 資料庫，它們也不負責審核 AD DS 網域使用者名稱與密碼，而是將其轉送給網域控制站來審核。未加入網域的伺服器被稱為**獨立伺服器**（或**工作群組伺服器**）。但不論是獨立或成員伺服器都有**本機安全帳戶資料庫**（SAM），系統可以利用它來審核本機使用者（非 AD DS 網域使用者）的身分。

▶ 其他常用的 **Windows 電腦**，例如：

- Windows 11 Enterprise/Pro/Education
- Windows 10 Enterprise/Pro/Education
- Windows 8.1Enterprise/Pro
- Windows 8 Enterprise/Pro
- …

當上述用戶端電腦加入網域以後，使用者就可以在這些電腦上利用 AD DS 內的使用者帳戶來登入，否則只能夠利用本機使用者帳戶來登入。

您可以將 Windows Server 2022、Windows Server 2019 等獨立或成員伺服器升級為網域控制站，也可以將網域控制站降級為獨立或成員伺服器。

　較低階的版本，例如 Windows 11 Home、Windows 10 Home 等電腦無法加入網域，因此只能夠利用本機使用者帳戶來登入。

DNS 伺服器

網域控制站需將自己登記到 DNS 伺服器內，以便讓其他電腦透過 DNS 伺服器來找到這台網域控制站，因此網域環境需要有可支援 AD DS 的 DNS 伺服器。此伺服器最好支援**動態更新**（dynamic update）功能，以便當網域控制站的角色有異動或網域成員電腦的 IP 位址等資料有變更時，可以自動更新 DNS 伺服器內的記錄。

Lightweight Directory Access Protocol（LDAP）

LDAP（Lightweight Directory Access Protocol）是一種用來查詢與更新 AD DS 資料庫的目錄服務通訊協定。AD DS 是利用 **LDAP 名稱路徑**（LDAP naming path）來表示物件在 AD DS 資料庫內的位置，以便用它來存取 AD DS 資料庫內的物件。

LDAP 名稱路徑包含：

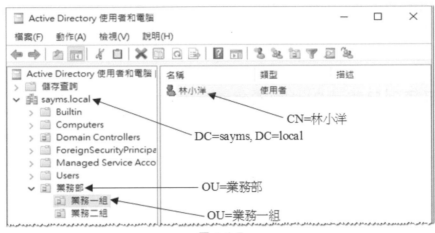

圖 1-1-7

▶ **Distinguished Name（DN）**：它是物件在 AD DS 內的完整路徑，例如圖 1-1-7 中的使用者帳戶名稱為林小洋，其 DN 為：

CN=林小洋,OU=業務一組,OU=業務部,DC=sayms,DC=local

其中 DC（domain component）為 DNS 網域名稱中的元件，例如 sayms.local 中的 sayms 與 local；OU 為組織單位；CN 為 common name。除了 DC 與 OU 之外，其他都是利用 CN 來表示，例如使用者與電腦物件都是屬於 CN。上述 DN 表示法中的 **sayms.local** 為網域名稱，**業務部**、**業務一組** 都是組織單位。此 DN 表示帳戶林小洋是儲存在 **sayms.local\業務部\業務一組** 路徑內。

▶ **Relative Distinguished Name（RDN）**：RDN 是用來代表 DN 完整路徑中的部分路徑，例如前述路徑中，**CN=林小洋** 與 **OU=業務一組** 等都是 RDN。

除了 DN 與 RDN 這兩個物件名稱外，另外還有以下名稱：

▶ **Global Unique Identifier（GUID）**：系統會自動為每一物件指定一個唯一的、128 位元數值的 GUID。雖然您可以變更物件名稱，但其 GUID 永遠不會改變。

▶ **User Principal Name**（**UPN**）：每一使用者還可以有一個比 DN 更短、更容易記憶的 UPN，例如圖 1-1-7 中的**林小洋**是隸屬網域 sayms.local，則其 UPN 可為 bob@sayms.local。使用者登入時所輸入帳戶名稱最好使用 UPN，因為無論此使用者的帳戶被搬移到哪一個網域，其 UPN 都不會改變，因此使用者可以一直使用同一個名稱來登入。

▶ **Service Principal Name**（**SPN**）：SPN 是一個內含多重設定值的名稱，它是根據 DNS 主機名稱來建立的。SPN 用來代表某台電腦所支援的服務，它讓其他電腦可以透過 SPN 來與這台電腦的服務溝通。

通用類別目錄（Global Catalog）

雖然在網域樹狀目錄內的所有網域共用一個 AD DS 資料庫，但其資料是分散在各個網域內，而每一個網域只儲存該網域本身的資料。為了讓使用者、應用程式能夠快速找到位於其他網域內的資源，因此在 AD DS 內便設計了**通用類別目錄**（global catalog）。一個樹系內的所有網域樹狀目錄共用相同的**通用類別目錄**。

通用類別目錄的資料是儲存在網域控制站內，這台網域控制站可被稱為**通用類別目錄伺服器**。雖然它儲存著樹系內所有網域的 AD DS 資料庫內的所有物件，但是只儲存物件的部分屬性，這些屬性都是平常比較會被用來搜尋的屬性，例如使用者的電話號碼、登入帳戶名稱等。**通用類別目錄**讓使用者即使不知道物件是位於哪一個網域內，仍然可以很快速的找到所需物件。

使用者登入時，**通用類別目錄伺服器**還負責提供該使用者所隸屬的**萬用群組**(後述)資訊；使用者利用 UPN 登入時，他是隸屬於哪一個網域的資訊，也是由**通用類別目錄伺服器**來負責提供。

站台（Site）

站台是由一或數個 IP 子網路所組成，這些子網路之間透過**高速且可靠的連線**串接起來，也就是這些子網路之間的連線速度要夠快且穩定、符合您的需求，否則您就應該將它們分別規劃為不同的站台。

一般來說，一個 LAN（區域網路）之內的各個子網路之間的連線都符合速度快且高可靠度的要求，因此可以將一個 LAN 規劃為一個站台；而 WAN（廣域網路）內的各個 LAN 之間的連線速度一般都比較慢，因此 WAN 之中的各個 LAN 應分別規劃為不同的站台，參見圖 1-1-8。

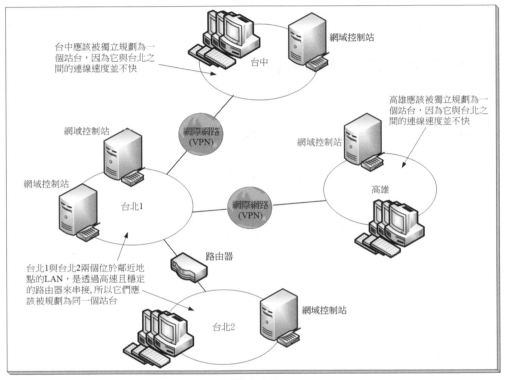

圖 1-1-8

網域是邏輯的（logical）分組，而站台是實體的（physical）分組。在 AD DS 內每一個站台可能內含多個網域；而一個網域內的電腦們也可能分別散佈在不同的站台內。

若一個網域的網域控制站分佈在不同站台內，而站台之間是低速連線的話，由於不同站台的網域控制站之間會互相複寫 AD DS 資料庫，為了避免複寫時佔用站台之間連線的頻寬，影響站台之間其他資料的傳輸效率，因此需謹慎規劃執行複寫的時段，也就是盡量在離峰時期才執行複寫工作，同時複寫頻率不要太高。

同一個站台內的網域控制站之間是透過快速連線串接在一起，因此在複寫 AD DS 資料時，可以快速複寫。AD DS 會設定讓同一個站台內、隸屬於同一個網域的網域控制站之間自動執行複寫工作，且預設的複寫頻率也比不同站台之間來得高。

不同站台之間在複寫時所傳送的資料會被壓縮，以減少站台之間連線頻寬的負擔；但是同一個站台內的網域控制站之間在複寫時並不會壓縮資料。

目錄分割區（Directory Partition）

AD DS 資料庫被邏輯的分為以下數個目錄分割區：

▶ **架構目錄分割區（Schema Directory Partition）**：它儲存著整個樹系中所有物件與屬性的定義資料，也儲存著如何建立新物件與屬性的規則。整個樹系內所有網域共用一份相同的**架構目錄分割區**，它會被複寫到樹系中所有網域的所有網域控制站。

▶ **設定目錄分割區（Configuration Directory Partition）**：其內儲存著整個 AD DS 的結構，例如有哪些網域、有哪些站台、有哪些網域控制站等資料。整個樹系共用一份相同的**設定目錄分割區**，它會被複寫到樹系中所有網域的所有網域控制站。

▶ **網域目錄分割區（Domain Directory Partition）**：每一個網域各有一個**網域目錄分割區**，其內儲存著與該網域有關的物件，例如使用者、群組與電腦等物件。每一個網域各自擁有一份**網域目錄分割區**，它只會被複寫到該網域內的所有網域控制站，並不會被複寫到其他網域的網域控制站。

▶ **應用程式目錄分割區（Application Directory Partition）**：一般來說，它是由應用程式所建立的，其內儲存著與該應用程式有關的資料。例如由 Windows Server 2022 扮演的 DNS 伺服器，若所建立的 DNS 區域為**整合 Active Directory 區域**的話，則它便會在 AD DS 資料庫內建立**應用程式目錄分割區**，以便儲存該區域的資料。**應用程式目錄分割區**會被複寫到樹系中的特定網域控制站，而不是所有的網域控制站。

1-2 網域功能等級與樹系功能等級

AD DS 將網域與樹系劃分為不同的功能等級,每個等級各有不同的特色與限制。

網域功能等級(Domain Functionality Level)

Active Directory 網域服務(**AD DS**)的**網域功能等級**設定只會影響到該網域本身而已,不會影響到其他網域。**網域功能等級**分為以下幾種模式:

▶ **Windows Server 2008**:網域控制站需 Windows Server 2008 或新版。

▶ **Windows Server 2008 R2**:網域控制站需 Windows Server 2008 R2 或新版。

▶ **Windows Server 2012**:網域控制站需 Windows Server 2012 或新版。

▶ **Windows Server 2012 R2**:網域控制站需 Windows Server 2012 R2 或新版。

▶ **Windows Server 2016**:網域控制站需 Windows Server 2016 或新版。

其中的 **Windows Server 2016** 等級擁有 AD DS 的所有功能。您可以提升網域功能等級,例如將 **Windows Server 2012 R2** 提升到 **Windows Server 2016**。

 Windows Server 2022、Windows Server 2019 並未增加新的增網域功能等級與樹系功能等級,目前最高等級仍然是 Windows Server 2016。

樹系功能等級(Forest Functionality Level)

Active Directory 網域服務(**AD DS**)的**樹系功能等級**設定,會影響到該樹系內的所有網域。**樹系功能等級**分為以下幾種模式:

▶ **Windows Server 2008**:網域控制站需 Windows Server 2008 或新版。

▶ **Windows Server 2008 R2**:網域控制站需 Windows Server 2008 R2 或新版。

▶ **Windows Server 2012**:網域控制站需 Windows Server 2012 或新版。

▶ **Windows Server 2012 R2**:網域控制站需 Windows Server 2012 R2 或新版。

▶ **Windows Server 2016**:網域控制站需 Windows Server 2016 或新版。

其中的 **Windows Server 2016** 等級擁有 AD DS 的所有功能。您可以提升樹系功能等級，例如將 **Windows Server 2012 R2** 提升到 **Windows Server 2016**。

表 1-2-1 中列出每一個樹系功能等級所支援的網域功能等級。

表 1-2-1

樹系功能等級	支援的網域功能等級
Windows Server 2008	Windows Server 2008、Windows Server 2008 R2、Windows Server 2012、Windows Server 2012 R2、Windows Server 2016
Windows Server 2008 R2	Windows Server 2008 R2、Windows Server 2012、Windows Server 2012 R2、Windows Server 2016
Windows Server 2012	Windows Server 2012、Windows Server 2012 R2、Windows Server 2016
Windows Server 2012 R2	Windows Server 2012 R2、Windows Server 2016
Windows Server 2016	Windows Server 2016

1-3 Active Directory 輕量型目錄服務

我們從前面的介紹已經知道 AD DS 資料庫是一個符合 LDAP 規範的目錄服務資料庫，它除了可以用來儲存 AD DS 網域內的物件（例如使用者帳戶、電腦帳戶等）之外，也提供**應用程式目錄分割區**，以便讓支援目錄存取的應用程式（directory-enabled application）可將該程式的相關資料儲存到 AD DS 資料庫內。

然而前面所介紹的環境中，必須建立 AD DS 網域與網域控制站，才能夠使用 AD DS 目錄服務與資料庫。為了讓沒有網域的環境，也能夠擁有跟 AD DS 一樣的目錄服務，因此便提供了一個稱為 **Active Directory 輕量型目錄服務**（Active Directory Lightweight Directory Services，**AD LDS**）的服務。

AD LDS 可以讓您在電腦內建立多個目錄服務的環境，每一個環境被稱為是一個 **AD LDS 執行個體**（instance），每一個 **AD LDS 執行個體**分別擁有獨立的目錄設定與架構（schema），也分別各擁有專屬的目錄資料庫，以供支援目錄存取的應用程式來使用。

若要在 Windows Server 2022 內安裝 AD LDS 角色的話：【點擊左下角**開始**圖示⊞ ➲伺服器管理員➲點擊**儀表板**處的**新增角色及功能**➲...➲如圖 1-3-1 所示選擇 **Active Directory 輕量型目錄服務**➲...】 。之後就可以透過以下途徑來建立 **AD LDS 執行個體**：【點擊左下角**開始**圖示⊞➲Windows 系統管理工具 ➲**Active Directory 輕量型目錄服務安裝精靈**】，也可以透過【點擊左下角**開始**圖示⊞ ➲Windows 系統管理工具➲ADSI 編輯器】來管理 **AD LDS 執行個體**內的目錄設定、架構、物件等。

![圖 1-3-1：新增角色及功能精靈 - 選取伺服器角色畫面，目的地伺服器 Server1，勾選 Active Directory 輕量型目錄服務]

圖 1-3-1

建立 AD DS 網域

建置 AD DS（Active Directory Domain Services）網域環境後，就可以透過 AD DS 的強大功能來讓您更容易的、更有效率的管理網路。

2-1 建立 AD DS 網域前的準備工作

建立 AD DS 網域的方法，可以先安裝一台伺服器，然後再將其升級（promote）為網域控制站。在建立 AD DS 網域前，請先確認以下的準備動作是否已經完成：

▶ 選擇適當的 DNS 網域名稱

▶ 準備好一台用來支援 AD DS 的 DNS 伺服器

▶ 選擇 AD DS 資料庫的儲存地點

選擇適當的 DNS 網域名稱

AD DS 網域名稱是採用 DNS 的架構與命名方式，因此請先為 AD DS 網域取一個符合 DNS 格式的網域名稱，例如 sayms.local（本書皆以虛擬的**最高層網域**名稱.local 為例來說明）。

準備好一台支援 AD DS 的 DNS 伺服器

在 AD DS 網域中，網域控制站會將它所扮演的角色登記到 DNS 伺服器內，以便讓其他電腦透過 DNS 伺服器來找到這台網域控制站，因此需要一台 DNS 伺服器，且它需支援 SRV 記錄，最好也支援**動態更新**與 Incremental Zone Transfer 等功能：

▶ **Service Location Resource Record（SRV RR）**：網域控制站需將其所扮演的角色登記到 DNS 伺服器的 SRV 記錄內，因此 DNS 伺服器需支援 SRV 記錄。Windows Server 的 DNS 伺服器與 BIND DNS 伺服器都支援此功能。

▶ **動態更新**：若未支援此功能的話，則網域控制站將無法自動將自己登記到 DNS 伺服器的 SRV 記錄內，此時需由系統管理員手動將資料輸入到 DNS 伺服器，如此會增加管理負擔。Windows Server 與 BIND 的 DNS 伺服器都支援此功能。

▶ **Incremental Zone Transfer（IXFR）**：它讓此 DNS 伺服器與其他 DNS 伺服器之間在執行**區域轉送**（zone transfer）時，只會複寫最新異動記錄，而不是複寫區域內的所有記錄。它可提高複寫效率、減少網路負擔。Windows Server 與 BIND 的 DNS 伺服器都支援此功能。

您可以採用以下兩種方式之一來架設 DNS 伺服器：

▶ 在將伺服器升級為網域控制站時，順便讓系統自動在這台伺服器上安裝 DNS 伺服器，它還會自動建立一個支援 AD DS 網域的 DNS 區域，例如 AD DS 網域名稱為 sayms.local，則其所自動建立的區域名稱為 sayms.local，並會自動啟用動態更新。

請先在這台即將成為網域控制站與 DNS 伺服器電腦上，清除其**慣用 DNS 伺服器**的 IP 位址或改為輸入自己的 IP 位址（如圖 2-1-1 所示），無論選擇哪一種設定方式，升級時系統都可以自動安裝 DNS 伺服器角色。

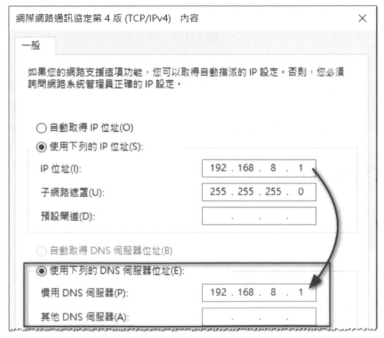

圖 2-1-1

▶ 使用現有 DNS 伺服器或另外安裝一台 DNS 伺服器，然後在這台 DNS 伺服器內建立用來支援 AD DS 網域的區域，例如 AD DS 網域名稱為 sayms.local，則請自行建立一個名稱為 sayms.local 的 DNS 區域，然後啟用動態更新功能，如圖 2-1-2 所示為選擇**非安全的及安全的**動態更新，若它是**整合 Active Directory 區域**的話，則您還可以選擇只有安全的動態更新。別忘了先在即將升級為網域控制站的電腦上，將其**慣用 DNS 伺服器**的 IP 位址指定到這台 DNS 伺服器。

圖 2-1-2

> 可透過【開啟伺服器管理員●點擊儀表板處的新增角色及功能●…●勾選 DNS 伺服器●…】的途徑來安裝 DNS 伺服器,然後透過【開啟伺服器管理員●點擊右上角工具●DNS●對著正向對應區域按右鍵●新增區域】的途徑來建立區域。

選擇 AD DS 資料庫的儲存地點

網域控制站需要利用磁碟空間來儲存以下三項與 AD DS 有關的資料:

▶ **AD DS 資料庫**:用來儲存 AD DS 物件

▶ **記錄檔**:用來儲存 AD DS 資料庫的異動記錄

▶ **SYSVOL 資料夾**:用來儲存網域共用檔案(例如與群組原則有關的檔案)

它們都必須被儲存到本機磁碟內,其中的 SYSVOL 資料夾需位於 NTFS 磁碟內。建議將 AD DS 資料庫與記錄檔分別儲存到不同硬碟內,一方面是因為兩顆硬碟獨立運作,可以提高運作效率,另一方面是因為分開儲存,可以避免兩份資料同時出問題,以提高 AD DS 資料庫的復原能力。

您也應該將 AD DS 資料庫與記錄檔都儲存到 NTFS 磁碟,以便透過 NTFS 權限來增加這些檔案的安全性,而系統預設是將它們都儲存到 Windows Server 2022 的安裝磁碟內(它是 NTFS 磁碟)。

若要將 AD DS 資料庫、記錄檔或 SYSVOL 資料夾儲存到另外一個 NTFS 磁碟，但電腦內目前並沒有其他 NTFS 磁碟的話，可採用以下方法來建立 NTFS 磁碟：

▶ **若磁碟內還有未分割的可用空間**：此時可以利用【開啟伺服器管理員◯點擊右上角工具◯電腦管理◯存放裝置◯磁碟管理◯對著未配置的可用空間按右鍵】的途徑來建立一個新的 NTFS 磁碟。

▶ **利用 CONVERT 指令來轉換現有磁碟**：例如要將 D:磁碟（FAT 或 FAT32）轉換成 NTFS 磁碟的話，可執行 **CONVERT D: /FS:NTFS** 指令。

2-2 建立 AD DS 網域

以下利用圖 2-2-1 來說明如何建立第 1 個樹系中的第 1 個網域（根網域）：我們將先安裝一台 Windows Server 2022 伺服器，然後將其升級為網域控制站與建立網域。我們也將架設此網域的第 2 台網域控制站（Windows Server 2022）、第 3 台網域控制站（Windows Server 2022）、一台成員伺服器（Windows Server 2022）與一台加入網域的 Windows 11 電腦。

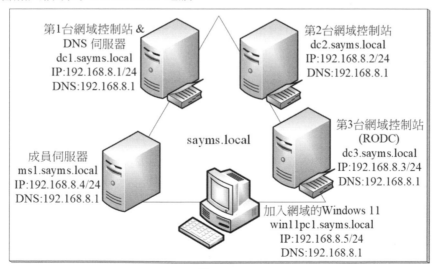

圖 2-2-1

建議利用 Hyper-V、VMware Workstation 或 VirtualBox 等提供虛擬環境的軟體來建置圖中的網路環境。若圖中的虛擬機器是從現有的虛擬機器複製來的話，記得它們需要執行 C:\windows\System32\Sysprep 內的 Sysprep.exe，並勾選一般化。

> 若要將現有網域升級的話,則樹系中的網域控制站都必須是 Windows Server 2008 (含) 以上的版本,且需先分別執行 Adprep /forestprep 與 Adprep /domainprep 指令來為樹系與網域執行準備工作,此指令檔位於 Windows Server 2022 光碟 support\adprep 資料夾。其他升級步驟與作業系統升級的步驟類似。

我們要將圖 2-2-1 左上角的伺服器升級為網域控制站,因為它是第一台網域控制站,因此這個升級動作會同時完成以下工作:

▶ 建立第一個新樹系

▶ 建立此新樹系中的第一個網域樹狀目錄

▶ 建立此新網域樹狀目錄中的第一個網域

▶ 建立此新網域中的第一台網域控制站

換句話說,在您建立圖 2-2-1 中第一台網域控制站 dc1.sayms.local 時,它就會同時建立此網域控制站所隸屬的網域 sayms.local、建立網域 sayms.local 所隸屬的網域樹狀目錄,而網域 sayms.local 也是此網域樹狀目錄的根網域。由於是第一個網域樹狀目錄,因此它同時會建立新樹系,樹系名稱就是第一個網域樹狀目錄之根網域的網域名稱 sayms.local。網域 sayms.local 就是整個樹系的**樹系根網域**。

我們將透過新增伺服器角色的方式,來將圖 2-2-1 中左上角的伺服器 dc1.sayms.local 升級為網路中的第一台網域控制站。

STEP **1** 請先在圖 2-2-1 中左上角的伺服器 dc1.sayms.local 上安裝 Windows Server 2022、將其電腦名稱設定為 dc1、IPv4 位址等依照圖所示來設定 (圖中採用 TCP/IPv4)。將電腦名稱設定為 dc1 即可,等升級為網域控制站後,它會自動被改為 dc1.sayms.local。

STEP **2** 開啟**伺服器管理員**、點擊儀表板處的**新增角色及功能**。

STEP **3** 持續按 下一步 鈕一直到圖 2-2-2 中勾選 **Active Directory 網域服務**、點擊 新增功能 鈕。

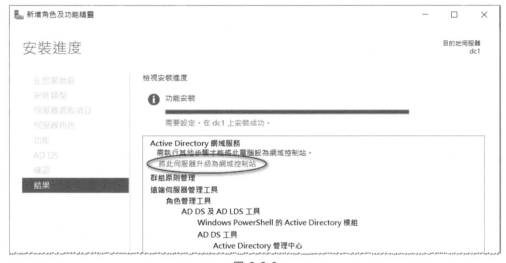

圖 2-2-2

STEP **4** 持續按 下一步 鈕一直到**確認安裝選項**畫面中按 安裝 鈕。

STEP **5** 圖 2-2-3 為完成安裝後的畫面,請點擊**將此伺服器升級為網域控制站**。

圖 2-2-3

若已經關閉圖 2-2-3 的畫面的話,則請如圖 2-2-4 所示點擊**伺服器管理員**上方的旗幟符號、點擊**將此伺服器升級為網域控制站**。

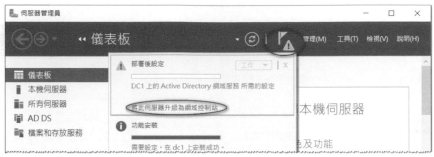

圖 2-2-4

STEP **6** 如圖 2-2-5 所示選擇**新增樹系**、設定**樹系**根網域名稱（假設是 sayms.local ）、
按**下一步**鈕。

圖 2-2-5

STEP **7** 完成圖 2-2-6 中的設定後按**下一步**鈕：

- 選擇樹系功能等級、網域功能等級

  此處我們所選擇的樹系功能等級為預設的 Windows Server 2016，
  此時網域功能等級只能選擇 Windows Server 2016。若您選擇其他
  樹系功能等級的話，就還可以選擇其他網域功能等級。

- 預設會直接在此伺服器上安裝 DNS 伺服器

- 第一台網域控制站需扮演**通用類別目錄**伺服器角色

- 第一台網域控制站不可以是**唯讀網域控制站**（RODC）

- 設定**目錄服務還原模式**的系統管理員密碼：

  目錄服務還原模式（目錄服務修復模式）是安全模式，進入此模式
  可以修復 AD DS 資料庫，不過進入目錄服務還原模式前需輸入此
  處所設定的密碼（詳見第 11 章）。

密碼預設需至少 7 個字元，且不可包含使用者帳戶名稱（指**使用者**
SamAccountName）或全名，還有至少要包含 A－Z、a－z、0－9、非字母數
字（例如!、$、#、%）等 4 組字元中的 3 組，例如 123abcABC 為有效密碼，
而 1234567 為無效密碼。

圖 2-2-6

STEP **8** 出現圖 2-2-7 的警示畫面時，因為目前不會有影響，故不必理會它，直接
按下一步鈕。

圖 2-2-7

STEP **9** 在**其他選項**畫面中，安裝程式會自動為此網域設定一個 NetBIOS 網域名
稱。若此名稱已被佔用的話，則會自動指定建議名稱。完成後按下一步鈕。
（預設為 DNS 網域名稱第 1 個句點左邊的文字，例如 DNS 名稱為
sayms.local，則 NetBIOS 名稱為 SAYMS，它讓不支援 DNS 名稱的舊系
統，可透過 NetBIOS 名稱來與此網域溝通。NetBIOS 名稱不分大小寫）。

STEP **10** 在圖 2-2-8 中可直接按 下一步 鈕：

- **資料庫資料夾**：用來儲存 AD DS 資料庫。
- **記錄檔資料夾**：用來儲存 AD DS 資料庫的異動記錄，此記錄檔可用來修復 AD DS 資料庫。
- **SYSVOL 資料夾**：用來儲存網域共用檔案(例如群組原則相關的檔案)。

圖 2-2-8

STEP **11** 在 **檢閱選項** 畫面中，確認選項無誤後按 下一步 鈕。

STEP **12** 在圖 2-2-9 的畫面中，若順利通過檢查的話，就直接按 安裝 鈕，否則請根據畫面提示先排除問題。安裝完成後會自動重新開機。

圖 2-2-9

完成網域控制站的安裝後，原本這台電腦的本機使用者帳戶會被轉移到 AD DS 資料庫。另外由於它本身也是 DNS 伺服器，因此會如圖 2-2-10 所示自動將**慣用 DNS 伺服器**的 IP 位址改為代表自己的 127.0.0.1。

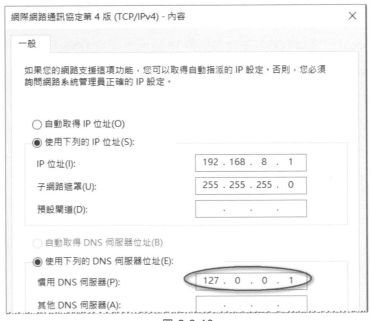

圖 2-2-10

 此電腦升級為網域控制站後，它會自動在 Windows Defender 防火牆中例外開放 AD DS 相關的連接埠，以便讓其他電腦可以來與此網域控制站溝通。

2-3 確認 AD DS 網域是否正常

AD DS 網域建立完成後，我們來檢查 DNS 伺服器內的 SRV 與主機記錄、網域控制站內的 SYSVOL 資料夾、AD DS 資料庫檔案等是否都已經正常的建立完成。

檢查 DNS 伺服器內的記錄是否完備

網域控制站會將其主機名稱、IP 位址與所扮演角色等資料登記到 DNS 伺服器，以便讓其他電腦透過 DNS 伺服器來找到此網域控制站。我們先檢查 DNS 伺服器內是否有這些記錄。請利用網域系統管理員（sayms\Administrator）登入。

檢查主機記錄

首先檢查網域控制站是否已將其主機名稱與 IP 位址登記到 DNS 伺服器：【到兼具
DNS 伺服器角色的 dc1.sayms.local 上開啟**伺服器管理員**⊃點擊右上角**工具**⊃DNS】，
如圖 2-3-1 所示會有一個 sayms.local 區域，圖中**主機（A）**記錄表示網域控制站
dc1.sayms.local 已成功的將其主機名稱與 IP 位址登記到 DNS 伺服器內。

圖 2-3-1

檢查 SRV 記錄－利用 DNS 主控台

若網域控制站已經成功將其所扮演的角色登記到 DNS 伺服器的話，則還會有如圖
2-3-2 所示的 _tcp、_udp 等資料夾。圖中_tcp 資料夾右方資料類型為**服務位置（SRV）**
的_ldap 記錄，表示 dc1.sayms.local 已經成功的登記為網域控制站。由圖中的_gc
記錄還可以看出**通用類別目錄伺服器**的角色也是由 dc1.sayms.local 所扮演。

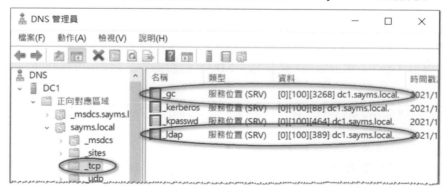

圖 2-3-2

LDAP 伺服器是用來提供 AD DS 資料庫存取的伺服器,而網域控制站就是扮演 LDAP 伺服器的角色。

DNS 區域內有了這些資料後,其他欲加入網域的電腦,就可以透過此區域來得知網域控制站為 dc1.sayms.local。網域內的其他成員電腦(成員伺服器、Windows 11 等用戶端電腦)預設也會將其主機與 IP 位址資料登記到此區域內。

網域控制站不但會將自己所扮演的角色登記到_tcp、_sites 等相關的資料夾內,還會另外登記到_msdcs 資料夾。若 DNS 伺服器是在安裝 AD DS 時順便安裝的,則還會建立一個名稱為_msdcs.sayms.local 的區域,它是專供 Windows Server 網域控制站來登記的,此時網域控制站會將其資料登記到_msdcs.sayms.local 內, 而不是_msdcs 內。如圖 2-3-3 所示為在_msdcs.sayms.local 區域內的部份記錄。

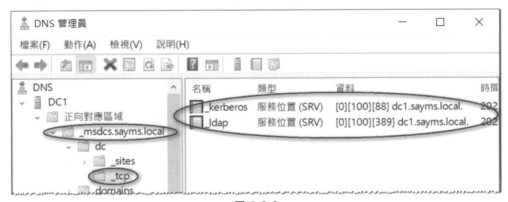

圖 2-3-3

在您完成第一個網域的建立之後,系統就會自動建立一個名稱為 Default-First-Site-Name 的站台(site),而我們所建立的網域控制站預設也是位於此站台內,因此在 DNS 伺服器內也會有這些記錄,例如圖 2-3-4 中位於此站台內扮演**通用類別目錄伺服器**(gc)、**Kerberos 伺服器**、**LDAP 伺服器**等三個角色的網域控制站都是 dc1.sayms.local。

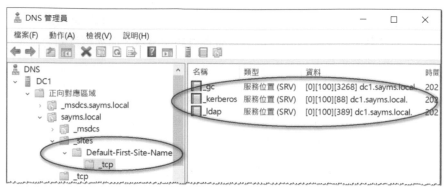

圖 2-3-4

檢查 SRV 記錄－利用 NSLOOKUP 指令

您也可以利用 **NSLOOKUP** 指令來檢查 DNS 伺服器內的 SRV 記錄。

STEP **1** 點擊左下角開始圖示⊞➔Windows PowerShell。

STEP **2** 執行 **nslookup**

STEP **3** 輸入 **set type=srv** 後按 Enter 鍵（表示要顯示 SRV 記錄）。

STEP **4** 如圖 2-3-5 所示輸入 **_ldap._tcp.dc._msdcs.sayms.local** 後按 Enter 鍵，由
圖中可看出網域控制站 dc1.sayms.local 已經成功的將其扮演 LDAP 伺服
器角色的資訊登記到 DNS 伺服器內。

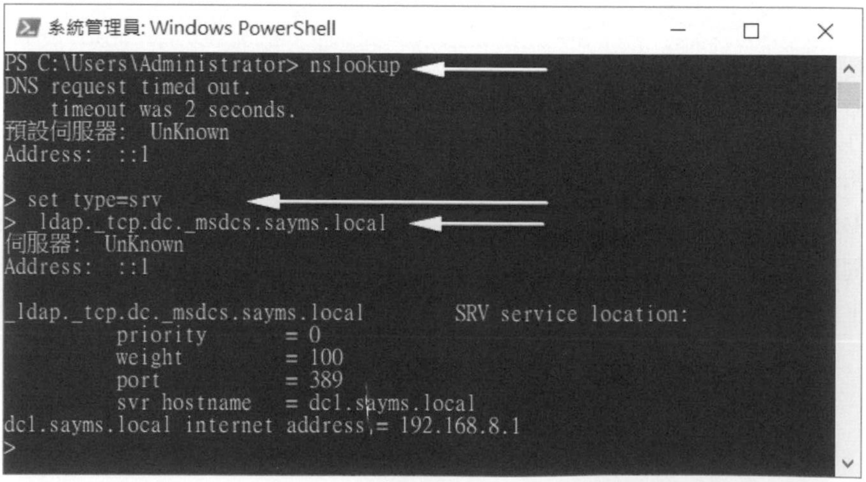

```
PS C:\Users\Administrator> nslookup
DNS request timed out.
        timeout was 2 seconds.
預設伺服器:   UnKnown
Address:  ::1

> set type=srv
>  _ldap._tcp.dc._msdcs.sayms.local
伺服器:  UnKnown
Address:  ::1

_ldap._tcp.dc._msdcs.sayms.local          SRV service location:
          priority      = 0
          weight        = 100
          port          = 389
          svr hostname  = dc1.sayms.local
dc1.sayms.local internet address = 192.168.8.1
>
```

圖 2-3-5

畫面中之所以會出現 "DNS request timed out..." 與 "預設伺服器：UnKnown 訊息"（可以不必理會這些訊息），是因為 nslookup 會根據 TCP/IP 處的 DNS 伺服器 IP 位址設定，來查詢 DNS 伺服器的主機名稱，但卻查詢不到。若不想 出現此訊息的話，可將網路連線內的 TCP/IPv6 停用、或修改 TCP/IPv6 設定為 "自動取得 DNS 伺服器位址"、或在 DNS 伺服器建立適當的 IPv4/IPv6 反向 對應區域與 PTR 記錄。

STEP **5** 您還可以利用更多類似的指令來查看其他 SRV 記錄，例如利用 **_gc._tcp.sayms.local** 指令來查看扮演**通用類別目錄伺服器**的網域控制站。 您可利用 **ls -t SRV sayms.local** 指令來查看所有的 SRV 記錄，不過需先 在 DNS 伺服器上將 sayms.local 區域的**允許區域轉送**權利開放給您的電 腦，否則在此電腦上查詢會失敗，且會顯示 **Query refused** 的警告訊息。 執行 **exit** 指令可以結束 **nslookup**。

DNS 伺服器的**區域轉送**設定途徑：【對著 sayms.local 區域按右鍵❏內容❏區 域轉送】。

排除登記失敗的問題

若因為網域成員本身的設定有誤或網路問題，造成它們無法將資料登記到 DNS 伺 服器的話，則您可在問題解決後，重新啟動這些電腦或利用以下方法來手動登記：

▶ 若是某網域成員電腦的主機名稱與 IP 位址沒有正確登記到 DNS 伺服器的話， 此時可到此電腦上執行 **ipconfig /registerdns** 來手動登記。完成後，到 DNS 伺 服器檢查是否已有正確記錄，例如網域成員主機名稱為 dc1.sayms.local，IP 位 址為 192.168.8.1，則請檢查區域 sayms.local 內是否有 dc1 的主機（A）記錄、 其 IP 位址是否為 192.168.8.1。

▶ 若發現網域控制站並沒有將其所扮演的角色登記到 DNS 伺服器內的話，也就是 並沒有類似前面圖 2-3-2 中的_tcp 等資料夾與相關記錄時，請到此台網域控制 站上利用【開啟伺服器管理員❏點擊右上角工具功能表❏服務❏如圖 2-3-6 所 示對著 **Netlogon** 服務按右鍵❏重新啟動】的方式來登記。

圖 2-3-6

 網域控制站預設也會自動每隔 24 小時向 DNS 伺服器登記 1 次。

檢查 AD DS 資料庫檔案與 SYSVOL 資料夾

AD DS 資料庫檔案與記錄檔預設是在**%*systemroot*%\ntds** 資料夾內，故您可以利用【按 Windows 鍵⊞+ R 鍵⮕輸入**%*systemroot*%\ntds**⮕按 確定 鈕】來檢查資料夾與檔案是否已經被正確的建立完成，如圖 2-3-7 中的 ntds.dit 就是 AD DS 資料庫檔案，而 edb、edb00001 等檔案是記錄檔（其副檔名為.log，但預設會被隱藏）。

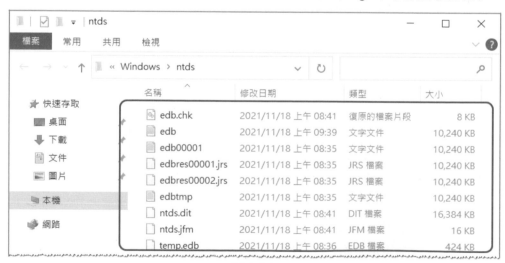

圖 2-3-7

另外 SYSVOL 預設是被建立在**%*systemroot*%\SYSVOL** 資料夾內,因此您可以利用【按 Windows 鍵⊞+R鍵➜輸入**%*systemroot*%\SYSVOL**➜按確定鈕】的方式來檢查,如圖 2-3-8 所示。

圖 2-3-8

圖中 SYSVOL 資料夾之下會有 4 個子資料夾,其中的 sysvol 與其內的 scripts 都應該會被設為共用資料夾。您可以【開啟**伺服器管理員**➜點擊右上角**工具**功能表➜**電腦管理**(如圖 2-3-9 所示)】或如圖 2-3-10 所示利用 **net share** 指令,來檢查它們是否已被設定為共用資料夾。

圖 2-3-9

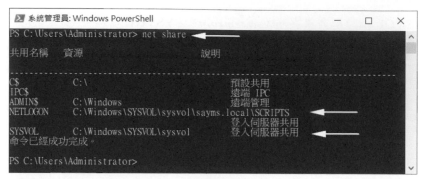

圖 2-3-10

新增加的管理工具

AD DS 安裝完成後,透過【開啟**伺服器管理員**⇒點擊右上角**工具**功能表】,就可以看到新增了一些 AD DS 的管理工具,例如 **Active Directory** 使用者和電腦、**Active Directory** 管理中心、**Active Directory** 站台及服務等;或是【點擊左下角開始圖示⊞⇒Windows 系統管理工具】來查看(如圖 2-3-11 所示)。

圖 2-3-11

查看事件記錄檔

您可以利用【開啟**伺服器管理員**⇒點擊右上角**工具**功能表⇒**事件檢視器**】來查看事件記錄檔,以便檢查任何與 AD DS 有關的問題,例如在圖 2-3-12 中可以利用**系統**、**Directory Service**、**DNS Server** 等記錄檔來檢查。

圖 2-3-12

2-4 提高網域與樹系功能等級

我們在章節 1-2 內已經解說過網域與樹系功能等級，此處將介紹如何將現有的等級提高：【開啟伺服器管理員➜點擊右上角工具功能表】，然後【執行 **Active Directory** 管理中心➜點擊網域名稱 **sayms(** 本機 **)**➜點擊圖 2-4-1 右方的**提高樹系功能等級…** 或**提高網域功能等級…** 】。Windows Server 2022 並未增加新的網域功能等級與樹系功能等級，最高等級仍然是 Windows Server 2016。

圖 2-4-1

也可以透過【執行 **Active Directory** 網域及信任➲對著 **Active Directory** 網域及信任按右鍵➲提高樹系功能等級】或【執行 **Active Directory** 使用者和電腦➲對著網域名稱 sayms.local 按右鍵➲提高網域功能等級】的途徑。

可參考表 2-4-1 來提高網域功能等級。參考表 2-4-2 來提高樹系功能等級。升級後，這些升級資訊會自動被複寫到所有的網域控制站，不過可能需要花費 15 秒或更久的時間。

表 2-4-1

目前的網域功能等級	可提升的等級
Windows Server 2008	Windows Server 2008 R2、Windows Server 2012、Windows Server 2012 R2、Windows Server 2016
Windows Server 2008 R2	Windows Server 2012、Windows Server 2012 R2、Windows Server 2016
Windows Server 2012	Windows Server 2012 R2、Windows Server 2016
Windows Server 2012 R2	Windows Server 2016

表 2-4-2

目前的樹系功能等級	可提升的等級
Windows Server 2008	Windows Server 2008 R2、Windows Server 2012、Windows Server 2012 R2、Windows Server 2016
Windows Server 2008 R2	Windows Server 2012、Windows Server 2012 R2、Windows Server 2016
Windows Server 2012	Windows Server 2012 R2、Windows Server 2016
Windows Server 2012 R2	Windows Server 2016

2-5 新增額外網域控制站與 RODC

一個網域內若有多台網域控制站的話，便可以擁有以下好處：

▶ **改善使用者登入的效率**：多台網域控制站來同時對用戶端提供服務的話，可以分擔審核使用者登入身分（帳戶與密碼）的負擔，讓使用者登入的效率更佳。

▶ **容錯功能**：若有網域控制站故障的話，此時仍然可以由其他正常的網域控制站來繼續提供服務，因此對使用者的服務並不會停止。

在安裝額外網域控制站（additional domain controller）時，需要將 AD DS 資料庫由現有的網域控制站複寫到這台新的網域控制站。系統提供了兩種複寫方式：

▶ **透過網路直接複寫**：若 AD DS 資料庫龐大的話，此方法會增加網路負擔、影響網路效率，尤其是這台新網域控制站是位於遠端網路內。

▶ **透過安裝媒體**：您需要事先到一台網域控制站內製作**安裝媒體**（installation media），其內包含著 AD DS 資料庫，接著將**安裝媒體**複寫到隨身碟、DVD 等媒體或共用資料夾內。然後在安裝額外網域控制站時，要求安裝精靈到這個媒體內讀取**安裝媒體**內的 AD DS 資料庫，這種方式可降低對網路所造成的衝擊。

若在**安裝媒體**製作完成之後，現有網域控制站的 AD DS 資料庫內有最新的異動資料的話，這些少量資料會在完成額外網域控制站的安裝後，再透過網路自動複寫過來。

安裝額外網域控制站

以下同時說明如何將圖 2-5-1 中右上角 dc2.sayms.local 升級為一般的**可寫式網域控制站**、將右下角 dc3.sayms.local 升級為**唯讀網域控制站**（RODC）。

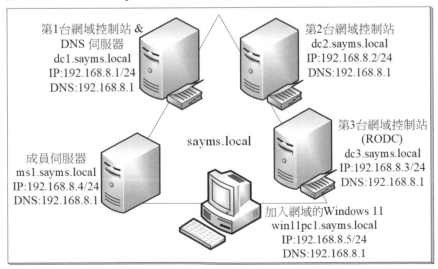

圖 2-5-1

STEP **1** 先在圖 2-5-1 中的伺服器 dc2.sayms.local 與 dc3.sayms.local 上安裝 Windows Server 2022、將電腦名稱分別設定為 dc2 與 dc3、IPv4 位址等依照圖所示來設定（圖中採用 TCP/IPv4）。將電腦名稱分別設定為 dc2 與 dc3 即可，等升級為網域控制站後，它們會分別自動被改為 dc2.sayms.local 與 dc3.sayms.local。

STEP **2** 開啟伺服器管理員、點擊儀表板處的**新增角色及功能**。

STEP **3** 持續按 下一步 鈕一直到**選取伺服器角色**畫面時勾選 **Active Directory 網域服務**、點擊 新增功能 鈕。

STEP **4** 持續按 下一步 鈕一直到**確認安裝選項**畫面中按 安裝 鈕。

STEP **5** 圖 2-5-2 為完成安裝後的畫面，請點擊**將此伺服器升級為網域控制站**。

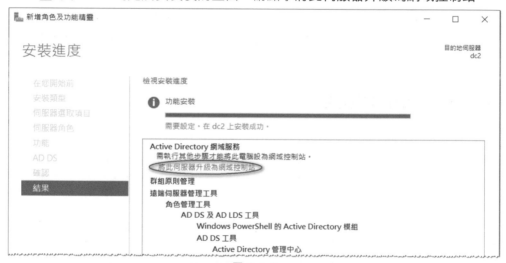

圖 2-5-2

STEP **6** 在圖 2-5-3 中選擇**將網域控制站新增至現有網域**、輸入網域名稱 sayms.local、點擊 變更 鈕後輸入有權利新增網域控制站的帳戶（sayms\Administrator）與密碼。完成後按 下一步 鈕：

圖 2-5-3

只有 Enterprise Admins 或 Domain Admins 內的使用者有權利建立其他網域控制站。若您現在所登入的帳戶非隸屬於這兩個群組的話（例如我們現在所登入的帳戶為本機 Administrator），則需如前景圖所示指定有權利的使用者帳戶。

STEP **7** 完成圖 2-5-4 中的設定後按 下一步 鈕：

- 選擇是否在此伺服器上安裝 DNS 伺服器（預設會）
- 選擇是否將其設定為**通用類別目錄**伺服器（預設會）
- 選擇是否將其設定為**唯讀網域控制站**（預設不會），若是安裝 dc3.sayms.local 的話，請勾選此選項。
- 設定**目錄服務還原模式**的系統管理員密碼（需符合複雜性需求）。

圖 2-5-4

STEP **8** 若在圖 2-5-4 中未勾選**唯讀網域控制站（RODC）**的話，請直接跳到下一個步驟。若是安裝 RODC 的話，則會出現圖 2-5-5 的畫面，在完成圖中的設定後按 下一步 鈕，然後跳到STEP **10**：

- **委派的系統管理員帳戶**：透過 選取 鈕來選取欲被委派的使用者或群組，他們在這台 RODC 將擁有本機系統管理員權利，且若採用階段式安裝 RODC 的話（後述），則他們也有權利將此 RODC 伺服器**附加到**（attach to）AD DS 資料庫內的電腦帳戶。預設僅 Domain Admins 或 Enterprise Admins 群組內的使用者有權利管理此 RODC 與執行附加工作。

- **允許複寫密碼至 RODC 的帳戶**：預設僅允許群組 Allowed RODC Password Replication Group 內的使用者的密碼可被複寫到 RODC（此群組預設並無任何成員）。可透過按 新增 鈕來新增使用者或群組。

- **複寫密碼至 RODC 被拒的帳戶**：此處的使用者帳戶，其密碼會被拒絕複寫到 RODC。此處的設定優先於**允許複寫密碼至 RODC 的帳戶**的設定。部分內建的群組帳戶（例如 Administrators、Server Operators 等）預設已被列於此清單內。您可透過按 新增 鈕來新增使用者或群組。

在安裝網域中的第 1 台 RODC 時，系統會自動建立與 RODC 有關的群組帳戶，這些帳戶會自動被複寫給其他網域控制站，不過可能需花費一點時間，尤其是複寫給位於不同站台的網域控制站。之後您在其他站台安裝 RODC 時，若安裝精靈無法從這些網域控制站得到這些群組資訊的話，它會顯示警告訊息，此時請等這些群組資訊完成複寫後，再繼續安裝這台 RODC。

圖 2-5-5

STEP **9** 若不是安裝 RODC 的話，會出現圖 2-5-6 的畫面，請直接按<u>下一步</u>鈕。

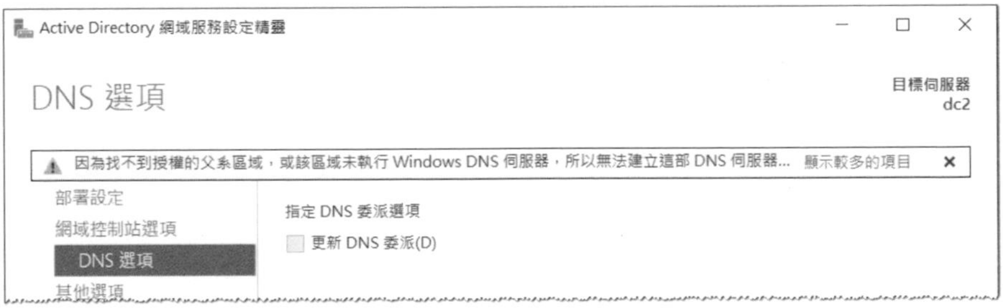

圖 2-5-6

STEP **10** 在圖 2-5-7 中按<u>下一步</u>鈕，它會直接從其他任何一台網域控制站來複寫 AD DS 資料庫。

圖 2-5-7

STEP **11** 出現**路徑**畫面時直接按 下一步 鈕（此畫面的説明可參考圖 2-2-8）。

STEP **12** 在**檢閱選項**畫面中，確認選項無誤後按 下一步 鈕。

STEP **13** 出現**先決條件檢查**畫面時，若順利通過檢查的話，就直接按 安裝 鈕，否則請根據畫面提示先排除問題。

STEP **14** 安裝完成後會自動重新開機。請重新登入。

STEP **15** 檢查 DNS 伺服器內是否有網域控制站 dc2.sayms.local 與 dc3.sayms.local 的相關記錄（參考前面第 2-11 頁 **檢查 DNS 伺服器內的記錄是否完備**）。

這兩台網域控制站的 AD DS 資料庫內容是從其他網域控制站複寫過來的，而原本這兩台電腦內的本機使用者帳戶會被刪除。

利用「安裝媒體」來安裝額外網域控制站

我們將先到一台網域控制站上製作**安裝媒體**（installation media），也就是將 AD DS 資料庫儲存到**安裝媒體**內，並將**安裝媒體**複寫到隨身碟、CD、DVD 等媒體或共用資料夾內。然後在安裝額外網域控制站時，要求安裝精靈從**安裝媒體**來讀取 AD DS 資料庫，這種方式可以降低對網路所造成的衝擊。

製作「安裝媒體」

請到現有的一台網域控制站上執行 **ntdsutil** 指令來製作**安裝媒體**：

▶ 若此安裝媒體是要給**可寫式網域控制站**來使用的話，則您需到現有的一台**可寫式網域控制站**上執行 **ntdsutil** 指令。

▶ 若此安裝媒體是要給 **RODC**（唯讀網域控制站）來使用的話，則您可以到現有的一台**可寫式網域控制站**或 **RODC** 上執行 **ntdsutil** 指令。

STEP **1** 請到網域控制站上利用網域系統管理員的身分登入。

STEP **2** 點擊左下角**開始**圖示⊞ ➲Windows PowerShell。

STEP **3** 輸入以下指令後按 Enter 鍵（操作畫面可參考圖 2-5-8）：
ntdsutil

STEP **4** 在 **ntdsutil**：提示字元下，執行以下指令：

activate instance ntds

它會將此網域控制站的 AD DS 資料庫設定為使用中。

STEP **5** 在 **ntdsutil**：提示字元下，執行以下指令

ifm

STEP **6** 在 **ifm**：提示字元下，執行以下指令：

create sysvol full c:\InstallationMedia

此指令假設是要將**安裝媒體**的內容放置到 C:\InstallationMedia 資料夾內。

> 其中的 sysvol 表示要製作內含 ntds.dit 與 SYSVOL 的**安裝媒體**；full 表示要製作供可寫式網域控制站使用的**安裝媒體**，若是要製作供 RODC 使用的安裝媒體的話，請將 full 改為 rodc。

STEP **7** 連續執行兩次 **quit** 指令來結束 **ntdsutil**。圖 2-5-8 為部份的操作畫面。

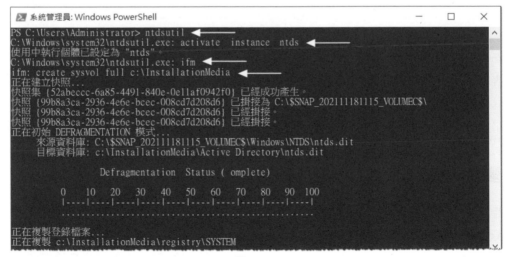

圖 2-5-8

STEP **8** 將整個 C:\InstallationMedia 資料夾內的所有資料複寫到隨身碟、CD、DVD 等媒體或共用資料夾內。

安裝額外網域控制站

將內含**安裝媒體**的隨身碟、**CD** 或 **DVD** 拿到即將扮演額外網域控制站角色的電腦上，或是將其放到可以存取得到的共用資料夾內。

由於利用**安裝媒體**來安裝額外網域控制站的方法與前一節大致上相同，因此以下僅列出不同之處。以下假設**安裝媒體**是被複寫到即將升級為額外網域控制站的伺服器的 C:\InstallationMedia 資料夾內：在圖 2-5-9 中改為選擇**指定從媒體安裝（IFM）選項**，並在**路徑**處指定儲存**安裝媒體**的資料夾 C:\InstallationMedia。

圖 2-5-9

安裝過程中會從**安裝媒體**所在的資料夾 C:\InstallationMedia 來讀取、複寫 AD DS 資料庫。若在**安裝媒體**製作完成之後，現有網域控制站的 AD DS 資料庫內有新的異動資料的話，這些少量資料會在完成額外網域控制站安裝後，再透過網路自動複寫過來。

變更 RODC 的委派與密碼複寫原則設定

若您要變更密碼複寫原則設定或 RODC 系統管理工作的委派設定的話，請在開啟 **Active Directory** 管理中心後，如圖 2-5-10 所示【點選組織單位 **Domain Controllers** 畫面中間扮演 RODC 角色的網域控制站➲點擊右方的**內容**➲透過圖 2-5-11 中的**管理者**區段與**延伸**區段中的**密碼複寫原則**標籤來設定】。

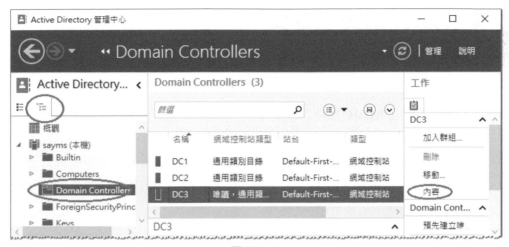

圖 2-5-10

圖 2-5-11

也可以執行 Active Directory 使用者和電腦,然後:【點擊組織單位 Domain Controllers➜對著右方扮演 RODC 角色的網域控制站按右鍵➜內容➜然後透過密碼複寫原則與管理者標籤來設定】。

2-6 RODC 階段式安裝

您可以採用兩階段式來安裝 RODC（唯讀網域控制站），這兩個階段是分別由不同的使用者來完成，這種安裝方式通常是用來安裝遠端分公司所需的 RODC。

▶ 第 1 階段：建立 RODC 帳戶

此階段通常是在總公司內執行，且只有網域系統管理員（Domain Admins 群組的成員）才有權利來執行這一階段的工作。在此階段內，系統管理員需在 AD DS 資料庫內替 RODC 建立電腦帳戶、設定選項、將第 2 階段的安裝工作委派給指定的使用者或群組。

▶ 第 2 階段：將伺服器附加到 RODC 帳戶

此階段通常是在遠端分公司內執行，被委派者有權利在此階段來完成安裝 RODC 的工作。被委派者並不需要具備網域系統管理員權限。預設只有 Domain Admins 或 Enterprise Admins 群組內的使用者有權利執行這個階段的安裝工作。

在此階段內，被委派者需要在遠端分公司內，將即將成為 RODC 的伺服器附加（attach）到第 1 個階段中所建立的電腦帳戶，如此便可完成 RODC 的安裝工作。

建立 RODC 帳戶

一般來說，階段式安裝主要是用來在遠端分公司（另外一個 AD DS 站台內）安裝 RODC，不過為了方便起見，本節以它是被安裝到同一個站台內為例來說明，也就是預設的站台 Default-First-Site-Name。以下步驟說明如何採用階段式安裝方式，來將圖 2-6-1 中右下角的 dc4.sayms.local 升級為**唯讀網域控制站**（RODC）。

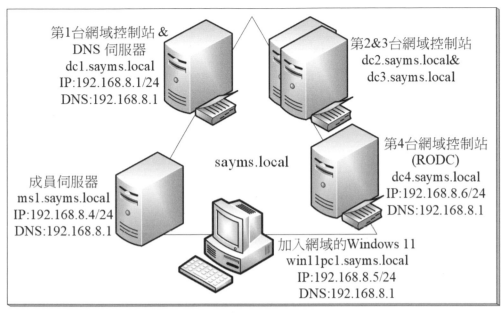

圖 2-6-1

STEP **1** 請到現有的一台網域控制站上利用網域系統管理員身分登入。

STEP **2** 開啟伺服器管理員➜點擊右上角工具功能表➜**Active Directory** 管理中心
➜如圖 2-6-2 所示點擊組織單位 Domain Controllers 右方的**預先建立唯讀
網域控制站帳戶**（也可以使用 **Active Directory** 使用者和電腦）。

圖 2-6-2

STEP **3** 如圖 2-6-3 所示勾選**使用進階模式安裝**後按 下一步 鈕。

圖 2-6-3

STEP **4** 目前登入的使用者為網域 Administrator，他有權利安裝網域控制站，故請
在圖 2-6-4 中選擇預設的**我目前登入的認證**後按 下一步 鈕。

圖 2-6-4

若目前登入的使用者沒有權利安裝網域控制站的話，請點選圖中的**備用認證**，
然後透過按 設定 鈕來輸入有權利的使用者名稱與密碼。

STEP **5** 在圖 2-6-5 中輸入即將扮演 RODC 角色的伺服器的電腦名稱，例如 dc4，
完成後按 下一步 鈕。

圖 2-6-5

STEP 6 出現**選取站台**畫面時,請選擇新網域控制站所在的 AD DS 站台,預設是目前僅有的站台 Default-First-Site-Name。請直接按 下一步 鈕。

STEP 7 在圖 2-6-6 中直接按 下一步 鈕。由圖中可知它會在此伺服器上安裝 DNS 伺服器,同時會將其設定為**通用類別目錄伺服器**,並自動勾選**唯讀網域控制站(RODC)**。

圖 2-6-6

STEP 8 透過圖 2-6-7 來設定**密碼複寫原則**:圖中預設僅允許群組 Allowed RODC Password Replication Group 內的使用者的密碼可以被複寫到 RODC(此群組內預設並無任何成員),且一些重要帳戶(例如 Administrators、Server Operators 等群組內的使用者)的密碼已明確的被拒絕複寫到 RODC。您可以透過按 新增 鈕來新增使用者或群組帳戶。按 下一步 鈕。

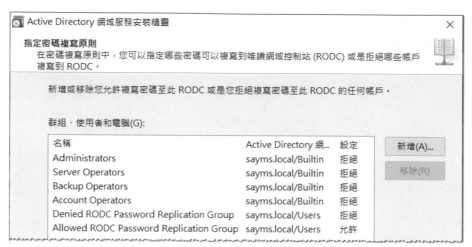

圖 2-6-7

在安裝網域中的第 1 台 RODC 時,系統會自動建立與 RODC 有關的群組帳戶,這些帳戶會自動被複寫給其他網域控制站,不過可能需花費一點時間,尤其是複寫給位於不同站台的網域控制站。之後您在其他站台安裝 RODC 時,若安裝精靈無法從這些網域控制站得到這些群組資訊的話,它會顯示警告訊息,此時請等這些群組資訊完成複寫後,再繼續安裝這台 RODC。

STEP **9** 在圖 2-6-8 中將安裝 RODC 的工作委派給指定的使用者或群組,圖中將其委派給網域(SAYMS)使用者 George。RODC 安裝完成後,該使用者在此台 RODC 內會自動被賦予本機系統管理員的權利。按 下一步 鈕。

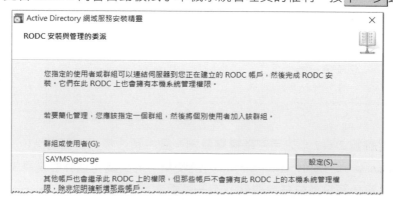

圖 2-6-8

STEP **10** 接下來依序按 下一步 鈕、下一步 鈕、完成 鈕,圖 2-6-9 為完成後的畫面。

圖 2-6-9

將伺服器附加到 RODC 帳戶

STEP **1** 請在圖 2-6-1 中右邊的伺服器 dc4.sayms.local 上安裝 Windows Server 2022、將其電腦名稱設定為 dc4、IPv4 位址等依照圖所示來設定（此處採用 TCP/IPv4）。請將其電腦名稱設定為 dc4 即可，等升級為網域控制站後，它會自動被改為 dc4.sayms.local。

STEP **2** 開啟伺服器管理員、點擊儀表板處的新增角色及功能。

STEP **3** 持續按下一步鈕一直到選取伺服器角色畫面時勾選 **Active Directory** 網域服務、點擊新增功能鈕。

STEP **4** 持續按下一步鈕一直到確認安裝選項畫面中按安裝鈕。

STEP **5** 圖 2-6-10 為完成安裝後的畫面，請點擊將此伺服器升級為網域控制站。

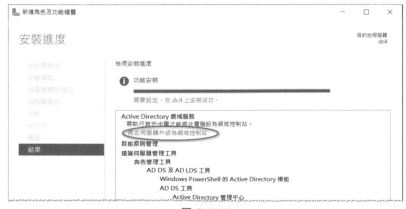

圖 2-6-10

STEP **6** 在圖 2-6-11 中選擇**將網域控制站新增至現有網域**、輸入網域名稱 sayms.local、點擊 變更 鈕後輸入被委派的使用者名稱（sayms\george）與 密碼後按 確定 鈕、 下一步 鈕：

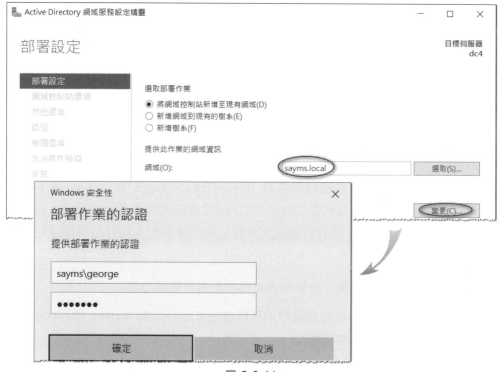

圖 2-6-11

> 可輸入被委派的使用者帳戶、Enterprise Admins 或 Domain Admins 群組內的 使用者帳戶。

STEP **7** 接下來會出現圖 2-6-12 畫面，由於其電腦帳戶已經事先在 AD DS 內建立 完成，因此會多顯示圖上方的 2 個選項。在選擇預設的選項與設定**目錄服 務還原模式**的系統管理員密碼後（需符合複雜性需求）按 下一步 鈕。

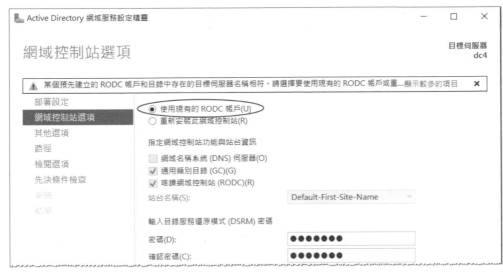

圖 2-6-12

STEP **8** 接下來的**其他選項**、**路徑**與**檢閱選項**畫面中都可直接按下一步鈕。

STEP **9** 出現**先決條件**畫面時，若順利通過檢查的話，就直接按安裝鈕，否則請根據畫面提示先排除問題。

STEP **10** 安裝完成後會自動重新開機。請重新登入。

STEP **11** 圖 2-6-13 為完成後的畫面。

圖 2-6-13

2-7 將 Windows 電腦加入或脫離網域

Windows 電腦加入網域後,便可以存取 AD DS 資料庫與其他的網域資源,例如使用者可以在這些電腦上利用網域使用者帳戶來登入網域、存取網域中其他電腦內的資源。以下列出部分可以被加入網域的電腦:

▶ Windows Server 2022 Datacenter/Standard

▶ Windows Server 2019 Datacenter/Standard

▶ Windows Server 2016 Datacenter/Standard

▶ Windows 11 Enterprise/Pro/Education

▶ Windows 10 Enterprise/Pro/Education

▶ Windows 8.1 Enterprise/Pro

▶ Windows 8 Enterprise/Pro

▶ …

將 Windows 電腦加入網域

我們要將圖 2-7-1 左下角的伺服器 ms1 加入網域,假設它是 Windows Server 2022 Datacenter;同時也要將下方的 Windows 11 電腦加入網域,假設它是 Windows 11 Professional。以下利用伺服器 ms1(Windows Server 2022)來說明。

加入網域後的電腦(非網域控制站),其電腦帳戶預設會自動被建立在容區 Computers 內,若您想將此電腦帳戶放置到其他容區或組織單位的話,可以事先在該容區或組織單位內建立此電腦帳戶:若是使用 Active Directory 管理中心的話【點擊該容區或組織單位後➡點擊右方工作窗格的**新增**➡電腦】;若是使用 Active Directory 使用者和電腦的話【對著該容區或組織單位按右鍵➡新增➡電腦】。完成後,再將電腦加入網域。您也可以事後將電腦帳戶搬移到其他容區或組織單位。

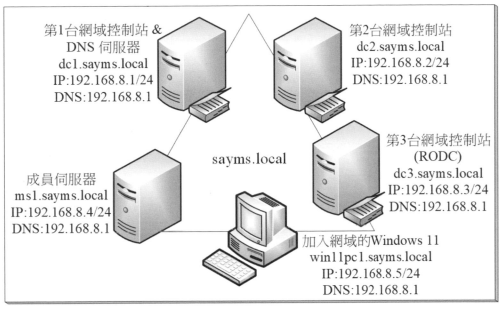

圖 2-7-1

STEP **1** 請先將該台電腦的電腦名稱設定為 ms1、IPv4 位址等設定為圖 2-7-1 中所示。注意電腦名稱設定為 ms1 即可，等加入網域後，其電腦名稱自動會被改為 ms1.sayms.local。

STEP **2** 開啟伺服器管理員⇒點擊左方**本機伺服器**⇒如圖 2-7-2 所示點擊**工作群組**處的 WORKGROUP。

圖 2-7-2

若是 Windows 11 電腦的話：【對著下方的**開始圖示**▉按右鍵⇒**系統**⇒點擊**網域或工作群組**⇒點擊 變更 鈕】。

若是 Windows 10 電腦的話：【對著左下角的**開始**圖示⊞按右鍵⮞**系統**⮞ 點擊**重新命名此電腦（進階）**⮞點擊 變更 鈕】。

若是 Windows 8.1 電腦的話：【按 Windows 鍵⊞切換到**開始**選單⮞點擊 選單左下方🔽符號⮞對著**本機**按右鍵⮞點擊**內容**⮞點擊右方的**變更設定**】。

若是 Windows 8 電腦的話：【按 Windows 鍵⊞切換到**開始**選單⮞對著空 白處按右鍵⮞點擊**所有應用程式**⮞對著**電腦**按右鍵⮞點擊下方**內容**⮞... 】。

STEP **3** 點擊圖 2-7-3 中的 變更 鈕。

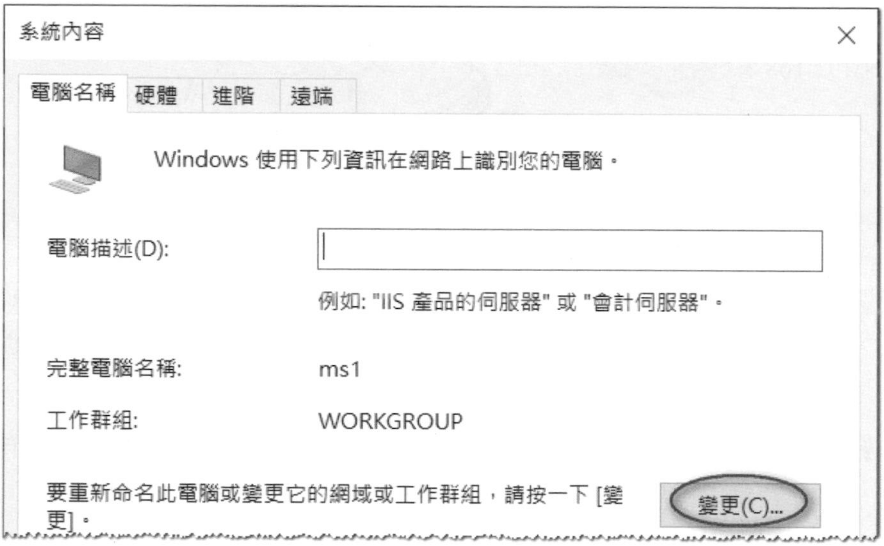

系統內容				✕

電腦名稱　硬體　進階　遠端

🖥 Windows 使用下列資訊在網路上識別您的電腦。

電腦描述(D): _____

例如: "IIS 產品的伺服器" 或 "會計伺服器"。

完整電腦名稱:　　　ms1

工作群組:　　　　　WORKGROUP

要重新命名此電腦或變更它的網域或工作群組，請按一下 [變 更]。　　　　　　　　　　　　　　　　　　　　　(變更(C)...)

圖 2-7-3

STEP **4** 點選圖 2-7-4 中的**網域**⮞輸入網域名稱 sayms.local⮞按 確定 鈕⮞輸入網域 內任何一位使用者帳戶（隸屬於 Domain Users 群組）與密碼，圖中利用 sayms\Administrator⮞按 確定 鈕。

 若出現錯誤警告的話，請檢查 TCP/IPv4 的設定是否有誤，尤其是**慣用 DNS 伺 服器**的 IPv4 位址是否正確，以本範例來說應該是 192.168.8.1。

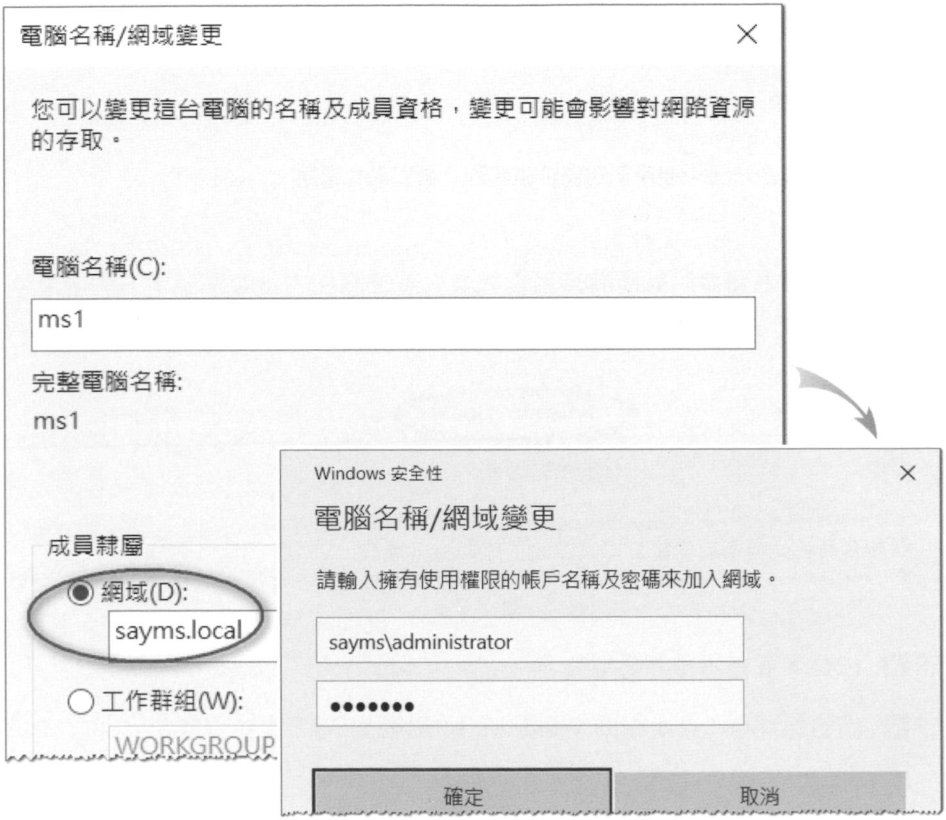

圖 2-7-4

STEP **5** 出現歡迎**加入 sayms.local 網域**畫面表示已經成功的加入網域，也就是此
電腦的電腦帳戶已經被建立在 AD DS 資料庫內（預設會被建立在
Computers 容區內）。請按**確定**鈕。

若出現錯誤警告的話，請檢查所輸入的帳戶與密碼是否正確。不需網域系統管
理員帳戶也可以，不過若非網域系統管理員的話，則只可以在 AD DS 資料庫內
最多加入 10 台電腦（建立最多 10 個電腦帳戶）。

STEP **6** 出現提醒您需要重新開啟電腦的畫面時按**確定**鈕。

STEP **7** 回到圖 2-7-5 中可看出，加入網域後，其完整電腦名稱的尾碼就會附上網
域名稱，如圖中的 ms1.sayms.local。按**關閉**鈕。

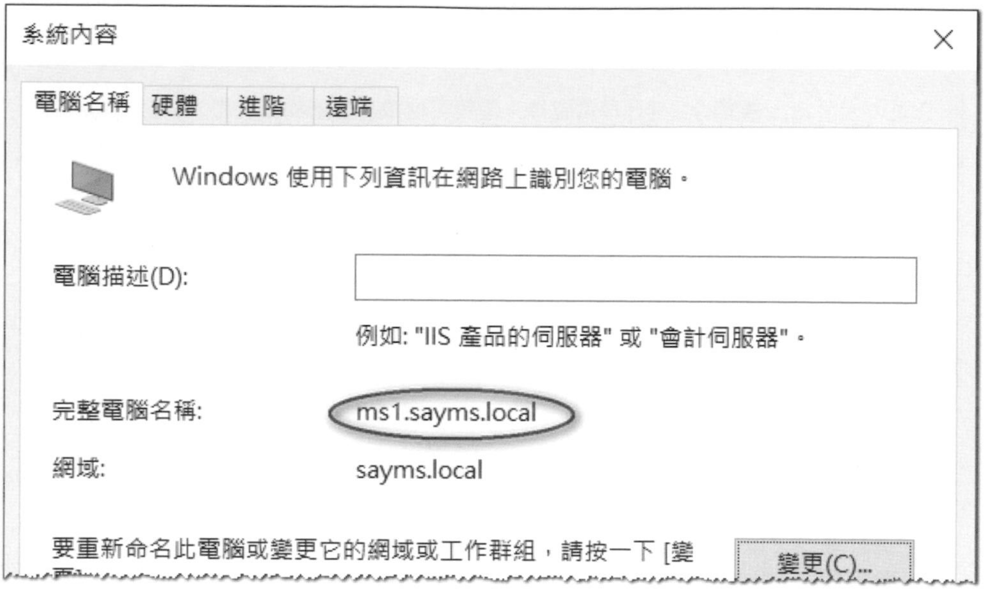

圖 2-7-5

STEP **8** 依照畫面指示重新啟動電腦。

STEP **9** 請自行將圖 2-7-1 中的 Windows 11 電腦加入網域。

利用已加入網域的電腦登入

您可以在已經加入網域的電腦上，利用本機或網域使用者帳戶來登入。

利用本機使用者帳戶登入

出現登入畫面時，若要利用本機使用者帳戶登入的話，請在帳戶前輸入電腦名稱，如圖 2-7-6 所示 ms1\administrator，其中 ms1 為電腦名稱、administrator 為使用者帳戶名稱，接著輸入其密碼就可以登入。

此時系統會利用本機安全性資料庫來檢查使用者帳戶與密碼是否正確，若正確，就可以登入成功，也可存取此電腦內的資源（若有權限的話），不過無法存取網域內其他電腦的資源，除非在連接其他電腦時另外再輸入有權限的使用者名稱與密碼。

圖 2-7-6

利用網域使用者帳戶登入

若要改用網域使用者帳戶來登入的話，請在帳戶前輸入網域名稱，如圖 2-7-7 所示的 sayms\administrator，表示要利用網域 sayms 內的帳戶 administrator 來登入，接著輸入其密碼就可以登入（網域名稱也可以是 DNS 網域名稱，例如 sayms.local\Administrator）。

圖 2-7-7

使用者帳戶名稱與密碼會被傳給網域控制站,並利用 AD DS 資料庫來檢查是否正確,若正確,就可以登入成功,且可以直接連接網域內任何一台電腦與存取其內的資源(若有被賦予權限的話),不需要再另外手動輸入使用者名稱與密碼。

離線加入網域

用戶端電腦具備離線加入網域的功能(offline domain join),也就是它們在未與網域控制站連線的情況下,仍然可以被加入網域。我們需要透過 **djoin.exe** 程式來執行離線加入網域的程序。

請先到一台已經加入網域的電腦上,利用 djoin.exe 來建立一個文字檔案,此檔案內包含即將加入網域的電腦的必要資訊。接著到即將加入網域的離線電腦上,利用 djoin.exe 來將上述檔案內的資訊匯入到此電腦內。

以下假設網域名稱為 sayms.local、一台已經加入網域的成員伺服器為 ms1、即將離線加入網域的電腦為 win11pc2。為了實際演練離線加入網域功能,因此請確認 win11pc2 是處於離線狀態。離線將 win11pc2 加入網域的步驟如下所示:

▶ 到成員伺服器 ms1 上利用網域系統管理員身分登入,然後執行以下 djoin.exe 程式(參考圖 2-7-8),它會建立一個文字檔案,此檔案內包含離線電腦 win11pc2 所需的所有資訊:

Djoin /provision /domain sayms.local /machine win11pc2 /savefile c:\win11pc2.txt

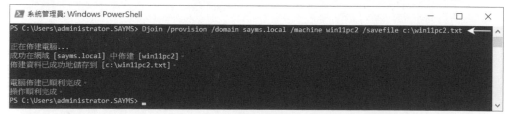

圖 2-7-8

其中 sayms.local 為網域名稱、win11pc2 為離線電腦的電腦名稱、win11pc2.txt 為所建立的文字檔案(圖中的檔案 win11pc2.txt 會被建立在 C:\)。此指令預設會將電腦帳戶 win11pc2 建立到 **Computers** 容區內(如圖 2-7-9 所示)。

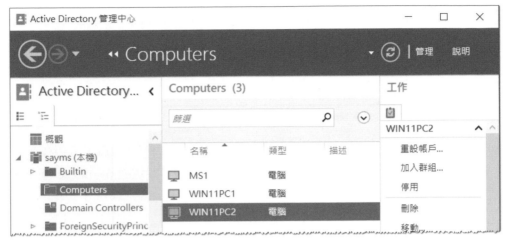

圖 2-7-9

▶ 到即將加入網域的離線電腦 win11pc2 上利用 djoin.exe 來匯入上述檔案內的資訊。在 Windows 11 電腦上需以系統管理員身分來執行此程式，因此【請對著下方的開始圖示■按右鍵➜Windows 終端機（系統管理員）】，然後執行以下指令（參見圖 2-7-10，圖中假設我們已經將檔案 win11pc2.txt 複寫到電腦 win11pc2 的 C:\）：

Djoin --% /requestODJ /loadfile C:\win11pc2.txt /windowspath %SystemRoot% /localos

圖 2-7-10

▶ 當 win11pc2 可以連上網路、且可以與網域控制站溝通時，請重新啟動 win11pc2，它便完成了加入網域的程序。

脫離網域

脫離網域的方法與加入網域的方法大同小異，不過您必須是 Enterprise Admins、Domain Admins 的成員或本機系統管理員才有權利將此電腦脫離網域。

脫離網域的途徑為（以 Windows Server 2022 為例）：【開啟**伺服器管理員**◔點擊左方**本機伺服器**◔點擊右方**網域**處的 sayms.local◔按 變更 鈕◔點選圖 2-7-11 中的**工作群組**◔輸入適當的工作群組名稱（例如 WORKGROUP）◔出現**歡迎加入工作群組**畫面時按 確定 鈕◔重新啟動電腦】。

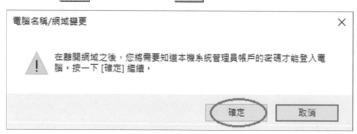

圖 2-7-11

接下來會出現圖 2-7-12 的提示畫面：一旦脫離網域後，在這台電腦上只能夠利用本機使用者帳戶來登入，無法再使用網域使用者帳戶，因此請確認您記得本機系統管理員的密碼後再按 確定 鈕，否則請按 取消 鈕。

圖 2-7-12

這些電腦脫離網域後，其原本在 AD DS 的 Computers 容區內的電腦帳戶會被停用（電腦帳戶圖示會多一個向下的箭頭）。

2-8 在網域成員電腦內安裝 AD DS 管理工具

非網域控制站的 Windows Server 2022、Windows Server 2019、Windows Server 2016 等成員伺服器與 Windows 11、Windows 10、Windows 8.1 等用戶端電腦內預設並沒有管理 AD DS 的工具，例如 **Active Directory** 使用者及電腦、**Active Directory** 管理中心等，但可以另外安裝。

Windows Server 2022、Windows Server 2019 等成員伺服器

Windows Server 2022、Windows Server 2019、Windows Server 2016 成員伺服器可以透過**新增角色及功能**的方式來擁有 AD DS 管理工具：【開啟伺服器管理員**⊃**點擊儀錶板處的**新增角色及功能⊃**持續按 下一步 鈕一直到出現圖 2-8-1 的**選取功能**畫面時勾選**遠端伺服器管理工具**之下的 **AD DS 及 AD LDS 工具**】，安裝完成後可以【點擊左下角開始圖示⊞**⊃**Windows 系統管理工具】來執行這些工具。

圖 2-8-1

Windows 11

請【點擊下方的**開始**圖示██**⊃**點擊**設定⊃**點擊應用程式處的**選用功能⊃**點擊**新增選用功能**處的**檢視功能⊃**如圖 2-8-2 所示來勾選所需的工具】（這台電腦需要連上網際網路），完成安裝後，可以透過【點擊下方的**開始**圖示██**⊃**點擊右上方的**所有應用程式⊃**Windows 工具】來執行這些工具。

圖 2-8-2

Windows 10、Windows 8.1、Windows 8

Windows 10電腦需要到微軟網站下載與安裝 **Windows 10** 的遠端伺服器管理工具，安裝完成後可透過【點擊左下角開始圖示 ➭Windows 系統管理工具】來選用 **Active Directory** 管理中心與 **Active Directory** 使用者和電腦等工具。

Windows 8.1（Windows 8）電腦需要到微軟網站下載與安裝 **Windows 8.1** 的遠端伺服器管理工具（**Windows 8** 的遠端伺服器管理工具），安裝完成後可透過【按 Windows 鍵 切換到開始選單 ➭點擊選單左下方 圖案 ➭系統管理工具】來選用 **Active Directory** 管理中心與 **Active Directory** 使用者和電腦等工具。

2-9 移除網域控制站與網域

您可以透過降級的方式來移除網域控制站，也就是將 AD DS 從網域控制站移除。在降級前請先注意以下事項：

▶ 若網域內還有其他網域控制站存在的話，則被降級的這台會被降級為該網域的成員伺服器，例如將圖 2-9-1 中的 dc2.sayms.local 降級時，由於還有另外一台網域控制站 dc1.sayms.local 存在，故 dc2.sayms.local 會被降級為網域

sayms.local 的成員伺服器。必須是 Domain Admins 或 Enterprise Admins 群組
的成員才有權利移除網域控制站。

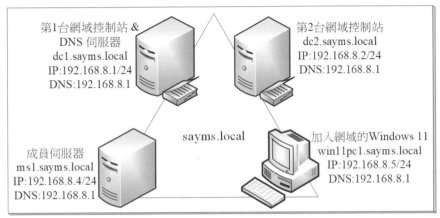

圖 2-9-1

▶ 若這台網域控制站是此網域內的最後一台網域控制站,例如假設圖 2-9-1 中的
dc2.sayms.local 已被降級,此時若再將 dc1.sayms.local 降級的話,則網域內將
不會再有其他網域控制站存在,故網域會被移除,而 dc1.sayms.local 也會被降
級為獨立伺服器。

> 建議先將此網域的其他成員電腦(例如 win11pc1.sayms.local 、
> ms1.sayms.local 等)脫離網域後,再將網域移除。

需 Enterprise Admins 群組的成員,才有權限移除網域內的最後一台網域控制
站(也就是移除網域)。若此網域之下還有子網域的話,請先移除子網域。

▶ 若此網域控制站是通用類別目錄伺服器的話,請檢查其所屬站台(site)內是否
還有其他通用類別目錄伺服器,若沒有的話,請先指派另外一台網域控制站來
扮演通用類別目錄伺服器,否則將影響使用者登入。指派的途徑為【開啟伺服
器管理員➲點擊右上角工具➲Active Directory 站台及服務➲Sites➲Default-
First-Site-Name➲Servers➲選擇伺服器➲對著 **NTDS Settings** 按右鍵➲內容➲
勾選通用類別目錄】。

▶ 若所移除的網域控制站是樹系內最後一台網域控制站的話,則樹系會一併被移
除。Enterprise Admins 群組的成員才有權利移除這台網域控制站與移除樹系。

(omitted)

移除網域控制站的步驟如下所示:

STEP **1** 開啟伺服器管理員➜點選圖 2-9-2 中管理功能表下的**移除角色及功能**。

圖 2-9-2

STEP **2** 持續按 下一步 鈕一直到出現圖 2-9-3 的畫面時,取消勾選 **Active Directory** 網域服務、點擊 移除功能 鈕。

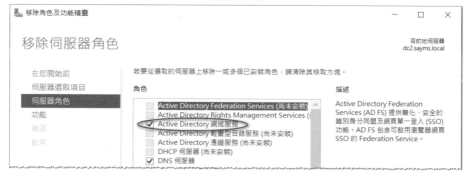

圖 2-9-3

STEP **3** 出現圖 2-9-4 的畫面時,點擊**將此網域控制站降級**。

圖 2-9-4

STEP **4** 若目前的使用者有權利移除此網域控制站的話,請在圖 2-9-5 中按 下一步 鈕,否則點擊 擊變 更鈕來輸入有權利的帳戶與密碼。

圖 2-9-5

若因故無法移除此網域控制站的話(例如在移除網域控制站時,需能夠連接到其他網域控制站,但卻無法連接到),此時可勾選圖中**強制移除此網域控制站**。

若是最後一台網域控制站的話,請勾選圖 2-9-6 中網域中的**最後一個網域控制站**。

圖 2-9-6

STEP **5** 在圖 2-9-7 中勾選**繼續移除**後按 下一步 鈕。

圖 2-9-7

STEP **6** 若出現類似圖 2-9-8 的畫面的話，可選擇是否要移除 DNS 區域與應用程式目錄分割區後按 下一步 鈕。

圖 2-9-8

STEP **7** 在圖 2-9-9 中為這台即將被降級為獨立或成員伺服器的電腦，設定其本機 Administrator 的新密碼後按 下一步 鈕。

圖 2-9-9

> 密碼預設需至少 7 個字元，且不可包含使用者帳戶名稱或全名，還有至少要包含 A-Z、a-z、0-9、非字母數字（例如!、$、#、%）等 4 組字元中的 3 組，例如 123abcABC 是一個有效的密碼，而 1234567 是無效的密碼。

STEP **8** 在 **檢閱選項** 畫面中按 降級 鈕。

STEP **9** 完成後會自動重新啟動電腦、請重新登入。

> 雖然這台伺服器已經不再是網域控制站了，不過此時其 Active Directory 網域服務元件仍然存在，並沒有被移除，因此若現在要再將其升級為網域控制站的話，可以參考第 2-7 頁附註的方法。

STEP **10** 繼續在 **伺服器管理員** 中點選 **管理** 功能表下的 **移除角色及功能**。

STEP **11** 出現在 **您開始前** 畫面時按 下一步 鈕。

STEP **12** 確認在**選取目的地伺服器**畫面的伺服器無誤後中按 下一步 鈕。

STEP **13** 在圖 2-9-10 中取消勾選 **Active Directory** 網域服務、點擊 移除功能 鈕。

```
移除角色及功能精靈                                          —    □    ×

移除伺服器角色                                              目的地伺服器
                                                           dc2.sayms.local

在您開始前        若要從選取的伺服器上移除一或多個已安裝角色，請清除其核取方塊。

伺服器選取項目     角色                                    描述
伺服器角色          □ Active Directory Federation Services (尚未安裝)   Active Directory 網域服務 (AD DS)
                   □ Active Directory Rights Management Services (    可儲存網路物件的相關資訊，並將此
功能                ▣ Active Directory 網域服務                        資訊提供給使用者與網路系統管理員
確認                □ Active Directory 輕量型目錄服務 (尚未安裝)        使用。AD DS 會使用網域控制站透過
結果                □ Active Directory 憑證服務 (尚未安裝)             單一登入程序，讓網路使用者可以存
                   □ DHCP 伺服器 (尚未安裝)                            取網路上任何位置的允許資源。
```

圖 2-9-10

STEP **14** 回到**移除伺服器角色**畫面時，確認 **Active Directory** 網域服務已經被取消
勾選（也可以一併取消勾選 DNS 伺服器）後按 下一步 鈕。

STEP **15** 出現**移除功能**畫面時，按 下一步 鈕。

STEP **16** 在**確認移除選項**畫面中按 移除 鈕。

STEP **17** 完成後，重新啟動電腦。

3

網域使用者與
群組帳戶的管理

網域系統管理員需要為每一個網域使用者分別建立一個使用者帳戶，讓他們可以利用這個帳戶來登入網域、存取網路上的資源。網域系統管理員同時也需要瞭解如何善用群組，以便有效率的管理資源的存取。

3-1 管理網域使用者帳戶

網域系統管理員可以利用 **Active Directory** 管理中心或 **Active Directory** 使用者和電腦主控台來建立與管理網域使用者帳戶。當使用者利用網域使用者帳戶登入網域後，便可以直接連接網域內的所有成員電腦、存取有權存取的資源。換句話說，網域使用者在一台網域成員電腦上登入成功後，當他要連接網域內的其他成員電腦時，並不需要再手動登入，這個功能被稱為**單一登入**。

 本機使用者帳戶並不具備**單一登入**的功能，也就是說利用本機使用者帳戶登入後，當要再連接其他電腦時，需要再手動登入其他電腦。

在伺服器升級成為網域中的第一台網域控制站之後，其原本位於本機安全資料庫內的本機帳戶，會被轉移到 AD DS 資料庫內，且是被放置到容區 Users 內，您可以透過 **Active Directory** 管理中心來查看，如圖 3-1-1 中所示（可先點擊上方的**樹狀檢視**圖示），同時這台伺服器的電腦帳戶會被放置到圖中的組織單位 Domain Controllers 內。其他加入網域的電腦帳戶預設會被放置到容區 Computers 內。

圖 3-1-1

您也可以透過 **Active Directory** 使用者和電腦來查看，如圖 3-1-2 所示。

圖 3-1-2

只有在建立網域內的第一台網域控制站時，該伺服器原來的本機帳戶才會被轉移到 AD DS 資料庫，其他網域控制站的本機帳戶並不會被轉移到 AD DS 資料庫。

建立組織單位與網域使用者帳戶

您可以將使用者帳戶建立到任何一個容區或組織單位內。以下假設要先建立一個名稱為**業務部**的組織單位，然後在其內建立網域使用者帳戶 mary。

建立組織單位**業務部**的途徑為：【開啟**伺服器管理員**⊃點擊右上角工具功能表⊃Active Directory 管理中心（或 **Active Directory** 使用者和電腦）⊃對著網域名稱按右鍵⊃新增⊃組織單位⊃如圖 3-1-3 所示輸入組織單位的名稱**業務部**⊃按 確定 鈕】。

圖 3-1-3

> 圖中預設已經勾選**保護以防止被意外刪除**，因此您無法直接將此組織單位刪除，除非取消勾選此選項。若是使用 Active Directory 使用者和電腦的話：【選擇**檢視**功能表❍**進階功能**❍對著此組織單位按右鍵❍**內容**❍如圖 3-1-4 所示取消勾選**物件**標籤之下的**保護物件以防止被意外刪除**】。

圖 3-1-4

在組織單位**業務部**內建立使用者帳戶 mary 的途徑為：【點擊組織單位**業務部**❍點擊最右邊的**新增**❍**使用者**】，如圖 3-1-5 所示。注意網域使用者的密碼預設需至少 7 個字元，且不可包含使用者帳戶名稱（指 **"使用者 SamAccountName"**）或全名（後述），還有至少要包含 A - Z、a - z、0 - 9、非字母數字（例如!、$、#、%）等 4 組字元中的 3 組，例如 123saymsSAYMS 是有效的密碼，而 1234567 是無效的密碼。若您要變更此預設值的話，請參考第 4 章的說明。

圖 3-1-5

使用者登入帳戶

網域使用者可以到網域成員電腦上（網域控制站除外）利用兩種帳戶名稱來登入網域，它們分別是圖 3-1-5 中間的**使用者 UPN 登入**與**使用者 SamAccountName 登入**。一般的網域使用者預設是無法在網域控制站上登入（可參考第 4 章來開放）。

▶ **使用者 UPN 登入**：UPN（user principal name）的格式與電子郵件帳戶相同，如前面圖 3-1-5 中的 mary@sayms.local，這個名稱只能在網域成員電腦上登入網域時使用（如圖 3-1-6 所示）。整個樹系內，這個名稱必須是唯一的。

圖 3-1-6

UPN 並不會隨著帳戶被搬移到其他網域而改變，舉例來說，使用者 mary 的使用者帳戶是位於網域 sayms.local 內，其預設的 UPN 為 mary@sayms.local，之後即使此帳戶被搬移到樹系中的另一個網域內，例如網域 sayiis.local，其 UPN 仍然是 mary@sayms.local，並沒有被改變，因此 mary 仍然可以繼續使用原來的 UPN 登入。

▶ **使用者 SamAccountName 登入**：如前面圖 3-1-5 中的 sayms\mary，這是舊格式的登入帳戶。Windows 2000 之前版本的舊用戶端需使用這種格式的名稱來登入網域。在隸屬於網域的 Windows 2000（含）之後的電腦上也可以採用這種名稱來登入，如圖 3-1-7 所示。同一個網域內，這個名稱必須是唯一的。

圖 3-1-7

在 Active Directory 使用者和電腦主控台內，上述**使用者 UPN 登入**與**使用者 SamAccountName 登入**分別被稱為**使用者登入名稱**與**使用者登入名稱（Windows 2000 前版）**。

建立 UPN 的尾碼

使用者帳戶的 UPN 尾碼預設是帳戶所在網域的網域名稱，例如使用者帳戶是被建立在網域 sayms.local 內，則其 UPN 尾碼為 sayms.local。在某些情況之下，使用者可能希望能夠改用其他替代尾碼，例如：

▶ 因 UPN 的格式與電子郵件帳戶相同，故使用者可能希望其 UPN 可以與電子郵件帳戶相同，以便讓其不論是登入網域或收發電子郵件，都可使用一致的名稱。

▶ 若網域樹狀目錄內有較多層的子網域，則網域名稱會太長，例如 sales.tw.sayms.local，故 UPN 尾碼也會太長，這將造成使用者在輸入時的不便。

我們可以透過新增 UPN 尾碼的方式來讓使用者擁有替代尾碼，如下所示：

STEP **1** 開啟**伺服器管理員**➲點擊右上角**工具**➲Active Directory 網域及信任➲如圖 3-1-8 所示點擊 **Active Directory** 網域及信任後點擊上方**內容**圖示。

圖 3-1-8

STEP **2** 在圖 3-1-9 中輸入替代的 UPN 尾碼後按 新增 鈕、按 確定 鈕。尾碼不一定需 DNS 格式，例如可以是 sayiis.local，也可以是 sayiis。

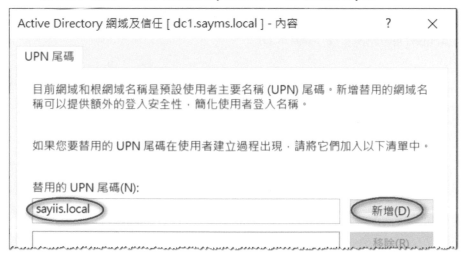

圖 3-1-9

完成後，您就可以透過 **Active Directory** 管理中心（或 **Active Directory** 使用者和電腦）主控台來變更使用者的 UPN 尾碼，如圖 3-1-10 所示。

圖 3-1-10

帳戶的一般管理工作

本節將介紹使用者帳戶的一般管理工作，例如重設密碼、停用（啟用）帳戶、移動帳戶、刪除帳戶、變更登入名稱與解除鎖定等。您可以如圖 3-1-11 所示點擊欲管理的使用者帳戶（例如圖中的**陳瑪莉**），然後透過右方選項來設定。

圖 3-1-11

▶ **重設密碼**：當使用者忘記密碼時，系統管理員可以利用此處替使用者設定一個新的密碼。

▶ **停用帳戶**（或啟用帳戶）：若某位員工因故在一段時間內無法來上班的話，此時您可以暫時先將該使用者的帳戶停用，待該員工回來上班後，再將其重新啟用即可。若使用者帳戶已被停用，則該使用者帳戶圖形上會有一個向下的箭頭符號（例如圖 3-1-11 中的使用者李小洋）。

▶ **移動帳戶**：您可以將帳戶搬移到同一個網域內的其他組織單位或容區。

▶ **重新命名**：重新命名以後（可透過【對著使用者帳戶按右鍵➜內容】的途徑），該使用者原來所擁有權限與群組關係都不會受到影響。例如當某員工離職時，您可以暫時先將其使用者帳戶停用，等到新進員工來接替他的工作時，再將此帳戶名稱改為新員工的名稱、重新設定密碼、變更登入帳戶名稱、修改其他相關個人資料，然後再重新啟用此帳戶。

在每一個使用者帳戶新增完成之後，系統都會為其建立一個唯一的安全識別碼（security identifier，SID），而系統是利用這個 SID 來代表該使用者，同時權限設定等都是透過 SID 來記錄的，並不是透過使用者名稱，例如某個檔案的權限清單內，它會記錄著哪一些 SID 具備著哪一些權限，而不是哪一些使用者名稱擁有哪一些權限。

由於使用者帳戶名稱或登入名稱更改後，其 SID 並沒有被改變，因此使用者的權限與群組關係都不變。

您可以透過雙擊使用者帳戶或右方的**內容**來變更使用者帳戶名稱與登入名稱等相關設定。

▶ **刪除帳戶**：若這個帳戶以後再也用不到的話，就可以將此帳戶刪除。當您將帳戶刪除後，即使再新增一個相同名稱的使用者帳戶，此新帳戶並不會繼承原帳戶的權限與群組關係，因為系統會給予此新帳戶一個新的 SID，而系統是利用 SID 來記錄使用者的權限與群組關係，不是利用帳戶名稱，因此對系統來說，這是兩個不同的帳戶，當然就不會繼承原帳戶的權限與群組關係。

▶ **解除被鎖定的帳戶**：我們可以透過**帳戶原則**來設定使用者輸入密碼失敗多次後，就將此帳戶鎖定，而系統管理員可以利用以下途徑來解除鎖定：【雙擊該使用者帳戶➜點擊圖 3-1-12 中的**解除鎖定帳戶**（帳戶被鎖定後才會有此選項）】。

圖 3-1-12

網域使用者帳戶的內容設定

每一個網域使用者帳戶內都有一些相關的屬性資料，例如地址、電話與電子郵件信箱等，網域使用者可以透過這些屬性來找尋 AD DS 資料庫內的使用者，例如透過電話號碼來找尋使用者，因此為了更容易找到所需的使用者帳戶，這些屬性資料應該越完整越好。我們將透過 **Active Directory** 管理中心來介紹使用者帳戶的部分屬性，請先雙擊欲設定的使用者帳戶。

組織資料的設定

組織資料就是指顯示名稱、職稱、部門、地址、電話、電子郵件等，如圖 3-1-13 中組織區段所示，這部分的內容都很簡單，請自行瀏覽這些欄位。

圖 3-1-13

帳戶到期日的設定

我們可以如圖 3-1-14 所示透過**帳戶**區段內的**帳戶到期日**來設定帳戶的有效期限，預設為永不到期，若要設定到期日的話，請點選**結束**，然後輸入格式為 yyyy/mm/dd 的到期日。

圖 3-1-14

登入時段的設定

登入時段用來指定使用者可以登入到網域的時段，預設是任何時段皆可登入網域，若欲變更設定的話，請點擊圖 3-1-15 中的**登入時段…**，然後透過前景圖來設定。圖中上方橫軸每一方塊代表一個小時，左方縱軸每一方塊代表一天，中間填滿方塊與空白方塊分別代表允許與不允許登入的時段，預設是開放所有的時段。選好時段後，點選**允許登入**或**拒絕登入**來允許或拒絕使用者在該時段登入。

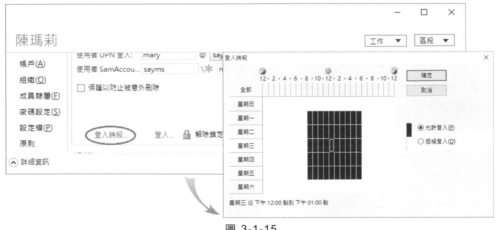

圖 3-1-15

限制使用者只能夠透過某些電腦登入

一般網域使用者預設可以利用任何一台網域成員電腦（網域控制站除外）來登入網域，不過我們也可以透過以下途徑來限制使用者只可以利用某些特定電腦來登入網域：【點擊圖 3-1-16 中的登入…⊃在前景圖中點選下列電腦⊃輸入電腦名稱後按 新增 鈕】，電腦名稱可為 NetBIOS 名稱（例如 win11pc1）或 DNS 名稱（例如 win11pc1.sayms.local）。

圖 3-1-16

搜尋使用者帳戶

AD DS 有系統的將使用者帳戶、群組帳戶、電腦帳戶、印表機、共用資料夾等物件儲存在 AD DS 資料庫內，網域系統管理員可以輕易的在 AD DS 資料庫搜尋與管理所需的使用者帳戶。

若您要在某個組織單位（或容區）內來搜尋使用者帳戶的話，只要如圖 3-1-17 所示【點擊組織單位⊃在中間視窗上方輸入欲搜尋的使用者帳戶名稱即可】，搜尋到的使用者帳戶會被顯示在中間視窗的下方。若搜尋目的地欲包含此組織單位之下的組織單位的話，請點擊右方工作視窗中的**在此節點下搜尋**。

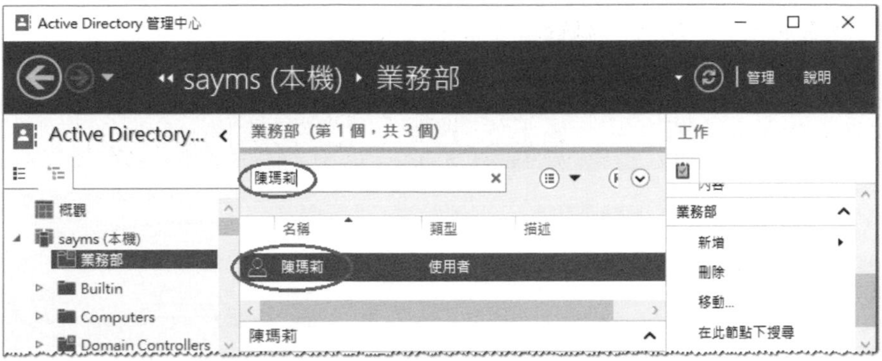

圖 3-1-17

若要搜尋整個網域的話，請如圖 3-1-18 所示【點選左邊的**全域搜尋**➲在中間視窗上方輸入欲搜尋的使用者帳戶名稱➲按搜尋鈕】。

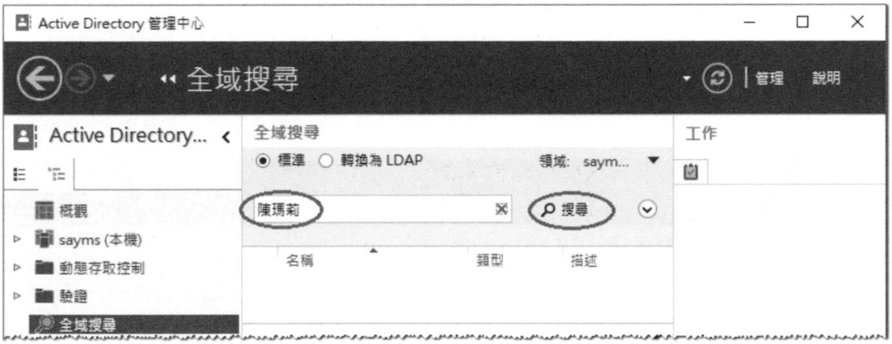

圖 3-1-18

您也可以透過**通用類別目錄伺服器**來搜尋位於其他網域內的物件，不過需先將搜尋領域變更為**通用類別目錄**，如圖 3-1-19 所示。

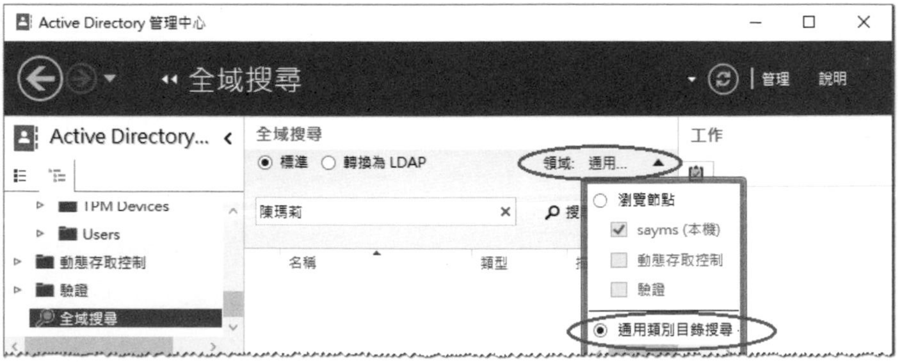

圖 3-1-19

您也可以透過圖 3-1-20 中的**概觀**畫面來執行全域搜尋工作。

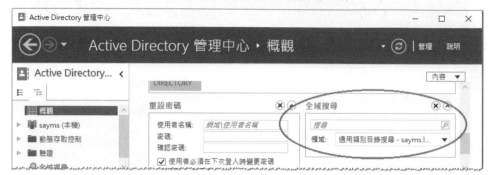

圖 3-1-20

您還可以進一步透過指定的條件來搜尋使用者帳戶，例如若欲搜尋**業務部**內電話號碼是空白的所有使用者帳戶的話，則請如圖 3-1-21 所示【點擊組織單位**業務部**中的**新增準則**（若未出現**新增準則**字樣的話，請先點擊右上方的箭頭符號∨）⇨勾選**類型**⇨按 新增 鈕⇨如圖 3-1-22 所示在**類型**處選擇**等於**，然後輸入**使用者**】。

圖 3-1-21

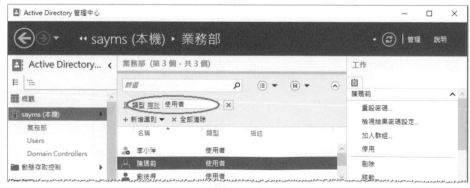

圖 3-1-22

接著如圖 3-1-23 所示【點擊**新增準則**➲勾選**電話號碼**➲按 新增 鈕➲在圖 3-1-24 中的**電話號碼**旁選擇**是空的**】，系統便會顯示**業務部**內電話號碼屬性值是空白的所有使用者帳戶。

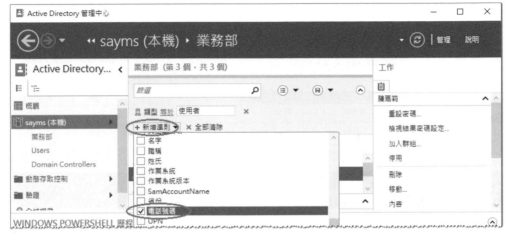

圖 3-1-23

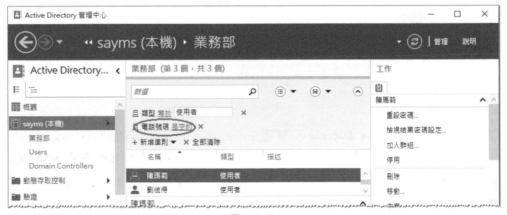

圖 3-1-24

您可以將所定義的查詢（搜尋）條件儲存起來，也就是點擊圖 3-1-25 中的儲存圖示，然後為此查詢命名，之後可以如圖 3-1-26 所示透過此查詢內所定義的條件來搜尋。

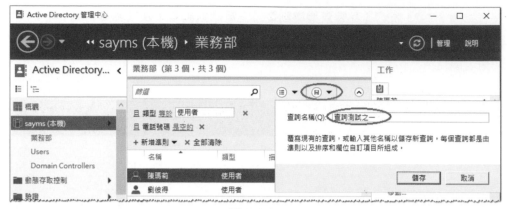

圖 3-1-25

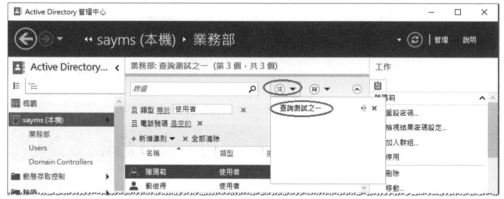

圖 3-1-26

若欲在沒有安裝 **Active Directory** 管理中心的成員伺服器或其他成員電腦上來搜尋 AD DS 物件的話，以 Windows 10 電腦為例：可以透過【開啟**檔案總管**➔點擊左下方的**網路**➔如圖 3-1-27 所示點擊上方**網路**下的**搜尋 Active Directory**】的途徑（可能需先啟用網路探索）。

接著如圖 3-1-28 所示在**尋找**處選擇**使用者，連絡人及群組**、在**於**處選擇**整個目錄**（也就是**通用類別目錄**）或網域名稱、在**名稱**處輸入欲搜尋的名稱後按 立即尋找 鈕，然後就可以從最下面的**搜尋結果**來檢視與管理所找到的帳戶。

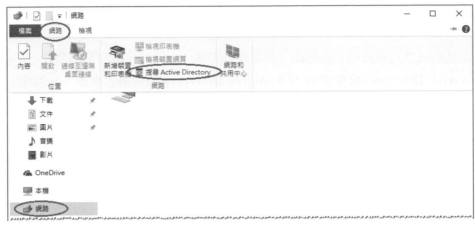

圖 3-1-27

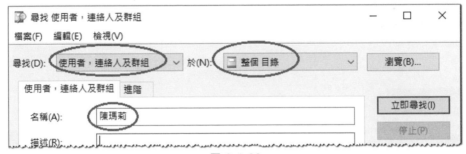

圖 3-1-28

若要進一步透過指定條件來搜尋使用者帳戶的話,例如若欲搜尋**業務部**內電話號碼是空白的所有使用者帳戶的話:【請如圖 3-1-29 所示點擊**進階**標籤➲透過**欄位**來選擇**使用者**物件與**電話號碼**屬性➲**條件**選擇**不存在**➲按 新增 鈕➲按 立即尋找 鈕】,您可以同時設定多個搜尋條件。

圖 3-1-29

網域控制站之間資料的複寫

若網域內有多台網域控制站的話，則當您變更 AD DS 資料庫內的資料時，例如利用 **Active Directory 管理**中心 （或 **Active Directory 使用者和電腦**）來新增、刪除、修改使用者帳戶或其他物件，則這些異動資料會先被儲存到您所連接的網域控制站，之後再自動被複寫到其他網域控制站。

您可以如圖 3-1-30 所示【對著網域名稱按右鍵❺變更網域控制站❺目前的網域控制站】來得知目前所連接的網域控制站，例如圖中的 dc1.sayms.local，而此網域控制站何時會將其最新異動資料複寫給其他網域控制站呢？這分為以下兩種情況：

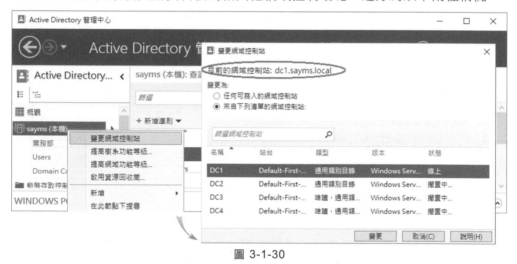

圖 3-1-30

▶ **自動複寫**：若是同一個站台內的網域控制站，則預設是 15 秒鐘後會自動複寫，因此其他網域控制站可能會等 15 秒或更久時間就會收到這些最新的資料；若是位於不同站台的網域控制站，則需視所排定的時程來決定（詳見第 9 章）。

▶ **手動複寫**：有時候可能需要手動複寫，例如網路故障造成複寫失敗，而您不希望等到下一次的自動複寫，而是希望能夠立刻手動複寫。以下假設要從網域控制站 DC1 複寫到 DC2。請到任一台網域控制站上【開啟伺服器管理員❺點擊右上角工具功能表❺Active Directory 站台及服務❺Sites❺Default-First-Site-Name❺Servers ❺展開目的地網域控制站（DC2）❺如圖 3-1-31 所示點擊 **NTDS Settings**❺對著右邊來源網域控制站（DC1）按右鍵❺立即複寫】。

> 與群組原則有關的設定會先被儲存到扮演 PDC 模擬器操作主機角色的網域控制站內,然後再由它複寫給其他的網域控制站(見第 10 章)。

圖 3-1-31

3-2 一次同時新增多筆使用者帳戶

若您是利用 **Active Directory** 管理中心 (或 **Active Directory** 使用者和電腦)的圖形介面來建立大量使用者帳戶的話,將浪費很多時間在重複操作相同的步驟,此時可以利用內建的工具程式 **csvde.exe**、**ldifde.exe** 或 **dsadd.exe** 等來節省您建立使用者帳戶的時間。

▶ **csvde.exe**:可以利用它來新增使用者帳戶(或其他類型的物件),但不能修改或刪除使用者帳戶。請事先將使用者帳戶資料輸入到純文字檔(text file),然後利用 csvde.exe 將檔案內的這些使用者帳戶一次同時匯入到 AD DS 資料庫。

▶ **ldifde.exe**:您可以利用它來新增、刪除、修改使用者帳戶(或其他類型的物件)。請事先將使用者帳戶資料輸入到純文字檔內,然後利用 ldifde.exe 將檔案內的這些使用者帳戶一次同時匯入到 AD DS 資料庫。

▶ **dsadd.exe**、**dsmod.exe** 與 **dsrm.exe**:dsadd.exe 用來新增使用者帳戶(或其他類型的物件)、dsmod.exe 用來修改使用者帳戶、dsrm.exe 用來刪除使用者帳戶。您需要建立批次檔,然後利用這 3 個程式將要新增、修改或刪除的使用者帳戶輸入到此批次檔。

以 csvde.exe 與 ldifde.exe 這兩個程式來說,請先利用可以編輯純文字檔的程式(例如記事本 notepad)來將使用者帳戶資料輸入到檔案內:

▶ 需指名使用者帳戶的儲存路徑(distinguished name,DN)

▶ 需包含物件的類型,例如 user

▶ 需包含 "使用者 SamAccountName 登入"

▶ 應該要包含 "使用者 UPN 登入"

▶ 可以包含使用者的其他資訊,例如電話號碼,地址等

▶ 無法設定使用者的密碼:由於所建立的使用者帳戶沒有密碼,因此可以指定先將使用者帳戶停用。

利用 csvde.exe 來新增使用者帳戶

我們將利用記事本(notepad)來說明如何建立供 csvde.exe 使用的檔案,此檔案的內容類似圖 3-2-1 所示。

圖中第 2 行(含)以後都是欲建立的每一筆使用者帳戶的屬性資料,各屬性資料之間利用逗點(,)隔開。第 1 行是用來定義第 2 行(含)以後相對應的每一個屬性。例如第 1 行的第 1 個欄位為 DN(Distinguished Name),表示第 2 行開始每一行的第 1 個欄位代表新物件的儲存路徑;又例如第 1 行的第 2 個欄位為 objectClass,表示第 2 行開始每一行的第 2 個欄位代表新物件的物件類型。

圖 3-2-1

我們利用圖中的第 2 行資料來說明含意。

屬性	值與說明
DN（distinguished name）	CN=王小溪，OU=業務部，DC=sayms，DC=local：物件的儲存路徑
objectClass	user：物件種類
sAMAccountName	dennis：使用者 **SamAccountName** 登入
userPrincipalName	dennis@sayms.local：使用者 **UPN** 登入
displayName	王小溪：顯示名稱
userAccountControl	514：表示停用此帳戶（512 表示啓用）

檔案建立好後，請開啓 **Windows PowerShell**，然後執行以下指令（參考圖 3-2-2），假設檔案名稱為 users1.txt，且檔案是位於 C:\test 資料夾內：

csvde -i -f c:\test\users1.txt

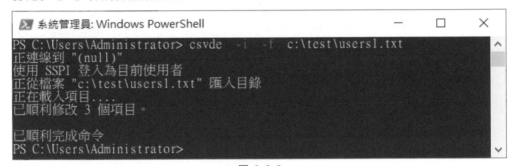

圖 3-2-2

圖 3-2-3 為執行後所建立的新帳戶，圖中向下箭頭符號表示帳戶被停用。

圖 3-2-3

利用 ldifde.exe 來新增、修改與刪除使用者帳戶

以下利用**記事本**來說明如何建立供 ldifde.exe 使用的檔案，其內容類似於圖 3-2-4。

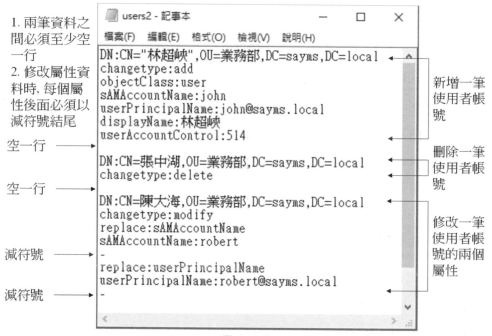

圖 3-2-4

請參考圖 3-2-4 來建立檔案，若此檔案最後還要增加其他帳戶的話，請在最後一個減符號之後至少空一行後再輸入資料。注意存檔時需如圖 3-2-5 所示在**編碼**處選擇 **UTF-16 LE**（舊版系統可選 **Unicode**），否則在匯入到 AD DS 資料庫時會有問題（例如無法匯入或中文字有問題）。

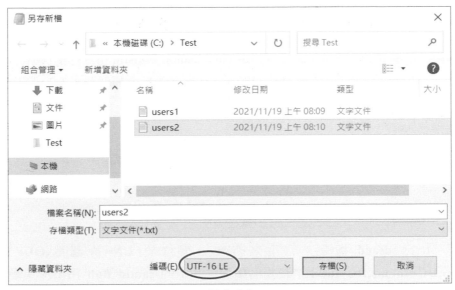

圖 3-2-5

完成後請開啟 Windows PowerShell，然後執行以下指令（參考圖 3-2-6），假設檔案名稱為 users2.txt，且檔案是位於 C:\test 資料夾內：

ldifde -i -f c:\test\users2.txt

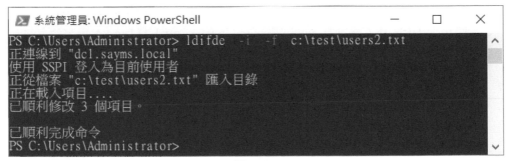

圖 3-2-6

若要將資料匯入到指定的網域控制站的話，請加入 **-s** 參數，例如（此範例假設是要匯入到網域控制站 dc1.sayms.local）：

ldifde –s dc1.sayms.local -i -f c:\test\users2.txt

csvde 與 ldifde 指令的詳細語法可利用 csvde /? 與 ldifde /? 來查看。

利用 dsadd.exe 等程式來新增、修改與刪除使用者帳戶

以下利用**記事本**來說明如何建立內含 dsadd、dsmod 與 dsrm 指令的批次檔（batch file），以便新增、修改與刪除使用者帳戶。此檔案的內容類似圖 3-2-7，圖中針對這 3 個指令各列舉一個範例。

圖 3-2-7

▶ 第 1 行 dsadd 指令：它用來新增一筆位於 **CN=許圓池,OU=業務部,DC=sayms,DC=local** 的使用者帳戶，其中的**-samid Bob** 用來將其使用者 **SamAccountName** 登入設定為 **Bob**、**-upn　bob@sayms.local** 用來將其使用者 UPN 登入設定為 **bob@sayms.local**、**-display** 許圓池用來將其顯示名稱設定為許圓池、**-disabled yes** 表示停用此帳戶。

▶ 第 2 行 dsmod 指令：用來修改位於 **CN=王小溪,OU=業務部,DC=sayms,DC=local** 的使用者帳戶，其中**-upn edwin@sayms.local** 用來將其使用者 UPN 登入變更為 edwin@sayms.local、**-pwd 111aaAA** 用來將其密碼變更為 111aaAA、**-tel 27654321** 用來將其電話號碼變更為 27654321。

▶ 第 3 行 dsrm 指令：用來刪除位於 **CN=林超峽,OU=業務部,DC=sayms,DC=local** 的使用者帳戶，其中的 **–noprompt** 表示不顯示刪除確認的畫面。

▶ 最後一行的 pause 指令只是為了讓畫面暫停，以便於您檢視執行的結果。

請參考圖 3-2-7 來建立檔案，注意存檔時因為**記事本**預設會自動附加.txt 的副檔名（系統預設會隱藏副檔名），然而我們必須將其儲存成為副檔名是.bat 或.cmd 的檔案，因此存檔時請如圖 3-2-8 所示在檔案名稱前後附加雙引號，例如"AddNewUser.bat"，否則其檔名會是 AddNewUser.bat.txt。

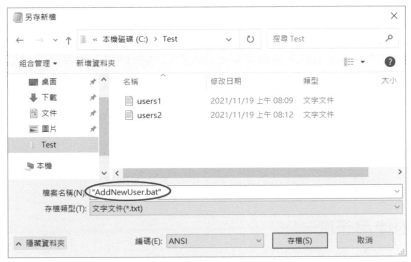

圖 3-2-8

完成後請透過直接在**檔案總管**內雙擊此批次檔的方式來執行它，此時系統會依序執行此檔案內的指令，如圖 3-2-9 所示。

圖 3-2-9

Dsadd.exe、dsmod.exe 與 dsrm.exe 等 3 個程式還有許多參數可以使用，其詳細語法請利用 dsadd /?、dsmod /?與 dsrm /?來查看。

3-3 網域群組帳戶

若能夠善用群組（group）來管理使用者帳戶，則必定能夠減輕許多網路管理負擔。例如當您針對**業務部**群組設定權限後，此群組內的所有使用者都會自動擁有此權限，因此就不需要個別針對每一個使用者來設定。

網域群組帳戶也有唯一的安全識別碼（security identifier，SID）。

網域內的群組類型

AD DS 的網域群組分為以下兩種類型，且它們之間可以相互轉換：

▶ **安全性群組**（security group）：它可以被用來指定權限，例如可以指定它對檔案具備**讀取**的權限。它也可以被用在與安全無關的工作上，例如可以發送電子郵件給安全性群組。

▶ **發佈群組**（distribution group）：它被用在與安全（權限設定等）無關的工作上，例如您可以發送電子郵件給發佈群組，但是無法指派權限給它。

群組的使用領域

以群組的使用領域來看，網域內的群組分為以下三種（見表 3-3-1）：網域本機群組（domain local group）、全域群組（global group）、萬用群組（universal group）。

表 3-3-1

特性＼群組	網域本機群組	全域群組	萬用群組
可包含的成員	所有網域內的使用者、全域群組、萬用群組；相同網域內的網域本機群組	相同網域內的使用者與全域群組	所有網域內的使用者、全域群組、萬用群組
可以在哪一個網域內被設定使用權限	同一個網域	所有網域	所有網域

網域本機群組

它主要是被用來指派其所屬網域內的權限，以便可以存取該網域內的資源。

▶ 其成員可以包含任何一個網域內的使用者、全域群組、萬用群組；也可以包含相同網域內的網域本機群組；但無法包含其他網域內的網域本機群組。

▶ 網域本機群組只能夠存取該網域內的資源，無法存取其他不同網域內的資源；換句話說當您在設定權限時，您只可以設定相同網域內的網域本機群組的權限，但是無法設定其他不同網域內的網域本機群組的權限。

全域群組

它主要是用來組織使用者,也就是您可以將多個即將被賦予相同權限的使用者帳戶,加入到同一個全域群組內。

▶ 全域群組內的成員,只可以包含相同網域內之使用者與全域群組。

▶ 全域群組可以存取任何一個網域內的資源,也就是說您可以在任何一個網域內設定全域群組的權限(這個全域群組可以位於任何一個網域內),以便讓此全域群組具備權限來存取該網域內的資源。

萬用群組

它可以在所有網域內被設定存取權限,以便存取所有網域內的資源。

▶ 萬用群組具備 "萬用領域" 特性,其成員可以包含樹系中任何一個網域內的使用者、全域群組、萬用群組。但是它無法包含任何一個網域內的網域本機群組。

▶ 萬用群組可以存取任何一個網域內的資源,也就是說您可以在任何一個網域內來設定萬用群組的權限(這個萬用群組可以位於任何一個網域內),以便讓此萬用群組具備權限來存取該網域內的資源。

網域群組的建立與管理

群組的新增、刪除與更名

欲新增網域群組時,可透過【開啟伺服器管理員➲點擊右上角工具➲Active Directory 管理中心➲展開網域名稱➲點擊容區或組織單位➲點擊右方工作窗格的新增➲群組】的途徑,然後在圖 3-3-1 中輸入群組名稱、輸入供舊版作業系統來存取的群組名稱、選擇群組類型與群組使用領域等。若要刪除群組的話:【對著群組帳戶按右鍵➲刪除】。

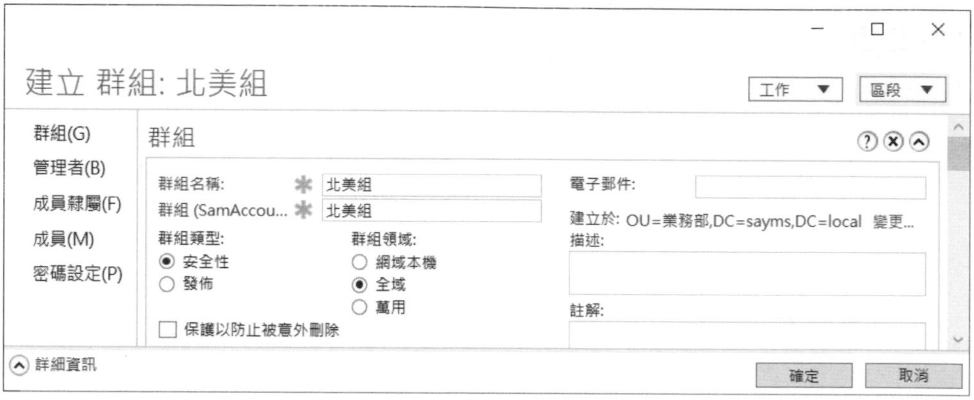

圖 3-3-1

新增群組的成員

若要將使用者、群組等加入到群組內的話：【如圖 3-3-2 所示點選**成員**區段右方的
新增鈕➩按進階鈕➩按立即尋找鈕➩選取欲被加入的成員（按 Shift 或 Ctrl 鍵可
同時選擇多個帳戶）➩按確定鈕➩…】。

圖 3-3-2

AD DS 內建的群組

AD DS 有許多內建群組，它們分別隸屬於網域本機群組、全域群組、萬用群組與
特殊群組。

內建的網域本機群組

這些網域本機群組預設本身已被賦予一些權限,以便讓其具備管理 AD DS 網域的能力。只要將使用者或群組帳戶加入到這些群組內,這些帳戶也會自動具備相同的權限。以下是 Builtin 容區內較常用的網域本機群組。

▶ **Account Operators**:其成員預設可在容區與組織單位內新增/刪除/修改使用者、群組與電腦帳戶,不過部分內建的容區例外,例如 Builtin 容區與 Domain Controllers 組織單位,同時也不允許在部份內建的容區內新增電腦帳戶,例如 Users。他們也無法變更大部分群組的成員,例如 Administrators 等。

▶ **Administrators**:其成員具備系統管理員權限,他們對所有網域控制站擁有最大控制權,可以執行 AD DS 管理工作。內建系統管理員 Administrator 就是此群組的成員,而且您無法將其從此群組內移除。

此群組預設的成員包含了 Administrator、全域群組 Domain Admins、萬用群組 Enterprise Admins 等。

▶ **Backup Operators**:其成員可以透過 Windows Server Backup 工具來備份與還原網域控制站內的檔案,不論他們是否有權限存取這些檔案。其成員也可以將網域控制站關機。

▶ **Guests**:其成員無法永久改變其桌面環境,當他們登入時,系統會為他們建立一個臨時的工作環境(使用者設定檔),而登出時此臨時的環境就會被刪除。此群組預設的成員為使用者帳戶 Guest 與全域群組 Domain Guests。

▶ **Network Configuration Operators**:其成員可在網域控制站上執行一般網路設定工作,例如變更 IP 位址,但不可以安裝、移除驅動程式與服務,也不可執行與網路伺服器設定有關的工作,例如 DNS 與 DHCP 伺服器的設定。

▶ **Performance Monitor Users**:其成員可監視網域控制站的運作效能。

▶ **Print Operators**:其成員可以管理網域控制站上的印表機,也可以將網域控制站關機。

▶ **Remote Desktop Users**:其成員可從遠端電腦透過遠端桌面來登入。

▶ **Server Operators**：其成員可以備份與還原網域控制站內的檔案；鎖定與解開網域控制站；將網域控制站上的硬碟格式化；更改網域控制站的系統時間；將網域控制站關機等。

▶ **Users**：其成員僅擁有一些基本權限，例如執行應用程式，但是他們不能修改作業系統的設定、不能變更其他使用者的資料、不能將伺服器關機。此群組預設的成員為全域群組 Domain Users。

內建的全域群組

AD DS 內建的全域群組本身並沒有任何的權限，但是可以將其加入到具備權限的網域本機群組，或另外直接指派權限給此全域群組。這些內建全域群組是位於容區 Users 內。以下列出較常用的全域群組：

▶ **Domain Admins**：網域成員電腦會自動將此群組加入到其本機群組 Administrators 內，因此 Domain Admins 群組內的每一個成員，在網域內的每一台電腦上都具備系統管理員權限。此群組預設的成員為網域使用者 Administrator。

▶ **Domain Computers**：所有的網域成員電腦（網域控制站除外）都會被自動加入到此群組內。

▶ **Domain Controllers**：網域內的所有網域控制站都會被自動加入到此群組內。

▶ **Domain Users**：網域成員電腦會自動將此群組加入到其本機群組 Users 內，因此 Domain Users 內的使用者享有本機群組 Users 所擁有的權限，例如擁有**允許本機登入**的權限。此群組預設的成員為網域使用者 Administrator，而以後新增的網域使用者帳戶都自動會隸屬於此群組。

▶ **Domain Guests**：網域成員電腦會自動將此群組加入到本機群組 Guests 內。此群組預設的成員為網域使用者帳戶 Guest。

內建的萬用群組

▶ **Enterprise Admins**：此群組只存在於樹系根網域，其成員有權管理樹系內的所有網域。此群組預設的成員為樹系根網域內的使用者 Administrator。

▶ **Schema Admins**：此群組只存在於樹系根網域，其成員具備管理**架構**（schema）的權限。此群組預設的成員為樹系根網域內的使用者 Administrator。

內建的特殊群組

除了前面所介紹的群組之外，還有一些特殊群組，而您無法變更這些特殊群組的成員。以下列出幾個較常使用的特殊群組：

▶ **Everyone**：任何一位使用者都屬於這個群組。若 Guest 帳戶被啟用的話，則您在指派權限給 Everyone 時需小心，因為若一位在您電腦內沒有帳戶的使用者，透過網路來登入您的電腦時，他會被自動允許利用 Guest 帳戶來連接，此時因為 Guest 也是隸屬於 Everyone 群組，所以他將具備 Everyone 所擁有的權限。

▶ **Authenticated Users**：任何利用有效使用者帳戶來登入此電腦的使用者，都隸屬於此群組。

▶ **Interactive**：任何在本機登入（例如按 Ctrl + Alt + Del 登入）的使用者，都隸屬於此群組。

▶ **Network**：任何透過網路來登入此電腦的使用者，都隸屬於此群組。

▶ **Dialup**：任何利用撥接方式來連線的使用者，都隸屬於此群組。

3-4 群組的使用準則

為了讓網路管理更為容易，同時也為了減少以後維護的負擔，因此在您利用群組來管理網路資源時，建議您盡量採用以下的準則範例，尤其是大型網路：

▶ A、G、DL、P 原則

▶ A、G、G、DL、P 原則

▶ A、G、U、DL、P 原則

▶ A、G、G、U、DL、P 原則

A 代表使用者帳戶（user Account）、G 代表全域群組（Global group）、DL 代表網域本機群組（Domain Local group）、U 代表萬用群組（Universal group）、P 代表權限（Permission）。

A、G、DL、P 原則

A、G、DL、P 原則就是先將使用者帳戶（A）加入到全域群組（G）、再將全域群組加入到網域本機群組（DL）內、然後設定網域本機群組的權限（P），如圖 3-4-1 所示。以此圖為例來說，只要針對圖中的網域本機群組來設定權限，則隸屬於該網域本機群組的全域群組內的所有使用者，都自動會具備該權限。

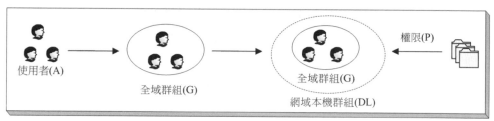

圖 3-4-1

舉例來說，若甲網域內的使用者需要存取乙網域內資源的話，則由甲網域的系統管理員負責在甲網域建立全域群組、將甲網域使用者帳戶加入到此群組內；而乙網域的系統管理員則負責在乙網域建立網域本機群組、設定此群組的權限、然後將甲網域的全域群組加入到此群組內。之後由甲網域的系統管理員負責維護全域群組內的成員，而乙網域的系統管理員則負責維護權限的設定，如此便可以將管理的負擔分散。

A、G、G、DL、P 原則

A、G、G、DL、P 原則就是先將使用者帳戶（A）加入到全域群組（G）、將此全域群組加入到另一個全域群組（G）內、再將此全域群組加入到網域本機群組（DL）內、然後設定網域本機群組的權限（P），如圖 3-4-2 所示。圖中的全域群組（G3）內包含了 2 個全域群組（G1 與 G2），它們必須是同一個網域內的全域群組，因為全域群組內只能夠包含位於同一個網域內的使用者帳戶與全域群組。

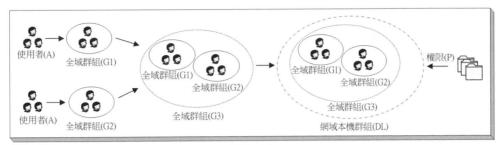

圖 3-4-2

A、G、U、DL、P 原則

圖 3-4-2 中的全域群組 G1 與 G2 若不是與 G3 在同一個網域內,則無法採用 A、G、G、DL、P 原則,因為全域群組(G3)內無法包含位於另外一個網域內的全域群組,此時需將全域群組 G3 改為萬用群組,也就是需改用 A、G、U、DL、P 原則(如圖 3-4-3 所示),此原則是先將使用者帳戶(A)加入到全域群組(G)、將此全域群組加入到萬用群組(U)內、再將此萬用群組加入到網域本機群組(DL)內、然後設定網域本機群組的權限(P)。

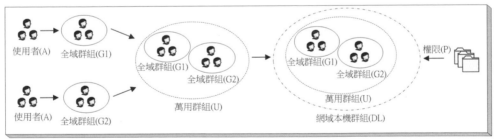

圖 3-4-3

A、G、G、U、DL、P 原則

A、G、G、U、DL、P 原則與前面 2 種類似,在此不再重複說明。

您也可以不遵循以上的原則來使用群組,不過會有一些缺點存在,例如您可以:

▶ 直接將使用者帳戶加入到網域本機群組內,然後設定此群組的權限。它的缺點是您並無法在其他網域內設定此網域本機群組的權限,因為網域本機群組只能夠存取所屬網域內的資源。

▶ 直接將使用者帳戶加入到全域群組內，然後設定此群組的權限。它的缺點是如果您的網路內包含多個網域，而每個網域內都有一些全域群組需要對此資源具備相同的權限的話，則您需要分別替每一個全域群組設定權限，這種方法比較浪費時間，會增加網路管理的負擔。

4

利用群組原則管理
使用者工作環境

透過 AD DS 的**群組原則**（group policy）功能，讓您更容易控管使用者工作環境
與電腦環境、減輕網路管理負擔、降低網路管理成本。

4-1 群組原則概觀

系統管理員可以利用群組原則來充分控管使用者的工作環，透過它來確保使用者擁有該有的工作環境，也透過它來限制使用者，如此不但可以讓使用者擁有適當的環境，也可以減輕系統管理員的管理負擔。

群組原則的功能

以下列舉群組原則所提供的主要功能：

▶ **帳戶原則的設定**：例如可以設定使用者帳戶的密碼長度、密碼使用期限、帳戶鎖定原則等。

▶ **本機原則的設定**：例如稽核原則的設定、使用者權限的指派、安全性的設定等。

▶ **指令碼的設定**：例如登入與登出、啟動與關機指令碼的設定。

▶ **使用者工作環境的設定**：例如隱藏使用者桌面上所有的圖示、移除**開始**功能表中的**執行/搜尋/關機**等選項、移除瀏覽器的部分選項、強制透過指定的代理伺服器上網等。

▶ **軟體的安裝與移除**：使用者登入或電腦啟動時，自動為使用者安裝應用軟體、自動修復應用軟體或自動移除應用軟體。

▶ **限制軟體的執行**：透過各種不同的軟體限制規則，來限制網域使用者只能執行指定的程式。

▶ **資料夾的導向**：例如改變文件、**開始**功能表等資料夾的儲存位置。

▶ **限制存取「卸除式儲存裝置」**：例如限制將檔案寫入到 USB 隨身碟。

▶ **其他眾多的系統設定**：例如讓所有的電腦都自動信任指定的 CA（Certificate Authority）、限制安裝裝置驅動程式（device driver）等。

您可以在 AD DS 中針對站台（site）、網域（domain）與組織單位（OU）來設定群組原則（如圖 4-1-1 所示）。

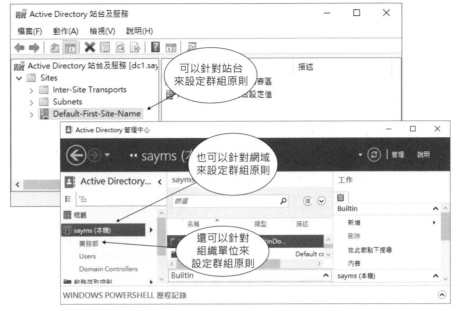

圖 4-1-1

群組原則內包含著**電腦設定**與**使用者設定**兩部分：

▶ **電腦設定**：當電腦開機時，系統會根據**電腦設定**的內容來設定電腦的環境。舉例來說，若您針對網域 sayms.local 設定了群組原則，則此群組原則內的**電腦設定**就會被套用到（apply）這個網域內的所有電腦。

▶ **使用者設定**：當使用者登入時，系統會根據**使用者設定**的內容來設定使用者的工作環境。舉例來說，若針對組織單位**業務部**設定了群組原則，則其內的**使用者設定**就會被套用到這個組織單位內的所有使用者。

除了可以針對站台、網域與組織單位來設定群組原則之外，您還可以在每一台電腦上設定其**本機電腦原則**（local computer policy），這個電腦原則只會套用到本機電腦與在此台電腦上登入的所有使用者。

群組原則物件

群組原則是透過**群組原則物件**（Group Policy Object，GPO）來設定的，而您只要將 GPO 連結（link）到指定的站台、網域或組織單位，此 GPO 內的設定值就會影響到該站台、網域或組織單位內的所有使用者與電腦。

內建的 GPO

AD DS 網域有兩個內建的 GPO，它們分別是：

▶ **Default Domain Policy**：此 GPO 預設已經被連結到網域，因此其設定值會被套用到整個網域內的所有使用者與電腦。

▶ **Default Domain Controller Policy**：此 GPO 預設已經被連結到組織單位 Domain Controllers，因此其設定值會被套用到 Domain Controllers 內的所有使用者與電腦（Domain Controllers 內預設只有網域控制站的電腦帳戶）。

您可以透過【開啟**伺服器管理員**●點擊右上角**工具**●**群組原則管理**●如圖 4-1-2 所示】的途徑來驗證 Default Domain Policy 與 Default Domain Controller Policy GPO 分別已經被連結到網域 sayms.local 與組織單位 Domain Controllers。

圖 4-1-2

 在尚未徹底了解群組原則以前，請暫時不要隨意變動 Default Domain Policy 或 Default Domain Controller Policy 這兩個 GPO 的設定值，以免影響系統運作。

GPO 的內容

GPO 的內容被分為 GPT 與 GPC 兩部分，它們分別被儲存在不同的地點：

▶ **GPT**（Group Policy Template）：GPT 是用來儲存 GPO 設定值與相關檔案，它是一個資料夾，而且是被建立在網域控制站的**%*systemroot*%\SYSVOL\ sysvol*網域名稱*\Policies** 資料夾內（%*systemroot*%一般是 C:\Windows）。系統是利用 GPO 的 GUID（Global Unique Identifier）來當作 GPT 的資料夾名稱，例如圖 4-1-3 中的兩個資料夾分別是 Default Domain Controller Policy 與 Default Domain Policy GPO 的 GPT（圖中的數字分別是這兩個 GPO 的 GUID）。

圖 4-1-3

若要查詢 GPO 的 GUID 的話，例如要查詢 Default Domain Policy GPO 的 GUID，可以透過如圖 4-1-4 所示【在**群組原則管理**主控台中點擊 Default Domain Policy⊃點選**詳細資料**標籤⊃唯一識別碼】的途徑。

圖 4-1-4

▶ **GPC**（Group Policy Container）：GPC 是儲存在 AD DS 資料庫內，它記載著此 GPO 的屬性與版本等資料。網域成員電腦可透過屬性來得知 GPT 的儲存地點，而網域控制站可利用版本來判斷其所擁有的 GPO 是否為最新版本，以便作為是否需要從其他網域控制站複寫最新 GPO 設定的依據。

您可以透過以下途徑來檢視 **GPC**：【開啟**伺服器管理員**❏點擊右上角工具❏Active Directory 管理中心❏點選**樹狀檢視**圖示❏點擊網域（例如 sayms）❏展開容區 **System**❏如圖 4-1-5 所示點擊 **Policies**】。

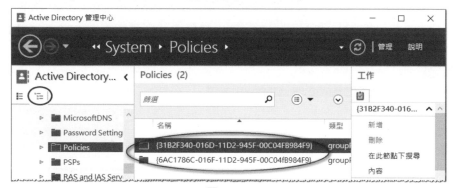

圖 4-1-5

> 每一台電腦還有**本機電腦原則**，您可以【按 Windows 鍵 ⊞+ R 鍵❏輸入 MMC 後按 確定 鈕❏點擊**檔案**功能表❏新增/移除嵌入式管理單元❏點選**群組原則物件編輯器**❏依序按 新增、完成、確定 鈕】來建立管理**本機電腦原則**的工具（或按 Windows 鍵 ⊞+ R 鍵❏輸入 gpedit.msc 後按 確定 鈕）。本機電腦原則的設定資料是被儲存在本機電腦%*systemroot*%\System32\GroupPolicy 資料夾內，它是一個隱藏式資料夾（%*systemroot*%一般是 C:\Windows）。

原則設定與喜好設定

群組原則內的設定還被區分為**原則設定**與**喜好設定**兩種：

▶ 只有網域的群組原則才有**喜好設定**功能，本機電腦原則並無此功能。

▶ **原則設定**是強制性設定，用戶端套用這些設定後就無法變更（有些設定雖然用戶端可以自行變更設定值，不過下次套用原則時，仍然會被改為原則內的設定值);然而**喜好設定**非強制性,用戶端可自行變更設定值,因此**喜好設定**適合於用來當作預設值。

▶ 若要篩選**原則設定**的話,需針對整個 GPO 來篩選,例如某個 GPO 已經被套用到**業務部**,但是我們可以透過篩選設定來讓其不要套用到**業務部**經理 Mary,也就是整個 GPO 內的所有設定項目都不會被套用到 Mary;然而**喜好設定**可以針對單一設定項目來篩選。

▶ 若在**原則設定**與**喜好設定**內有相同的設定項目,而且都已做了設定,但是其設定值卻不相同的話,則以**原則設定**優先。

群組原則的套用時機

當您修改了站台、網域或組織單位的 GPO 設定值後,這些設定值並不是立刻就對其內的使用者與電腦有效,而是必須等 GPO 設定值被套用到使用者或電腦後才有效。GPO 設定值內的電腦設定與使用者設定的套用時機並不相同。

電腦設定的套用時機

網域成員電腦會在以下場合套用 GPO 的電腦設定值:

▶ 電腦開機時會自動套用

▶ 若電腦已經開機的話,則會每隔一段時間自動套用:

- 網域控制站:預設是每隔 5 分鐘自動套用一次

- 非網域控制站:預設是每隔 90 到 120 分鐘之間自動套用一次

- 不論原則設定值是否變更,都會每隔 16 小時自動套用一次安全性設定原則

▶ 手動套用:到網域成員電腦上開啟 Windows PowerShell 視窗,然後執行 **gpupdate /target:computer** 指令

使用者設定的套用時機

網域使用者會在以下場合套用 GPO 的使用者設定值:

▶ 使用者登入時會自動套用

▶ 若使用者已經登入的話,則預設會每隔 90 到 120 分鐘之間自動套用一次。且不論原則設定值是否變更,都會每隔 16 小時自動套用一次安全性設定原則

▶ 手動套用:到網域成員電腦上開啟 Windows PowerShell 視窗,然後執行 **gpupdate /target:user** 指令

 1. 執行 gpupdate 但不附加參數的話,會同時套用電腦與使用者設定。
2. 部分原則設定可能需電腦重新啟動或使用者重新登入才有效,例如**軟體安裝原則**與**資料夾重新導向原則**。

4-2 原則設定實例演練

為了讓您有比較清楚的觀念,因此在繼續解釋更進階的群組原則功能之前,我們先分別利用兩個實例來演練 GPO 的**電腦設定**與**使用者設定**中的原則設定。

原則設定實例演練一:電腦設定

系統預設是只有某些群組(例如 administrators)內的使用者,才有權在扮演網域控制站角色的電腦上登入,若一般使用者在網域控制站上登入的話,螢幕上會出現類似圖 4-2-1 所示的無法登入警告訊息,除非他們被賦予**允許本機登入**的權限。

圖 4-2-1

以下假設要開放讓網域 SAYMS 內 Domain Users 群組內的使用者可以在網域控制站上登入。我們將透過預設的 Default Domain Controllers Policy GPO 來設定,也就是要讓這些使用者在網域控制站上擁有**允許本機登入**的權限。

1. 一般來説，網域控制站等重要的伺服器不應該開放一般使用者來登入。

2. 在成員伺服器、Windows 11 等非網域控制站的電腦上，Domain Users 群組預設已經擁有**允許本機登入**的權限。

STEP 1 請到網域控制站上利用網域系統管理員身分登入。

STEP 2 開啟**伺服器管理員**➲點擊右上角**工具**➲群組原則管理。

STEP 3 如圖 4-2-2 所示【展開到組織單位 Domain Controllers ➲對著右邊的 Default Domain Controllers Policy 按右鍵➲編輯】。

圖 4-2-2

STEP 4 如圖 4-2-3 所示【展開**電腦設定**➲原則➲Windows 設定➲安全性設定➲本機原則➲使用者權限指派➲雙擊右方的**允許本機登入**】。

圖 4-2-3

STEP **5**　如圖 4-2-4 所示【按 新增使用者或群組 鈕➜輸入或選擇網域 SAYMS 內的 Domain Users 群組➜按 2 次 確定 鈕】。由此圖中可看出預設只有 Account Operators、Administrators 等群組才擁有**允許本機登入**的權限。

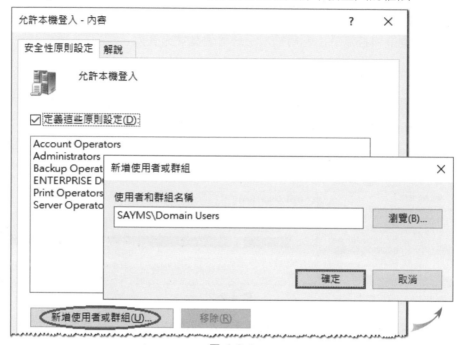

圖 4-2-4

完成後，需等這個原則被套用到組織單位 Domain Controllers 內的網域控制站後才有效（見前一小節的說明）。待套用完成後，您就可以利用任何一個網域使用者帳戶到網域控制站上登入，來測試**允許本機登入**功能是否正常。

若網域控制站是利用 Hyper-V 建置的虛擬機器，且在**檢視**處勾選**加強的工作階段**的話，由於此時是採用遠端桌面連線來連接虛擬機器，因此可能需先利用 **Active Directory 管理中心** （或 **Active Directory 使用者和電腦**）將 Domain Users 群組加入 Remote Desktop Users 群組，並執行 gpedit.msc 來開放讓 Remote Desktop Users 群組具備**允許透過遠端桌面服務登入**的權利（電腦設定➜安全性設定➜本機原則➜使用者權限指派➜...），否則網域使用者無法登入。

另外若網域內有多台網域控制站的話，由於原則設定預設會先被儲存到扮演 **PDC 模擬器操作主機**角色的網域控制站（預設是網域中的第 1 台網域控制站），因此需等這些原則設定被複寫到其他網域控制站、然後再等這些原則設定值被套用到這些網域控制站。

> 您可以利用【開啟伺服器管理員➜點擊右上角工具➜Active Directory 使用者和電腦➜對著網域名稱按右鍵➜操作主機➜PDC 標籤】來得知扮演 PDC 模擬器操作主機的網域控制站。

系統可以利用以下兩種方式來將 **PDC 模擬器操作主機**內的群組原則設定複寫到其他網域控制站：

▶ **自動複寫：PDC 模擬器操作主機**預設是 15 秒後會自動將其複寫出去，因此其他的網域控制站可能需要等 15 秒或更久時間才會接收到此設定值。

▶ **手動立刻複寫**：假設 **PDC 模擬器操作主機**是 DC1，而我們要將群組原則設定手動複寫到網域控制站 DC2。請在網域控制站上【開啟伺服器管理員➜點擊右上角工具功能表➜Active Directory 站台及服務➜Sites➜Default-First-Site-Name➜Servers➜展開目的地網域控制站（DC2）➜NTDS Settings➜對著 **PDC 模擬器操作主機**（DC1）按右鍵➜立即複寫】。

原則設定實例演練二：使用者設定

假設網域 sayms.local 內有一個組織單位**業務部**，而且已經限定他們需透過企業內部的代理伺服器上網（代理伺服器 proxy server 的設定留待後面第 4-19 頁「**喜好設定**」實例演練二 再說明），而為了避免使用者私自變更這些設定值，因此以下要將其變更 Proxy 的功能停用。

由於目前並沒有任何 GPO 被連結到組織單位**業務部**，因此我們將先建立一個連結到**業務部**的 GPO，然後透過修改此 GPO 設定值的方式來達到目的。

STEP **1** 請到網域控制站上利用網域系統管理員身分登入。

STEP **2** 開啟伺服器管理員➜點擊右上角工具➜群組原則管理。

STEP **3** 如圖 4-2-5 所示【展開到組織單位**業務部**➜對著**業務部**按右鍵➜在這個網域中建立 GPO 並將它連結到這裡】。

圖 4-2-5

您也可以先透過【對著**群組原則物件**按右鍵➜新增】的途徑來建立新 GPO，然後再透過【對著組織單位**業務部**按右鍵➜連結到現有的 GPO】的途徑來將上述 GPO 連結到組織單位**業務部**。

> 若要備份或還原 GPO 的話：【對著群組原則物件按右鍵➜**備份**或從備份還原】。

STEP **4** 在圖 4-2-6 中替此 GPO 命名（例如**測試用的 GPO**）後按**確定**鈕。

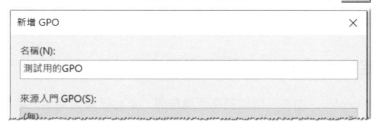

圖 4-2-6

STEP **5** 如圖 4-2-7 所示對著這個新增的 GPO 按右鍵➜編輯。

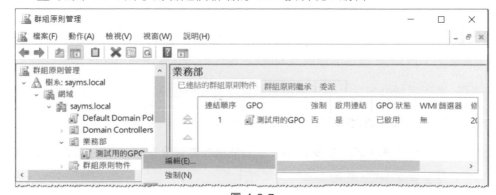

圖 4-2-7

STEP **6** 如圖 4-2-8 所示【展開**使用者設定**➜原則➜系統管理範本➜Windows 元件
➜Internet Explorer➜將右方**防止變更 Proxy 設定**改為**已啟用**】。

圖 4-2-8

STEP **7** 請利用**業務部**內的任何一位使用者帳戶到任何一台網域成員電腦上登入。

STEP **8** Windows 11 用戶端可以【點擊下方**開始**圖示██➜點擊**設定**圖示⚙➜**網路和
網際網路**（可能需先點擊左上方三條線圖示≡）➜點擊圖 4-2-9 的 Proxy
來確認其已經無法變更 Proxy 的相關設定】。

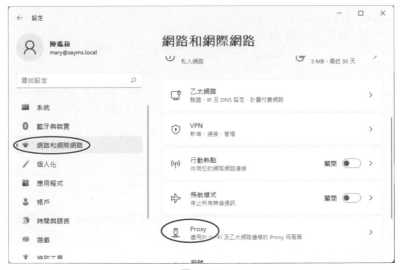

圖 4-2-9

> 也可以【點擊下方**檔案總管**圖示██➜對著左下方的**網路**按右鍵➜**內容**➜點擊左
> 下角**網際網路選項**➜點擊**連線**標籤下的 LAN 設定 鈕➜**Proxy 伺服器**】來查看。

4-3 喜好設定實例演練

喜好設定並非強制性，用戶端可自行變更設定值，因此它適合用來當作預設值。

「喜好設定」實例演練一

我們要讓位於組織單位**業務部**內的使用者 Peter 登入時，其磁碟機代號 Z:會自動連接到\\dc1\tools 共用資料夾，不過同樣是位於**業務部**內的其他使用者登入時不會有 Z:磁碟。我們利用前面所建立的**測試用的 GPO** 來練習。

STEP **1** 請到網域控制站 dc1 上利用網域系統管理員身分登入。

STEP **2** 開啟**檔案總管**、建立資料夾 tools，並將其設定為共用資料夾（對著資料夾按右鍵➲授與存取權給），然後開放**讀取/寫入**的權限給 Everyone。

STEP **3** 開啟**伺服器管理員**➲點擊右上角**工具**➲群組原則管理。

STEP **4** 在圖 4-3-1 中對著組織單位**業務部**之下的**測試用的 GPO** 按右鍵➲編輯。

圖 4-3-1

STEP **5** 如圖 4-3-2 所示展開**使用者設定**➲喜好設定➲Windows 設定➲對著**磁碟機對應**延伸按右鍵➲新增➲對應磁碟機。

 在 Windows 設定之下的**應用程式**、**磁碟機對應**、**環境**等被稱為**延伸**（extension）。

圖 4-3-2

STEP **6** 在圖 4-3-3 中的**動作**處選擇**更新**、**位置**處輸入共用資料夾路徑\\dc1\tools、使用 Z:磁碟來連接此共用資料夾、勾選**重新連線**以便用戶端每次登入時都會自動利用 Z:磁碟來連線。其中的**動作**可以有以下的選擇：

圖 4-3-3

- **建立**：會在用戶端電腦建立用來連接此共用資料夾的 Z:磁碟。

- **取代**：用戶端若已存在網路磁碟機 Z:的話，則將其刪除後改以此處的設定來取代之。若用戶端不存在 Z:磁碟的話，則新增之。

- **更新**：修改用戶端的 Z:磁碟設定，例如修改用戶端連接共用資料夾時所使用的使用者帳戶與密碼。若用戶端不存在 Z:磁碟的話，則新增之。此處我們選擇預設的**更新**。

- **刪除**：刪除用戶端的 Z:磁碟。

STEP **7** 點擊圖 4-3-4 中**通用**標籤、如圖所示來勾選：

- **如果發生錯誤，就停止處理此延伸中的項目**：若在**磁碟機對應**延伸內有多個設定項目的話，則預設是當系統在處理某項目時，若發生錯誤，它仍然會繼續處理下一個項目，但若勾選此選項的話，它就會停止，不再繼續處理下一個項目。

- **在登入的使用者資訊安全內容中執行（使用者原則選項）**：用戶端預設是利用本機系統帳戶身分來處理**喜好設定**的項目，這使得用戶端只能存取可供本機電腦存取的環境變數與系統資源，而此選項可改用使用者的登入身分來處理**喜好設定**的項目，如此就可存取本機電腦無權存取的資源或使用者環境變數，例如此處利用網路磁碟機 Z：來連接網路共用資料夾\\dc1\tools，就需要勾選此選項。

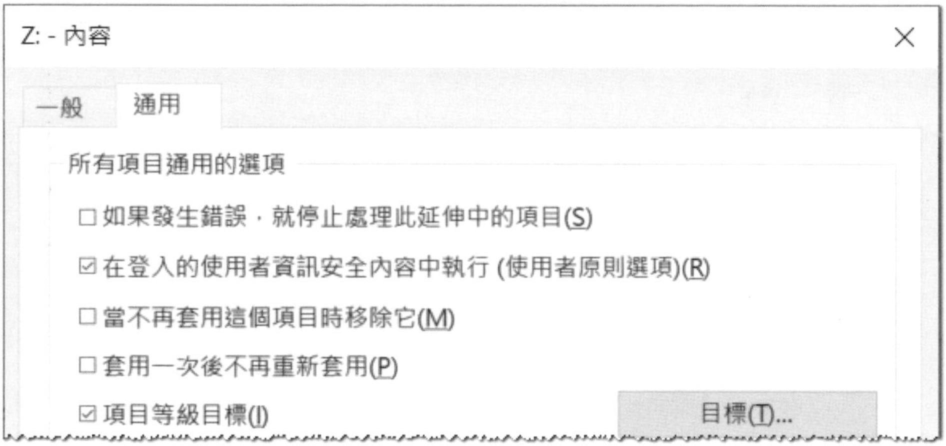

<table>
<tr><td colspan="2">Z: - 內容</td><td>✕</td></tr>
<tr><td>一般</td><td>**通用**</td><td></td></tr>
<tr><td colspan="3">所有項目通用的選項
☐ 如果發生錯誤，就停止處理此延伸中的項目(S)
☑ 在登入的使用者資訊安全內容中執行 (使用者原則選項)(R)
☐ 當不再套用這個項目時移除它(M)
☐ 套用一次後不再重新套用(P)
☑ 項目等級目標(I)　　　　　　　目標(T)...</td></tr>
</table>

圖 4-3-4

- **當不再套用這個項目時移除它**：當 GPO 被移除後，用戶端電腦內與該 GPO 內**原則設定**有關的設定都會被移除，然而與**喜好設定**有關的設定仍然會被保留，例如此處的網路磁碟機 Z:仍然會被保留。若勾選此選項的話，則與此**喜好設定**有關的設定會被刪除。

- **套用一次後不再重新套用**：用戶端電腦預設會每隔 90 分鐘重新套用 GPO 內的**喜好設定**，因此若使用者自行變更設定的話，則重新套用後又會恢復為**喜好設定**內的設定值，若您希望使用者能夠保有自行變更的設定值的話，請勾選此選項，此時它只會套用一次。

- 項目等級目標：它讓您針對每一個**喜好設定**項目來決定此項目的套用目標，例如您可以選擇將其只套用到特定使用者或特定 Windows 系統。本演練只是要將設定套用到組織單位**業務部**內的單一使用者 Peter，故需勾選此選項。

STEP **8** 點擊前面圖 4-3-4 中**通用**標籤下的 目標 鈕，以便將此項目的套用對象指定到使用者 Peter，換句話說，此項目的**目標**為使用者 Peter。

STEP **9** 在圖 4-3-5 中【點擊左上角的**新增項目**➜選擇**使用者**➜在**使用者**處瀏覽或選擇將此項目套用到網域 SAYMS 的使用者 Peter 後按 確定 鈕】。

圖 4-3-5

STEP **10** 回到**新磁碟機內**容畫面時按 確定 鈕。

STEP **11** 圖 4-3-6 右方為剛才建立、利用 Z:磁碟來連接\\dc1\Tools 共用資料夾的設定，這樣的一個設定被稱為一個**項目**（item）。

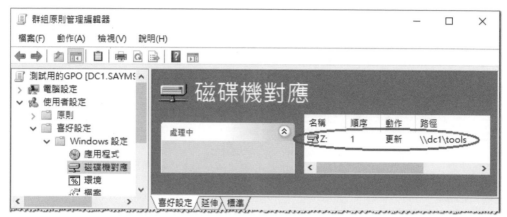

圖 4-3-6

STEP **12** 到任何一台網域成員電腦上利用組織單位**業務部**內的使用者帳戶 Peter 登入、開啟**檔案總管**，之後您將如圖 4-3-7 所示看到其 Z:磁碟已經自動連接到我們指定的共用資料夾。但是若利用組織單位**業務部**內的其他使用者帳戶登入的話，就不會有 Z::磁碟。

圖 4-3-7

「喜好設定」實例演練二

以下假設要讓組織單位**業務部**內的所有使用者，必須透過企業內部的代理伺服器（proxy server）上網。假設代理伺服器的網址為 proxy.sayms.local、連接埠號碼為 8080、用戶端的瀏覽器為 Microsoft Edge（也適用於 Chrome 等瀏覽器）。我們利用前面所建立的**測試用的 GPO** 來練習。

STEP **1** 請到網域控制站 dc1 上利用網域系統管理員身分登入。

STEP **2** 開啟**伺服器管理員**◑點擊右上角**工具**◑群組原則管理。

STEP **3** 在圖 4-3-8 中對著組織單位**業務部**之下的**測試用的 GPO** 按右鍵◑編輯。

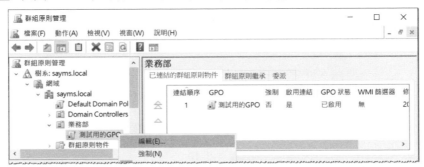

圖 4-3-8

STEP **4** 如圖 4-3-9 所示展開【使用者設定◑喜好設定◑控制台設定◑】，然後【對著**網際網路設定**按右鍵◑新增◑Internet Explorer 10】（也適用於 Internet Explorer 11、Microsoft Edge 與 Chrome）。

圖 4-3-9

STEP **5** 如圖 4-3-10 所示點擊**連線**標籤下的 區域網路設定 鈕。

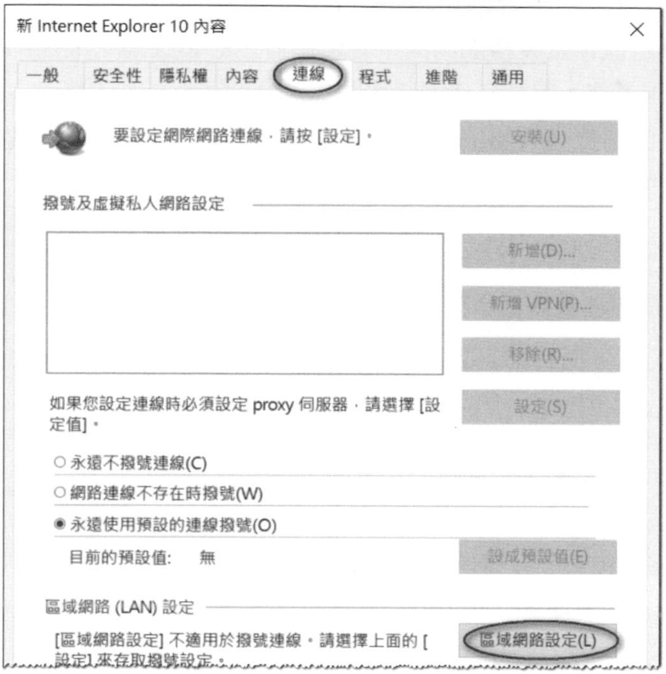

圖 4-3-10

STEP **6** 如圖 4-3-11 所示來勾選後輸入代理伺服器網址與連接埠（假設分別是 proxy.sayms.local、8080）●按 F5 鍵●按 2 次 確定 鈕來結束設定 】。

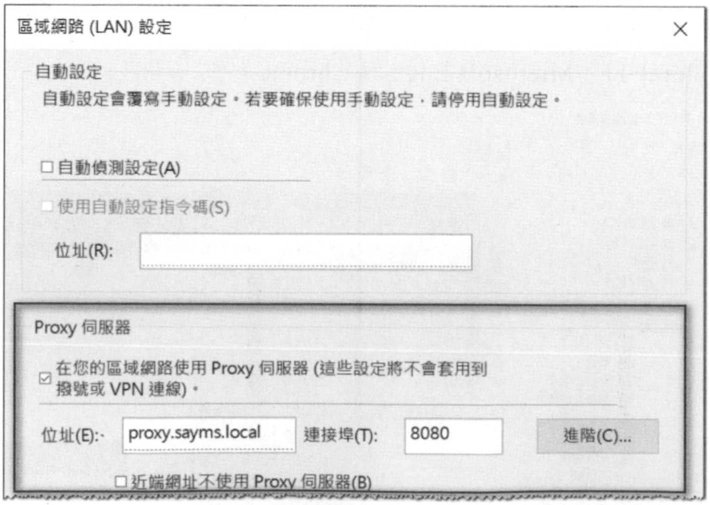

圖 4-3-11

需按 F5 鍵來啟用此標籤下的所有設定（設定項目下代表停用的紅色底線會轉變成綠色）；按 F8 鍵可停用此標籤下的所有設定；若要啟用目前所在的項目的話，請按 F6 鍵、停用請按 F7 鍵。

STEP **7** 請利用**業務部**內任何一位使用者帳戶到任何一台網域成員電腦登入。

STEP **8** Windows 11 系統可以透過【點擊下方**開始**圖示■■⊃點擊**設定**圖示⚙⊃網路和網際網路（可能需先點擊左上方三條線圖示☰）⊃點擊右方的 **Proxy**⊃點擊手動設定 **Proxy** 處的 設定 鈕】，如圖 4-3-12 所示來查看（而且無法變更這些設定，這是之前練習的原則設定的結果）。

也可以透過【點擊下方**檔案總管**圖示▇⊃對著左下方的**網路**按右鍵⊃內容⊃點擊左下角**網際網路選項**⊃點擊**連線**標籤下的 LAN 設定 鈕來插看。

圖 4-3-12

4-4 群組原則的處理規則

網域成員電腦在處理（套用）群組原則時有一定的程序與規則，系統管理員必須了解它們，才能夠透過群組原則來充分的掌控使用者與電腦的環境。

一般的繼承與處理規則

群組原則設定是有繼承性的，也有一定的處理規則：

▶ 若在高層父容區的某個原則被設定，但是在其下低層子容區並未設定此原則的話，則低層子容區會繼承高層父容區的這個原則設定值。

以圖 4-4-1 來說，位於高層的網域 sayms.local 的 GPO 內，若其**禁止存取[控制台]和電腦設定**原則被設定為**已啟用**，但位於低層的組織單位**業務部**的這個原則被設定為**尚未設定**的話，則**業務部**會繼承 sayms.local 的設定值，也就是**業務部**的**禁止存取[控制台]和電腦設定**原則是**已啟用**。

若組織單位**業務部**之下還有其他子容區，且它們的這些原則也被設定為**尚未設定**的話，則它們也會繼承這個設定值。

圖 4-4-1

▶ 若在低層子容區內的某個原則被設定的話，則此設定值預設會覆蓋由其高層父容區所繼承下來的設定值。

以圖 4-4-1 來說，位於高層的網域 sayms.local 的 GPO 內，若其**禁止存取[控制台]和電腦設定**原則被設定為**已啟用**，但是位於低層的組織單位**業務部**的這個原則被設定為**已停用**，則**業務部**會覆蓋 sayms.local 的設定值，也就是對組織單位**業務部**來說，其**禁止存取[控制台]和電腦設定**原則是**已停用**。

▶ 群組原則設定是有累加性的，例如若您在組織單位**業務部**內建立了 GPO，同時在站台、網域內也都有 GPO，則站台、網域與組織單位內的所有 GPO 設定值都會被累加起來作為組織單位**業務部**的最後有效設定值。

但若站台、網域與組織單位**業務部**之間的 GPO 設定有衝突時，則優先順序為：**組織單位的 GPO** 最優先、**網域的 GPO** 次之、**站台的 GPO** 優先權最低。

▶ 若群組原則內的**電腦設定**與**使用者設定**有衝突的話，則以**電腦設定**優先。

▶ 若將多個 GPO 連結到同一處，則所有這些 GPO 的設定會被累加起來作為最後的有效設定值，但若這些 GPO 的設定相互衝突時，則以**連結順序**在前面的 GPO 設定為優先，例如圖 4-4-2 中的**測試用的 GPO** 的設定優先於**防毒軟體原則**。

圖 4-4-2

 本機電腦原則的優先權最低，也就是說若**本機電腦原則**內的設定值與「站台、網域或組織單位」的設定相衝突時，則以站台、網域或組織單位的設定優先。

例外的繼承設定

除了一般的繼承與處理規則外，您還可以設定以下的例外規則。

禁止繼承原則

您可以設定讓子容區不要繼承父容區的設定，例如若不要讓組織單位**業務部**繼承網域 sayms.local 的原則設定的話：請【如圖 4-4-3 所示對著**業務部**按右鍵➲禁止繼承】，此時組織單位**業務部**將直接以自己的 GPO 設定為其設定值，若其 GPO 內的設定為**尚未設定**的話，則採用預設值。

圖 4-4-3

強制繼承原則

反過來說，您可以透過父容區來強制其下子容區必須繼承父容區的 GPO 設定，不論子容區是否選用了**禁止繼承**。例如若我們在圖 4-4-4 中網域 sayms.local 之下建立了一個 GPO（企業安全防護原則），以便透過它來設定網域內所有電腦的安全措施：【對著此原則按右鍵➯強制】來強制其下的所有組織單位都必須繼承此原則。

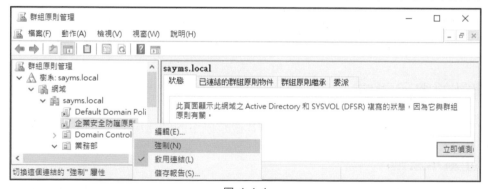

圖 4-4-4

篩選群組原則設定

以組織單位**業務部**為例，當您針對此組織單位建立 GPO 後，此 GPO 的設定會被套用到這個組織單位內的所有使用者與電腦，如圖 4-4-5 所示預設是被套用到 Authenticated Users 群組（身分經過確認的所有使用者）。

圖 4-4-5

不過您也可以讓此 GPO 不要套用到特定的使用者或電腦,例如此 GPO 對所有業務部同仁的工作環境做了某些限制,但是您卻不想將此限制加諸於業務部經理。位於組織單位內的使用者與電腦,預設對該組織單位的 GPO 都具備有**讀取**與**套用群組原則**權限,您可以【如圖 4-4-6 所示點擊 GPO(例如**測試用的 GPO**)➜點擊委派標籤➜按 進階 鈕➜點選 Authenticated Users】來查看。

圖 4-4-6

若不想將此 GPO 的設定套用到組織單位**業務部**內的使用者 Peter 的話：【請點擊前面圖 4-4-6 中的新增鈕➲選擇使用者 Peter➲如圖 4-4-7 所示將 Peter 的**套用群組原則**權限的**拒絕**打勾即可】。

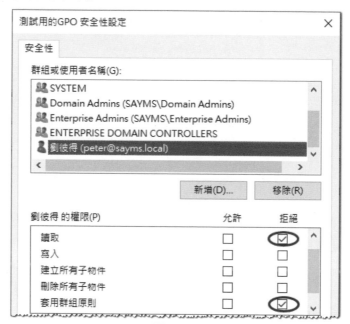

圖 4-4-7

特殊的處理設定

這些特殊處理設定包含強制處理 GPO、低速連線的 GPO 處理、回送處理模式與停用 GPO 等。

強制處理 GPO

用戶端電腦在處理群組原則的設定時，只會處理上次處理過後的最新異動原則，這種做法雖然可以提高原則的處理效率，但有時候卻無法達到您所期望的目標，例如您在 GPO 內對使用者做了某項限制，在使用者因這個原則而受到限制之後，若之後使用者自行將此限制移除，則當下一次使用者電腦在套用原則時，會因為 GPO 內的原則設定值並沒有異動而不處理此原則，因而無法自動將使用者自行變更的設定改回來。

解決方法是強制用戶端一定要處理指定的原則，不論該原則設定值是否有異動。您可以針對不同原則來個別設定。舉例來說，假設要強制組織單位**業務部**內所有電腦必須處理（套用）**軟體安裝原則**的話：在**測試用的 GPO** 的設定中選用【**電腦設定⇨原則⇨系統管理範本⇨系統⇨**如圖 4-4-8 所示雙擊**群組原則**右方的**設定軟體安裝原則處理⇨**點選**已啟用⇨**勾選**即使群組原則物件尚未變更也進行處理⇨**按 確定 鈕】。

原則名稱最後兩個字是**處理**（processing）的原則設定都可以做類似的變更。

若要手動讓電腦來強制處理（套用）所有的電腦原則或使用者原則設定的話，可以分別執行 **gpupdate /target:computer /force** 指令或 **gpupdate /target:user /force** 指令；而 **gpupdate /force** 指令可同時強制處理電腦與使用者設定。

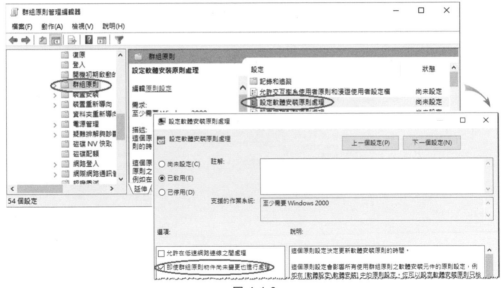

圖 4-4-8

低速連線的 GPO 處理

您可以讓網域成員電腦自動偵測其與網域控制站之間的連線速度是否太慢，若是的話，就不要套用位於網域控制站內指定的群組原則設定。除了圖 4-4-9 中設定**登錄原則處理**與**設定安全性原則處理**這兩個原則之外（無論是否低速連線都會套用這兩個原則），其他原則都可以設定為低速連線不套用。

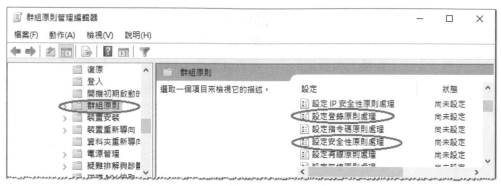

圖 4-4-9

假設您要求組織單位**業務部**內的每一台電腦都要自動偵測是否為慢速連線：請在**測試用的 GPO 的電腦設定**畫面中，如圖 4-4-10 所示【**雙擊群組原則**右方的**設定群組原則低速連結偵測**❍點選**已啟用**❍在**連線速度**處輸入低速連線的定義值❍按**確定鈕**】，圖中我們設定只要連線速度低於 500 Kbps，就視為慢速。若您停用或未設定此原則的話，則預設也是將低於 500 Kbps 視為慢速連線。

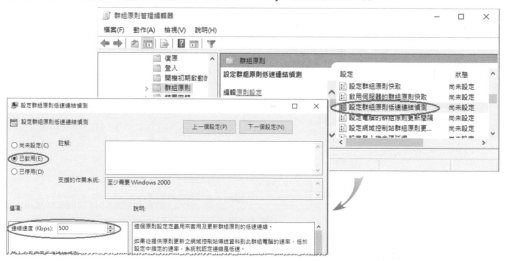

圖 4-4-10

接下來假設組織單位**業務部**內的每一台電腦與網域控制站之間即使是慢速連線，也需要套用**軟體安裝原則處理**原則的話，其設定方法與前面圖 4-4-8 相同，不過此時需在前景圖中勾選**允許在低速網路連線之間處理**。

回送處理模式

一般來說，系統會根據使用者或電腦帳戶在 AD DS 內的位置，來決定如何將 GPO 設定值套用到使用者或電腦。例如若伺服器 SERVER1 的電腦帳戶位於組織單位**伺服器**內，此組織單位有一個名稱為**伺服器 GPO** 的 GPO，而使用者 Jackie 的使用者帳戶位於組織單位**業務部**內，此組織單位有一個名稱為**測試用的 GPO** 的 GPO，則當使用者 Jackie 在 SERVER1 上登入網域時，在正常的情況下，他的使用者環境是由**測試用的 GPO** 的**使用者設定**來決定，不過他的電腦環境是由**伺服器 GPO** 的**電腦設定**來決定。

然而若您在**測試用的 GPO** 的**使用者設定**內，設定讓組織單位**業務部**內的使用者登入時，就自動為他們安裝某應用程式的話，則這些使用者到任何一台網域成員電腦上（包含 SERVER1）登入時，系統就會為他們在這些電腦內安裝此應用程式，但是您卻不想替他們在這台重要的伺服器 SERVER1 內安裝應用程式，此時您要如何來解決這個問題呢? 可啟用**回送處理模式**（loopback processing mode）。

若在**伺服器 GPO** 啟用了**回送處理模式**，則不論使用者帳戶是位於何處，只要使用者是利用組織單位**伺服器**內的電腦（包含伺服器 SERVER1）登入，則使用者的工作環境可改由**伺服器 GPO** 的**使用者設定**來決定，如此 Jackie 到伺服器 SERVER1 登入時，系統就不會替他安裝應用程式。**回送處理模式**分為兩種模式:

▶ **取代模式**: 直接改由**伺服器 GPO** 的使用者設定來決定使用者的環境，而忽略**測試用的 GPO** 的使用者設定。

▶ **合併模式**: 先處理**測試用的 GPO** 的使用者設定，再處理**伺服器 GPO** 的使用者設定，若兩者有衝突，則以**伺服器 GPO** 的使用者設定優先。

假設我們要在**伺服器 GPO** 內啟用**回送處理模式**: 請在**伺服器 GPO** 的電腦設定畫面中【如圖 4-4-11 所示雙擊**群組原則**右方的**使用者群組原則回送處理模式**◔點選**已啟用**◔在模式處選擇取代或合併】。

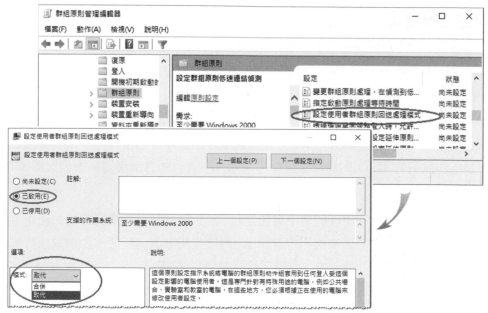

圖 4-4-11

停用 GPO

若有需要的話，可以將整個 GPO 停用，或單獨將 GPO 的**電腦設定**或**使用者設定**停用。以**測試用的 GPO** 為例來說：

▶ 若要將整個 GPO 停用的話，請如圖 4-4-12 所示對著**測試用的 GPO** 按右鍵，然後取消勾選**啟用連結**。

圖 4-4-12

▶ 若要將 GPO 的**電腦設定**或**使用者設定**單獨停用的話：先進入**測試用的 GPO** 的編輯畫面➲如圖 4-4-13 所示點擊**測試用的 GPO**➲點擊上方**內容**圖示➲勾選**停用電腦組態設定**或**停用使用者組態設定**。

圖 4-4-13

變更管理 GPO 的網域控制站

當您新增、修改或刪除群組原則設定時，這些異動預設是先被儲存到扮演 **PDC 模擬器操作主機**角色的網域控制站，然後再由它將其複寫到其他網域控制站，接著網域成員電腦再透過網域控制站來套用這些原則。

但若系統管理員人在上海，可是 **PDC 模擬器操作主機**卻在遠端的台北，此時上海的系統管理員會希望其針對上海員工所設定的群組原則，能夠直接儲存到位於上海的網域控制站，以便上海的使用者與電腦能夠透過這台網域控制站來快速套用這些原則。

您可以透過 **DC 選項**與原則設定兩種方式來將管理 GPO 的網域控制站從 **PDC 模擬器操作主機**變更為其他網域控制站：

▶ **利用 DC 選項**：假設供上海分公司使用的 GPO 為**上海分公司專用 GPO**，則請進入編輯此 GPO 的畫面（**群組原則物件編輯器**畫面），然後如圖 4-4-14 所示【**點擊上海分公司專用GPO⊃點選檢視功能表⊃DC 選項⊃在前景圖中選擇要用來管理群組原則的網域控制站**】。圖中選擇網域控制站的選項有以下三種：

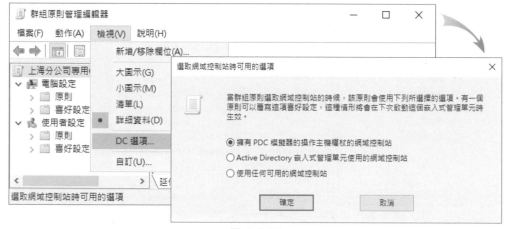

圖 4-4-14

- ■ **擁有 PDC 模擬器的操作主機權杖的網域控制站**：也就是使用 **PDC 模擬器操作主機**，這是預設值，也是建議值。

- ■ **Active Directory 嵌入式管理單元使用的網域控制站**：當系統管理員執行**群組原則物件編輯器**時，此**群組原則物件編輯器**所連接的網域控制站就是我們要選用的網域控制站。

- ■ **使用任何可用的網域控制站**：此選項讓**群組原則物件編輯器**可以任意挑選一台網域控制站。

▶ **利用原則設定**：假設要針對上海系統管理員來設定。我們需要針對其使用者帳戶所在的組織單位來設定：如圖 4-4-15 所示進入編輯此組織單位的 GPO 畫面（**群組原則物件編輯器**畫面）後，雙擊右方的設定**選取群組原則網域控制站**，然後如圖所示來選取網域控制站，圖中的選項說明同上，其中**網域主控站**就是**PDC 模擬器操作主機**。

圖 4-4-15

變更群組原則的套用間隔時間

我們在第 4-7 頁的**群組原則的套用時機**內已經介紹過網域成員電腦與網域控制站何時會套用群組原則的設定，這些設定值是可以變更的，但建議不要將更新群組原則的間隔時間設得太短，以免增加網路負擔。

變更「電腦設定」的套用間隔時間

例如要變更組織單位**業務部**內所有電腦來套用**電腦設定**的間隔時間的話：請在**測試用的 GPO** 的電腦設定畫面中，如圖 4-4-16 所示【**雙擊群組原則**右方的**設定電腦的群組原則更新間隔**➲**點選已啟用**➲**透過前景圖來設定**➲**按確定鈕**】，圖中設定為每隔 90 分鐘加上 0 到 30 分鐘的隨機值，也就是每隔 90 到 120 分鐘之間套用一次。若停用或未設定此原則的話，則預設就是每隔 90 到 120 分鐘之間套用一次。若套用間隔設定為 0 分鐘的話，則會每隔 7 秒鐘套用一次。

若要變更網域控制站的套用**電腦設定**的間隔時間的話，請針對組織單位 Domain Controllers 內的 GPO 來設定（例如 Default Domain Controllers GPO），其原則名稱是**設定網域控制站群組原則更新的間隔**（參見圖 4-4-16 中背景圖），在雙擊此原則後，如圖 4-4-17 所示可知其預設是每隔 5 分鐘套用群組原則一次。若停用或未設定此原則的話，則預設就是每隔 5 分鐘套用一次。若將套用間隔時間設定為 0 分鐘的話，則會每隔 7 秒鐘套用一次。

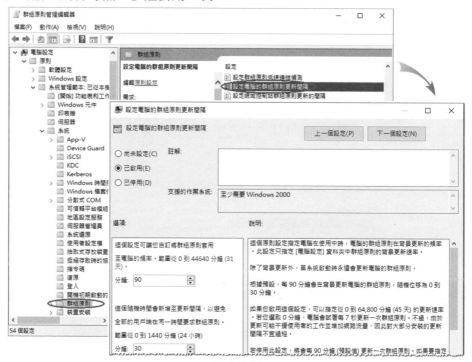

圖 4-4-16

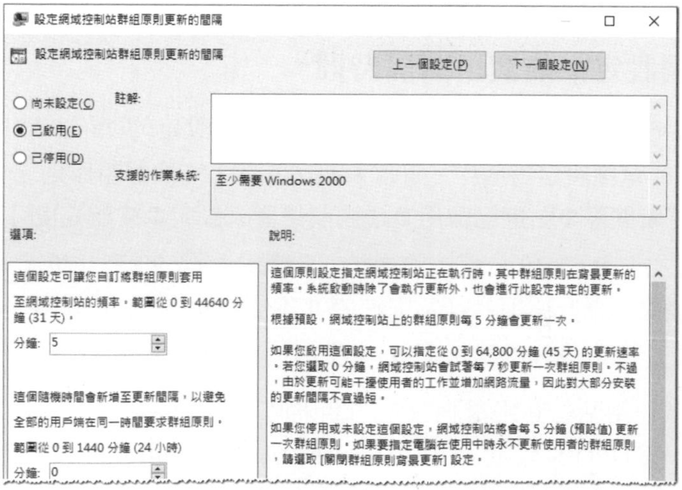

圖 4-4-17

變更「使用者設定」的套用間隔時間

例如若要變更組織單位**業務部**內所有使用者來套用**使用者設定**的間隔時間的話，請在測試用的 **GPO** 的使用者設定畫面中，透過圖 4-4-18 中群組原則右方的**設定使用者的群組原則更新間隔**來設定，其預設也是每隔 90 分鐘加上 0 到 30 分鐘的隨機值，也就是每隔 90 到 120 分鐘之間套用一次。若停用或未設定此原則的話，則預設就是每隔 90 到 120 分鐘之間套用一次。若將間隔時間設定為 0 分鐘的話，則會每隔 7 秒鐘套用一次。

圖 4-4-18

4-5 利用群組原則來管理電腦與使用者環境

我們將透過以下幾個設定來說明如何管理電腦與使用者的工作環境：電腦設定的系統管理範本原則、使用者設定的系統管理範本原則、帳戶原則、使用者權限指派原則、安全性選項原則、登入/登出/啟動/關機指令碼與資料夾重新導向等。

電腦設定的系統管理範本原則

電腦設定的**系統管理範本**原則是在【電腦設定➪原則➪系統管理範本】內，此處僅以**顯示關機事件追蹤器**設定為例來說明（若要利用 Win11PC1 與**測試用的 GPO** 來練習的話，可將電腦帳戶 Win11PC1 搬移到**業務部**組織單位）。

若停用此原則的話，則使用者將電腦關機時，系統就不會再要求使用者提供關機的理由。其設定途徑為【系統➲雙擊右邊的**顯示關機事件追蹤器**】。預設會將**關機事件追蹤器**顯示在伺服器電腦上（例如 Windows Server 2022，如圖 4-5-1 所示），而工作站電腦（例如 Windows 11）不會顯示。您可以針對伺服器、工作站或兩者來設定。

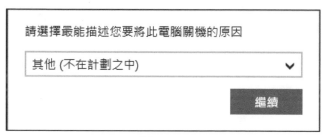

請選擇最能描述您要將此電腦關機的原因

其他 (不在計劃之中)　　　　　　　　　　∨

繼續

圖 4-5-1

使用者設定的系統管理範本原則

我們在第 4-11 頁**原則設定實例演練二：使用者設定**中已經練習過**系統管理範本**原則，此處僅說明幾個常用設定，它們是在【使用者設定➲原則➲系統管理範本】內（若要練習的話，可透過**業務部**的測試用的 **GPO**）：

▶ 限制使用者只可以或不可以執行指定的 **Windows** 應用程式：其設定途徑為【系統➲雙擊右邊的**只執行指定的 Windows 應用程式**或**不要執行已指定的 Windows 應用程式**】。在新增程式時，請輸入該應用程式的執行檔名稱，例如 eMule.exe。

> **Q** 如果使用者利用**檔案總管**更改此程式的檔案名稱的話，是否這個原則就無法發揮作用？
>
> **A** 是的，不過您可以利用第 6 章的**軟體限制原則**來達到限制使用者執行此程式的目的，即使其檔案名稱被改名。

▶ **桌面桌布**：指定使用者登入後的桌面圖案，而且使用者無法變更。其設定途徑為：【桌面➲桌面】，支援.bmp 與.jpg 檔，請確認使用者電腦的指定路徑內有該圖檔，或是將圖檔放到網路上一台電腦的共用資料夾內。

▶ 停用按 `Ctrl` + `Alt` + `Del` 鍵後所出現畫面中的選項：使用者按這 3 個鍵後，將無法選用畫面中被您停用的按鈕，例如 變更密碼 鈕、 啟動工作管理員 鈕、 登出 鈕等。其設定途徑為：【系統➲Ctrl+Alt+Del 選項】。

▶ 隱藏並停用桌面上所有的項目：其設定途徑為【桌面➲隱藏並停用桌面上的所有項目】。使用者登入後的傳統桌面上所有項目都會被隱藏、對著桌面按滑鼠右鍵也無作用。

▶ 移除「網際網路選項」中的部分標籤：此時使用者【點擊下方檔案總管圖示➲對著左下方的網路按右鍵➲內容➲點擊左下角網際網路選項】（或【點擊下方開始圖示➲點擊設定圖示➲網路和網際網路➲網路和共用中心➲網際網路選項】），無法選用被移除的標籤，例如安全性、連線、進階等標籤。其設定途徑為【Windows 元件➲Internet Explorer➲雙擊右邊的網際網路控制台】。

▶ 移除開始功能中的關機、重新啟動、睡眠及休眠命令：其設定途徑為【[開始]功能表和工作列➲雙擊右邊移除並禁止存取「關機」、「重新啟動」、「睡眠」及「休眠」命令】。使用者的開始功能表中，這些功能的圖示會被移除或無法選用、按 `Ctrl` + `Alt` + `Del` 鍵後也無法選用它們。

帳戶原則

我們可以透過帳戶原則來設定密碼的使用準則與帳戶鎖定方式。針對網域使用者所設定的帳戶原則需透過**網域等級的 GPO** 來設定才有效，例如透過網域的 Default Domain Policy GPO 來設定，此原則會被套用到網域內所有使用者。透過站台或組織單位的 GPO 所設定的帳戶原則，對網域使用者沒有作用。

此帳戶原則不但會被套用到所有的網域使用者帳戶，也會被套用到所有網域成員電腦內的本機使用者帳戶。

欲設定網域帳戶原則的話：【對著 Default Domain Policy GPO 按右鍵➲編輯➲如圖 4-5-2 所示展開**電腦設定**➲原則➲Windows 設定➲安全性設定➲帳戶原則】。

圖 4-5-2

密碼原則

如圖 4-5-3 所示點擊密碼原則後就可以設定以下原則：

圖 4-5-3

▶ **使用可還原的加密來存放密碼**：若有應用程式需要讀取使用者的密碼，以便驗證使用者身分的話，您就可以啟用此功能，不過它相當於使用者密碼沒有加密，因此不安全。預設為停用。

▶ **放鬆最小密碼長度限制**：若未定義或停用此原則，則**最小密碼長度**原則處的設定最大為 14 個字元；若啟用此原則，則**最小密碼長度**原則處的設定可以超過 14 個字元(最多 128 個字元)。

▶ **密碼必須符合複雜性需求**：表示使用者的密碼需滿足以下要求（這是預設值）：

- 不可內含使用者帳戶名稱或全名

- 長度至少要 6 個字元

- 至少要包含 A - Z、a - z、0 - 9、非字母數字（例如!、$、#、%）等 4 組字元中的 3 組

因此 123ABCdef 是有效的密碼，然而 87654321 是無效的，因為它只使用數字這一組字元。又例如若使用者帳戶名稱為 mary，則 123ABCmary 是無效密碼，因為內含使用者帳戶名稱。AD DS 網域與獨立伺服器預設是啟用此原則。

▶ **密碼最長使用期限**：用來設定密碼最長的使用期限（可為 0 - 999 天）。使用者在登入時，若密碼使用期限已到的話，系統會要求使用者更改密碼。若此處為 0 表示密碼沒有使用期限。AD DS 網域與獨立伺服器預設值都是 42 天。

▶ **密碼最短使用期限**：用來設定使用者密碼的最短使用期限（可為 0 - 998 天），在期限未到前，使用者不得變更密碼。若此處為 0 表示使用者可以隨時變更密碼。AD DS 網域的預設值為 1，獨立伺服器的預設值為 0。

▶ **強制執行密碼歷程記錄**：用來設定是否要記錄使用者曾經使用過的舊密碼，以便檢查使用者在變更密碼時，是否重複使用到舊密碼。此處可被設定為：

- 1 - 24：表示要保存密碼歷史記錄。例如若設定為 5，則使用者的新密碼不可與前 5 次所使用過的舊密碼相同。

- 0：表示不保存密碼歷史記錄，因此密碼可以重複使用，也就是使用者更改密碼時，可以將其設定為以前曾經使用過的任何一個舊密碼。

AD DS 網域的預設值為 24，獨立伺服器的預設值為 0。

▶ **最小密碼長度**：用來設定使用者帳戶的密碼最少需幾個字元。此處可為 0 - 14，若為 0，表示使用者帳戶可以沒有密碼。AD DS 網域的預設值為 7，獨立伺服器的預設值為 0。

▶ **最小密碼長度稽核**：當使用者變更密碼時，若密碼小於此處設定值的話，系統便會記錄此事件，而系統管理員可以透過以下途徑來查看此記錄【點擊左下角**開始圖示**田❏Windows 系統管理工具❏事件檢視器❏Windows 記錄❏系統❏找尋**來源**是 Directory-Services-SAM、**事件識別碼**為 16978 的記錄，如圖 4-5-4 所示】。此處的設定值需大於**最小密碼長度**的設定值，系統才會稽核、記錄事件。

圖 4-5-4

帳戶鎖定原則（account lockout policy）

您可以透過圖 4-5-5 中的**帳戶鎖定原則**來設定鎖定使用者帳戶的方式。

圖 4-5-5

▶ **帳戶鎖定閾值**：它可以讓使用者登入多次失敗後，就將該使用者帳戶鎖定。在未被解除鎖定之前，無法再利用此帳戶來登入(如圖 4-5-6 所示)。此處用來設定登入失敗次數，其值可為 0－999。預設值為 0，表示帳戶永遠不會被鎖定。

圖 4-5-6

▶ **帳戶鎖定時間**：用來設定鎖定帳戶的期限，期限過後會自動解除鎖定。此處可為 0－ 99999 分鐘，若為 0 分鐘表示永久鎖定，不會自動被解除鎖定，此時需由系統管理員手動來解除鎖定，也就是如圖 4-5-7 所示點擊使用者帳戶內容的**帳戶區段**處的**解除鎖定帳戶**（帳戶被鎖定後才會有此選項）。

圖 4-5-7

▶ **重設帳戶鎖定計數器的時間間隔**：「鎖定計數器」是用來記錄使用者登入失敗的次數。若使用者前一次登入失敗後，已經經過了此處所設定的時間的話，則「鎖定計數器」值便會自動歸零。

更細緻的密碼原則

在 Windows Server 2008 以前的系統內，網域中的所有使用者只能套用一個密碼原則與帳戶鎖定原則，這些原則是透過 Default Domain Policy GPO 來設定。現在您可以利用**更細緻的密碼原則**，來針對指定的使用者與群組，設定不同的密碼與帳戶鎖定原則。

STEP **1** 開啟伺服器管理員⊃點擊右上角的工具⊃Active Directory 管理中心⊃如圖 4-5-8 所示點擊**樹狀檢視**圖示⊃點擊網域（例如 sayms）⊃展開容區 **System**⊃如圖 4-5-8 所示對著 **Password Settings Container** 按右鍵⊃新增⊃密碼設定。

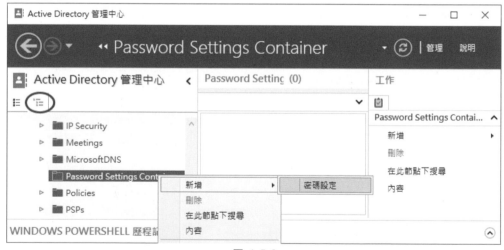

圖 4-5-8

STEP **2** 如圖 4-5-9 所示來設定密碼與帳戶鎖定原則，然後利用右下方的 新增 鈕來選擇要將原則套用要哪一些使用者與群組，例如圖中選擇要套用到使用者王喬治（george），完成後按 確定 鈕。

圖 4-5-9

圖中的**優先順序**：若有多個原則同時套用到使用者或群組的話，則以優先順序數字較小的原則優先。若多個原則的**優先順序**數字相同的話，則以原則的 GUID 數字較小的優先。之後若要刪除原則的話，需先取消打勾圖中的**保護以防止被意外刪除**。

STEP **3** 可以透過使用者帳戶（例如圖 4-5-10 的**王喬治**）右方的**檢視結果密碼設定**來查看該使用者的密碼與帳戶鎖定原則（點擊後會顯示與前面圖 4-5-9 相同的畫面，也可以直接在此處來修改原則設定）。

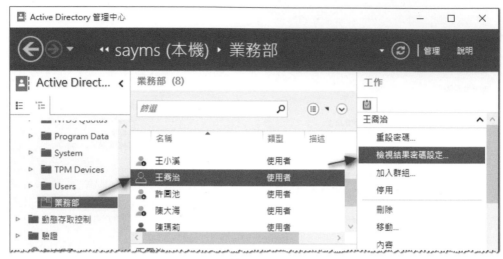

圖 4-5-10

使用者權限指派原則

您可以透過圖 4-5-11 中的**使用者權限指派**來將執行特殊工作的權限指派給使用者或群組（此圖是以 Default Domain Controller Policy GPO 為例）。

若欲指派圖 4-5-11 右方任何一個權限給使用者時：【雙擊該權限⊃點擊 新增使用者或群組 鈕⊃選擇使用者或群組】。以下列舉幾個平常比較常用到的權限原則來說明：

▶　**允許本機登入**：允許使用者在本台電腦前利用按 Ctrl + Alt + Del 鍵的方式登入。

▶　**拒絕本機登入**：與前一個權限剛好相反。此權限優先於前一個權限。

▶　**將工作站新增至網域**：允許使用者將電腦加入到網域。

> 每一位網域使用者預設已經有 10 次將電腦加入網域的機會，不過一旦擁有**將工作站新增至網域**的權限後，其次數就沒有限制。

圖 4-5-11

▶ **關閉系統**：允許使用者將此電腦關機。

▶ **從網路存取這台電腦**：允許使用者透過網路上其他電腦來連接、存取此電腦。

▶ **拒絕從網路存取這台電腦**：與前一個權限相反。此權限優先於前一個權限。

▶ **強制從遠端系統進行關閉**：允許使用者從遠端電腦來將此台電腦關機。

▶ **備份檔案及目錄**：允許使用者備份硬碟內的檔案與資料夾。

▶ **還原檔案及目錄**：允許使用者還原已備份的檔案與資料夾。

▶ **管理稽核及安全性記錄**：允許使用者指定要稽核的事件，也允許使用者查詢與清除安全記錄。

▶ **變更系統時間**：允許使用者變更電腦的系統日期與時間。

▶ **載入及解除載入裝置驅動程式**：允許使用者載入與卸載裝置的驅動程式。

▶ **取得檔案或其他物件的擁有權**：允許奪取其他使用者所擁有的檔案、資料夾或其他物件的擁有權。

安全性選項原則

您可以透過如圖 4-5-12 的**安全性選項**途徑來啟用電腦的一些安全性設定。此圖是以 Default Domain Controller Policy GPO 為例，並列舉以下幾個安全性選項原則：

圖 4-5-12

▶ 互動式登入：不要求按 CTRL+ALT+DEL 鍵

讓登入畫面不要顯示類似**按下 Ctrl+Alt+Delete 以登入**的訊息（這是 Windows 11 等用戶端的預設值。在電腦前登入就是**互動式登入**，而不是透過網路登入）。

▶ 互動式登入：在密碼到期前提示使用者變更密碼

在使用者的密碼到期的前幾天，提示使用者要變更密碼。

▶ 互動式登入：網域控制站無法使用時，要快取的先前登入次數

網域使用者登入成功後，其帳戶資訊會被儲存到使用者電腦的快取區，若之後此電腦因故無法與網域控制站連線的話，該網域使用者登入時還是可以透過快取區內的帳戶資料來驗證身份與登入。您可以透過此原則來設定快取區內帳戶資料的數量，預設為記錄 10 個登入使用者的帳戶資料。

▶ 互動式登入：給登入使用者的訊息標題、給登入使用者的訊息本文

若希望使用者在登入前，能夠看到指定訊息的話（如圖 4-5-13 所示），請透過這兩個選項來設定，其中一個用來設定訊息標題文字（例如圖中的 "~您好~"），一個用來設定訊息本文（例如圖中的 "歡迎來到 Windows 的世界"）。

圖 4-5-13

▷ 關機：允許不登入就將系統關機

讓登入畫面的右下角能夠顯示關機圖示(如圖 4-5-14 中的箭頭所示)，以便在不需要登入的情況下就可以直接點擊此圖示來將電腦關機。伺服器等級的電腦，此處預設是停用，用戶端電腦預設是啟用。

圖 4-5-14

登入/登出、啟動/關機指令碼

您可以讓網域使用者登入時，其系統就自動執行**登入指令碼**（script），而當使用者登出時，就自動執行**登出指令碼**；另外也可以讓電腦在開機時自動執行**啟動指令碼**，而關機時自動執行**關機指令碼**。

登入指令碼的設定

以下利用檔名為 **logon.bat** 的批次檔來練習登入指令碼。請利用**記事本**（notepad）來建立此檔，其內只有一行如下所示的指令，它會在 C:\之下新增資料夾 TestDir：

mkdir c:\TestDir

 利用**記事本**（notepad）來建立此檔時，在儲存檔案時，請在檔名 logon.bat 的前後加上雙引號 **""**，否則檔案名稱會是錯誤的 logon.bat.txt。

以下我們利用組織單位**業務部**的**測試用的 GPO** 來說明。

STEP **1** 開啟**伺服器管理員**➔點擊右上角**工具**➔**群組原則管理**➔展開到組織單位**業務部**➔對著**測試用的 GPO** 按右鍵➔**編輯**。

STEP **2** 如圖 4-5-15 所示【展開**使用者設定**➔**原則**➔**Windows** 設定➔**指令碼 -（登入/登出）**➔雙擊右方的**登入**】，接著在圖 4-5-16 中按**顯示檔案**鈕。

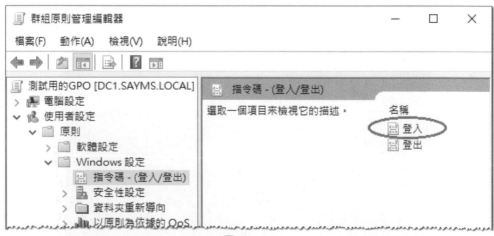

圖 4-5-15

圖 4-5-16

STEP **3** 出現圖 4-5-17 的畫面時,請將登入指令碼檔 logon.bat 貼到畫面中的資料夾內,此資料夾是位於網域控制站的 SYSVOL 資料夾內,其完整路徑為(其中**%*systemroot*%**一般是指 C:\Windows、*GUID* 是**測試用的 GPO** 的 GUID):

%*systemroot*%\SYSVOL\sysvol*網域名稱*\Policies\{*GUID*}\User\Scripts\Logon

圖 4-5-17

STEP **4** 請關閉圖 4-5-17 視窗、回到前面圖 4-5-16 的畫面時按 新增 鈕。

STEP **5** 在圖 4-5-18 中透過 瀏覽 鈕來從前面圖 4-5-17 的資料夾內選取登入指令碼
檔 **logon.bat**。完成後按 確定 鈕。

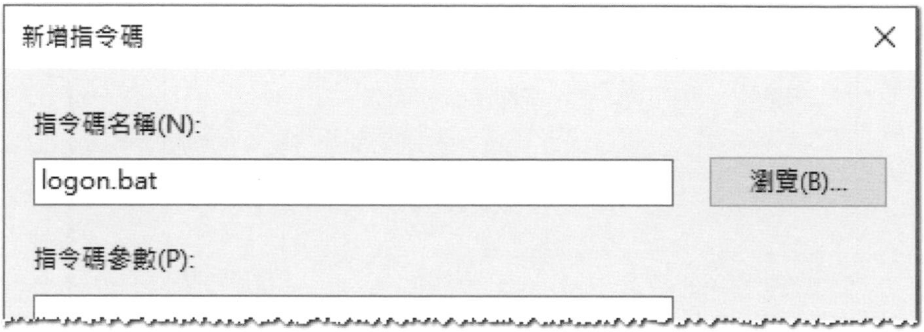

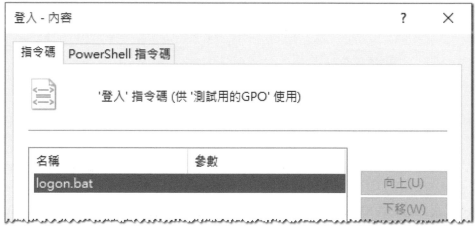

圖 4-5-18

STEP **6** 回到圖 4-5-19 的圖畫面時按 確定 鈕。

圖 4-5-19

STEP **7** 完成設定後，組織單位**業務部**內的所有使用者登入時，系統就會自動執行
登入指令碼 **logon.bat**，它會在 C:\ 之下建立資料夾 TestDir，請自行利用
檔案總管來檢查（如圖 4-5-20 所示）。

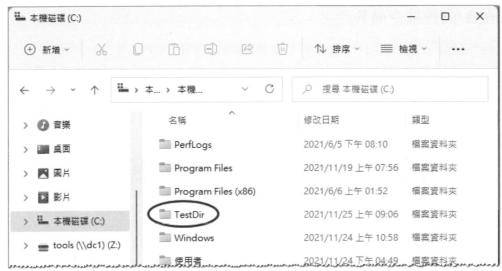

圖 4-5-20

登出指令碼的設定

以下利用檔名為 **logoff.bat** 的批次檔來練習登出指令碼。請利用**記事本**（notepad）來建立此檔，其內只有一行如下所示的指令，它會將 C:\TestDir 資料夾刪除：

rmdir c:\TestDir

以下利用組織單位**業務部**的**測試用的 GPO** 來說明。

STEP **1** 請先將前一個登入指令碼設定刪除，也就是點擊前面圖 4-5-19 中的 logon.bat 後按 移除 鈕，以免干擾驗證本實驗的結果。

STEP **2** 以下演練的步驟與前一個登入指令碼的設定類似，不再重複說明，不過在圖 4-5-15 中改選**登出**、檔案名稱改為 **logoff.bat**。

STEP **3** 在用戶端電腦【按 Windows 鍵 ▦ + R 鍵 ➲ 執行 gpupdate 】以便立即套用上述原則上設定、或在用戶端電腦上利用登出、再重新登入的方式來套用上述原則設定。

STEP **4** 再登出，這時候就會執行登出指令碼 **logoff.bat** 來刪除 C:\TestDir，請再登入後利用**檔案總管**來確認 C:\TestDir 已被刪除（請先確認 logon.bat 已經移除，否則它又會建立此資料夾）。

啟動/關機指令碼的設定

我們可以利用圖 4-5-21 中組織單位**業務部**的**測試用的 GPO** 為例來說明，而且以圖中電腦名稱為 Win11PC1 的電腦來練習啟動/關機指令碼。若您要練習的電腦不是位於組織單位**業務部**內，而是位於容區 Computers 內，則請透過網域等級的 GPO 來練習（例如 Default Domain Policy），或將電腦帳戶搬移到組織單位**業務部**。

圖 4-5-21

由於**啟動/關機**指令碼的設定步驟與前一個**登入/登出**指令碼的設定類似，故此處不再重複，不過在圖 4-5-22 中改為透過**電腦設定**。您可以直接利用前面的**登入/登出**指令碼的範例檔來練習。

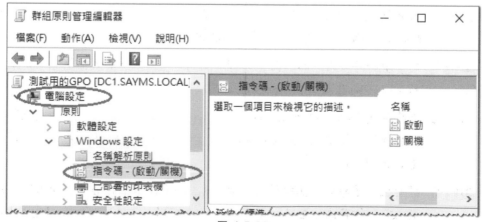

圖 4-5-22

資料夾重新導向

您可以利用群組原則來將使用者的某些資料夾的儲存位置，重新導向到網路共用資料夾內，這些資料夾包含**文件**、**圖片**、**音樂**等，如圖 4-5-23 所示。

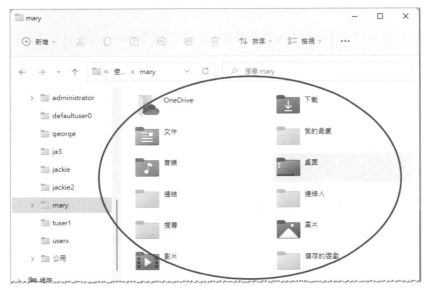

圖 4-5-23

這些資料夾平常是儲存在本機使用者設定檔內，也就是**%*SystemDrive%*\使用者*使用者名稱*（或**%*SystemDrive%*\Users*使用者名稱*）資料夾內，例如圖 4-5-23 為使用者 mary 的本機使用者設定檔資料夾，因此使用者換到另外一台電腦登入的話，就無法存取到這些資料夾，而如果我們能夠將其儲存地點改為（重新導向到）網路共用資料夾的話，則使用者到任何一台網域成員電腦上登入時，都可透過此共用資料夾來存取這些資料夾內的檔案。

將「我的文件」資料夾重新導向

我們利用將組織單位**業務部**內所有使用者（包含 mary）的**文件**資料夾導向，來說明如何將此資料夾導向到另外一台電腦上的共用資料夾。

STEP **1** 到任何一台網域成員電腦上建立一個資料夾，例如我們在伺服器 dc1 上建立資料夾 C:\DocStore，然後要將組織單位**業務部**內所有使用者的**文件**資料夾導向到此資料內。

STEP **2**　將此資料夾設定為**共用資料夾**、將權限**讀取/寫入**賦與 Everyone（可透過【對著資料夾按右鍵⮞授與存取權給⮞特定人員】的途徑）。

STEP **3**　到網域控制站上【開啟伺服器管理員⮞點擊右上角工具⮞群組原則管理⮞展開到組織單位**業務部**⮞對著測試用的 **GPO** 按右鍵⮞編輯】。

STEP **4**　如圖 4-5-24 所示【展開**使用者設定**⮞原則⮞Windows 設定⮞資料夾重新導向⮞對著**文件**按右鍵⮞內容】。

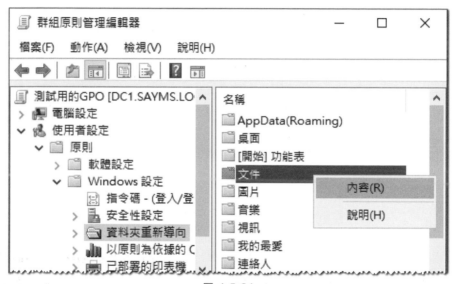

圖 4-5-24

STEP **5**　參照圖 4-5-25 來設定，完成後按 確定 鈕。圖中的**根路徑**指向我們所建立的共用資料夾\\dc1\DocStore，系統會在此資料夾之下自動為每一位登入的使用者分別建立一個專屬資料夾，例如帳戶名稱為 mary 的使用者登入後，系統會自動在\\dc1\DocStore 之下，建立一個名稱為 mary 的資料夾。圖中在**設定**處共有以下幾種選擇：

- **基本 – 將每個人的資料夾重新導向到同一位置**：它會將組織單位**業務部**內所有使用者的資料夾都重新導向。

- **進階 – 指定不同使用者群組的位置**：它會將組織單位**業務部**內隸屬於指定群組的使用者的資料夾重新導向。

- **尚未設定**：也就是不重新導向。

另外圖中的**目標資料夾位置**共有以下的選擇：

- **重新導向到使用者的主目錄**：若使用者帳戶內有指定主目錄的話，則此選擇可將資料夾導向到其主目錄。

- **為每個使用者在根路徑建立一個資料夾**：如前面所述，它讓每一個使用者各有一個專屬的資料夾。

- **重新導向到下列位置**：將所有使用者的資料夾導向到同一個資料夾。

- **重新導向到本機使用者設定檔的位置**：導向回原來的位置。

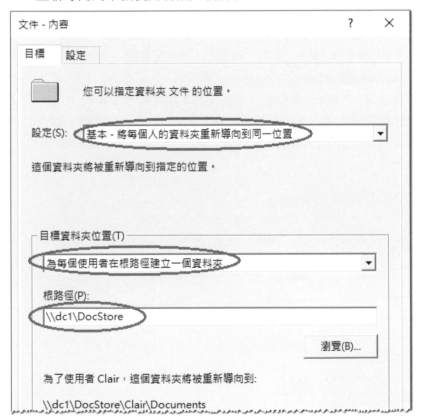

圖 4-5-25

STEP **6** 出現圖 4-5-26 的畫面是在提醒我們需另外設定，才能夠將原則套用到舊版 Windows 系統，請直接按 是（Y）鈕繼續（後面再介紹如何設定）。

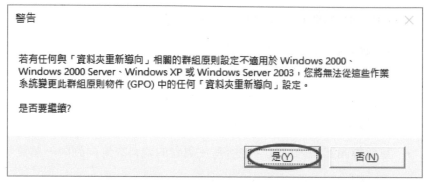

圖 4-5-26

STEP **7** 請利用組織單位**業務部**內的任何一個使用者帳戶到網域成員電腦（以 Windows 11 為例）登入，以使用者 mary 為例，mary 的**文件**將被導向到 \\dc1\DocStore\mary\documents 資料夾（也就是\\dc1\DocStore\mary**文件** 資料夾）。Mary 可以在登入後【開啟**檔案總管**➲如圖 4-5-27 所示對著**快速存取**或**本機**之下的**文件**按右鍵➲**內容**】來得知其**文件**資料夾是位於導向後的新位置\\dc1\DocStore\mary。

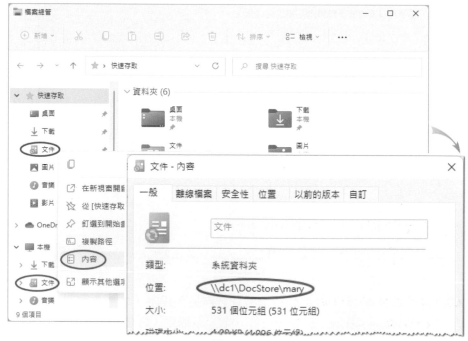

圖 4-5-27

使用者可能需登入兩次後，資料夾才會成功的被導向：使用者登入時，系統預設並不會等待網路啟動完成後再透過網域控制站來驗證使用者，而是直接讀取本機快取區的帳戶資料來驗證使用者，以便讓使用者快速來登入。之後等網路啟動完成，系統就會自動在背景套用原則。因為**資料夾重新導向**原則與**軟體安裝**原則需在登入時才有作用，因此本實驗您可能需要登入兩次才看得到被導向的結果。另外若使用者是第 1 次在此電腦登入的話，因快取區內沒有該使用者的帳戶資料，故必須等網路啟動完成，此時就可以取得最新的群組原則設定值，導向便會成功。

透過群組原則來變更用戶端此預設值的途徑為：【電腦設定➲原則➲系統管理範本➲系統➲登入➲永遠在電腦啟動及登入時等待網路啟動】。

由於使用者的**文件**資料夾已經被導向，因此使用者原本位於本機使用者設定檔資料夾內的**文件**資料夾將被移除，例如圖 4-5-28 中為使用者 mary 的本機使用者設定檔資料夾的內容，其內已經看不到**文件**資料夾。

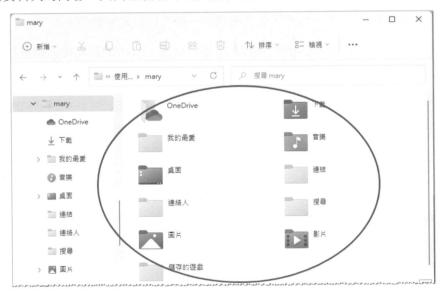

圖 4-5-28

您可以到共用資料夾所在的伺服器 dc1 上，來檢查此共用資料夾之下是否已經自動建立使用者 mary 專屬的資料夾，如圖 4-5-29 所示的 C:\DocStore\Mary\Documents 資料夾就是 mary 的**文件**的新儲存地點。

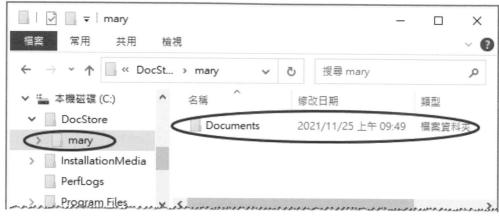

圖 4-5-29

資料夾重新導向的好處

將使用者的**文件**資料夾（或其他資料夾）導向到網路共用資料夾後，便可以享有些好處，例如：

▶ 使用者到網路上任何一台電腦登入網域時，都可以存取到此資料夾。

▶ **文件**資料夾被導向到網路伺服器的共用資料夾後，其內的檔案可透過資訊部門的伺服器定期備份工作，來讓使用者的檔案多了一份保障。

▶ **文件**資料夾被導向到伺服器的網路共用資料夾後，系統管理員可透過**磁碟配額**設定，來限制使用者的**文件**在伺服器內可使用的磁碟空間。

▶ **文件**資料夾預設是與作業系統在同一個磁碟內，在將其導向到其他磁碟後，即使作業系統磁碟被格式化、重新安裝，也不會影響到**文件**內的檔案。

資料夾重新導向的其他設定值

您可透過圖 4-5-30 中的**設定值**標籤來設定以下選項（以**文件**資料夾為例）：

▶ 將 文件 的獨占權利授與使用者

只有使用者自己與系統對導向後的新資料夾具備有完全控制的權限，其他使用者皆無任何權限，系統管理員也沒有權限。若未勾選此選項，則會繼承其父資料夾的權限。

▶ 將 文件 的內容移動到新位置

它會將原資料夾內的檔案搬移到重新導向後的新資料夾內。若未勾選此選項，則資料夾雖然會被導向，但是原資料夾內的檔案仍然會被留在原地。

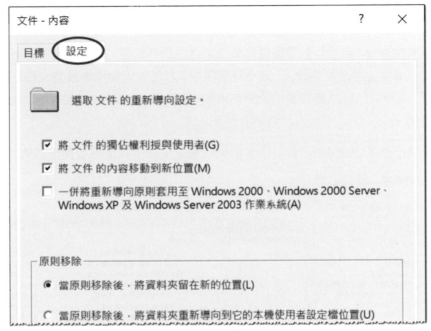

圖 4-5-30

▶ 一併將重新導向原則套用至 Windows 2000、Windows 2000 Server、Windows XP 及 Windows Server 2003 作業系統

重新導向原則預設只會被套用到較新版的 Windows 系統，但勾選此選項後，便可套用到 Windows 2000 等舊系統。

▶ 原則移除

用來設定當群組原則移除後（例如 GPO 被刪除或停用），是否要將資料夾導向回原來的位置，預設是不會，也就是仍然留在新資料夾。

4-6 利用群組原則限制存取「卸除式儲存裝置」

系統管理員可以利用群組原則來限制使用者存取**卸除式儲存裝置**（removable storage device，例如 USB 隨身碟），以免企業內部員工輕易的透過這些儲存裝置將重要資料帶離公司。

以組織單位來說，若是針對**電腦設定**來設定這些原則的話，則任何網域使用者只要在這個組織單位內的電腦登入，就會受到限制；若是針對**使用者設定**來設定這些原則的話，則所有位於此組織單位內的使用者到任何一台網域成員電腦登入時，就會受到限制。

系統總共提供了如圖 4-6-1 右方所示的原則設定（圖中以**使用者設定**為例）：

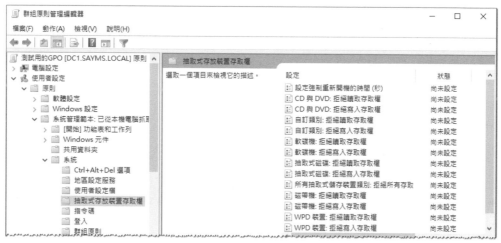

圖 4-6-1

▶ 設定強制重新開機的時間（秒）

有些原則設定必須重新啟動電腦才會套用，而若您如圖 4-6-2 所示啟用這個原則的話，則系統就會在圖中指定的時間到達時自動重新啟動電腦。

圖 4-6-2

▶ CD 與 DVD：拒絕讀取存取權、拒絕寫入存取權

拒絕使用者讀取或寫入隸屬於 CD 與 DVD 類別的裝置（包含透過 USB 連接的裝置）。

▶ 自定類別：拒絕讀取存取權、拒絕寫入存取權

屬於同一類型的裝置會擁有相同的**裝置安裝類別**（device setup class），例如所有的光碟機都是隸屬於 **CD ROM 裝置安裝類別**，它們都是採用相同的安裝與設定方式。**裝置安裝類別**代碼是採用 32 個字元的 GUID 格式（也就是 xxxxxxxx-xxxx-xxxx-xxxx-xxxxxxxxxxxx），您可以透過**裝置安裝類別**來拒絕使用者讀取或寫入到擁有此 GUID 的儲存裝置。

您可以透過**裝置管理員**來查詢裝置的 GIUD，以 Windows Server 內的光碟機為例：【開啟**伺服器管理員**❖點擊右上角**工具**❖**電腦管理**❖**裝置管理員**❖如圖 4-6-3 所示展開右邊的 **DVD/CD-ROM 光碟機**❖雙擊光碟機裝置❖點擊前景圖中的**詳細資料**標籤❖在**屬性**清單中選擇**類別 GUID**❖從值欄位可得知其 GUID】。

接下來利用群組原則來拒絕使用者讀取或寫入到擁有此 GUID 的裝置，假設要拒絕使用者寫入此儲存裝置：【雙擊前面圖 4-6-1 右方的**自定類別：拒絕寫入存取權**❖如圖 4-6-4 所示點選**已啟用**❖按 顯示 鈕❖輸入此裝置的 GUID 後按 確定 鈕】，注意 GUID 前後需附加大括號{}。

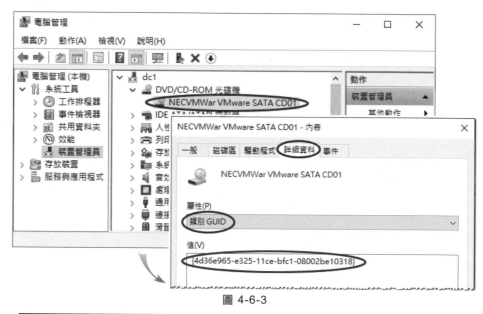

圖 4-6-3

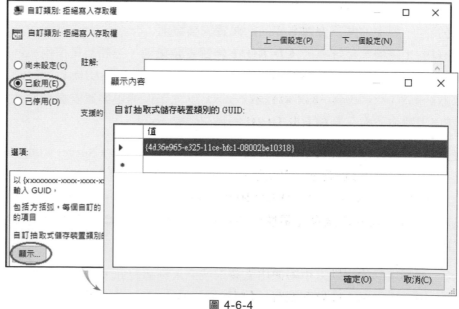

圖 4-6-4

▶ 軟碟機：拒絕讀取存取權、拒絕寫入存取權

拒絕使用者讀取或寫入隸屬於軟碟機類別的裝置（含透過USB連接的裝置）。

▶ 卸除式磁碟：拒絕讀取存取權、拒絕寫入存取權

　　拒絕使用者讀取或寫入隸屬於卸除式磁碟類別的裝置，例如 USB 隨身碟或外接式 USB 硬碟機。

▶ 所有卸除式儲存裝置類別：拒絕所有存取

　　拒絕使用者存取所有的卸除式儲存裝置，此原則設定的優先權高於其他原則，因此若您啟用此原則的話，則不論其他原則設定為何，都會拒絕使用者讀取與寫入到卸除式儲存裝置。如果您停用或未設定此原則的話，則使用者是否可以讀取或寫入到卸除式儲存裝置，需視其他原則的設定而定。

▶ 磁帶機：拒絕讀取存取權、拒絕寫入存取權

　　拒絕使用者讀取或寫入隸屬於磁帶機類別的裝置（含透過USB連接的裝置）。

▶ WPD 裝置：拒絕讀取存取權、拒絕寫入存取權

　　拒絕使用者讀取或寫入隸屬於 WPD（Windows Portable Device）的裝置，例如行動電話、媒體播放機、輔助顯示器與 CE 等裝置。

4-7 WMI 篩選器

我們知道若將 GPO 連結到組織單位後，該 GPO 的設定值預設會被套用到此組織單位內的所有使用者與電腦，若要改變這個預設值的話，可以有以下兩種選擇：

▶ 透過前面第 4-24 頁 **篩選群組原則設定** 中的**委派**標籤來選擇欲套用此 GPO 的使用者或電腦

▶ 透過本節所介紹的 **WMI 篩選器**來設定

　　舉例來說，假設您已經在組織單位**業務部**內建立**測試用的 GPO**，並透過它來讓此組織單位內的電腦自動安裝您所指定的軟體（後面章節會介紹），不過您卻只想讓 Windows 11 與 Windows 10 電腦來安裝此軟體，其他作業系統的電腦並不需要安裝，此時可以透過以下的 **WMI 篩選器**設定來達到目的。

STEP **1**　如圖 4-7-1 所示【對著 **WMI 篩選器**按右鍵➲新增】。

圖 4-7-1

STEP **2** 在圖 4-7-2 中的**名稱**與**描述**欄位分別輸入適當的文字說明後按 新增 鈕。圖中將名稱設定為 **Windows 11 與 Windows 10 專用的篩選器**。

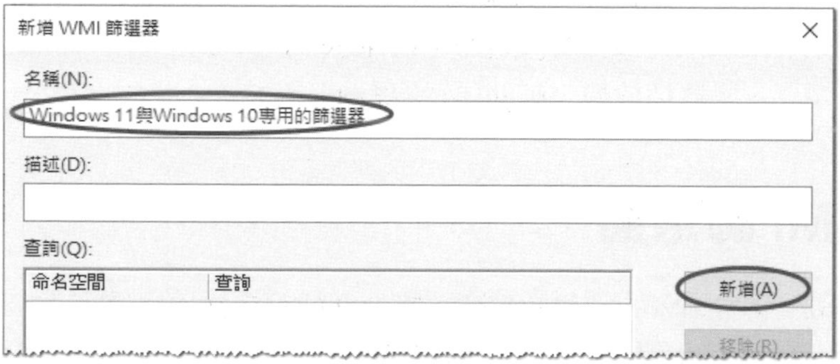

圖 4-7-2

STEP **3** 在圖 4-7-3 中的**命名空間**處選用預設的 **root/CIMv2**，然後在**查詢**處輸入以下的查詢指令（後述）後按 確定 鈕：

Select * from Win32_OperatingSystem where Version like "10.0%" and ProductType = "1"

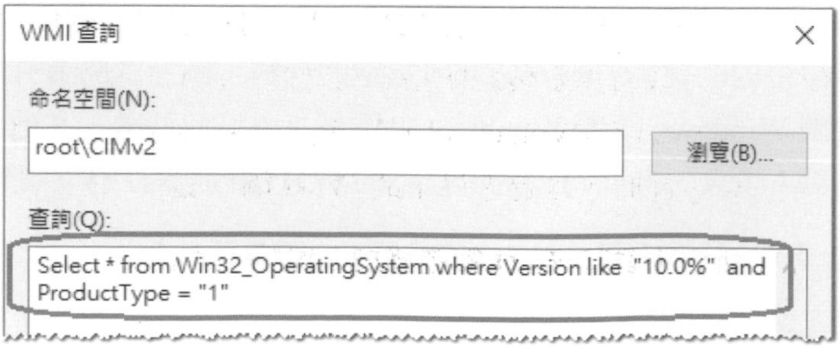

圖 4-7-3

STEP **4** 在圖 4-7-4 中按儲存鈕。

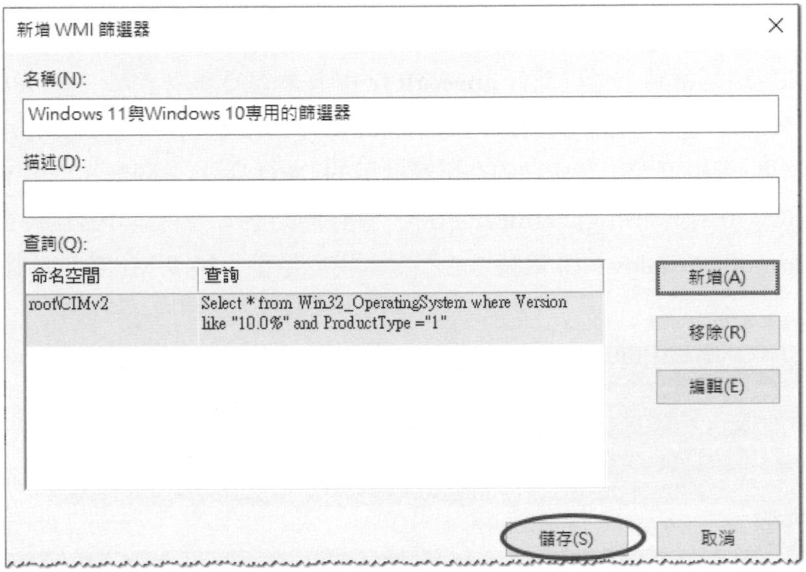

圖 4-7-4

STEP **5** 在圖 4-7-5 中測試用的 **GPO** 右下方的 **WMI 篩選**處選擇剛才所建立的
Windows 11 與 Windows 10 專用的篩選器。

圖 4-7-5

組織單位**業務部**內所有的 Windows 11/Windows 10 用戶端都會套用**測試用 GPO**原則設定，但是其他 Windows 系統並不會套用此原則。

您可以到用戶端電腦上透過執行 **gpresult /r** 指令來查看套用了哪一些 GPO，如圖 4-7-6 背景圖為在一台位於**業務部**內的 Windows 11 電腦上利用 **gpresult /r** 指令所看到的結果，圖中可看出有成功的套用**測試用的 GPO**；而前景圖為在一台 Windows Server 2022 電腦上利用 **gpresult /r** 指令所看到的結果，因它並非是位於**業務部**內的 Windows 11/Windows 10 電腦，故不會套用此原則（被 WMI 篩選器拒絕）。

圖 4-7-6

前面圖 4-7-3 中的**命名空間**是一群用來管理環境的類別（class）與執行個體（instance）的集合。系統內包含著各種不同的命名空間，以便於您透過其內的類別與執行個體來控管各種不同的環境，例如命名空間 **CIMv2** 內所包含的是與 Windows 環境有關的類別與執行個體。

圖 4-7-3 中的**查詢**欄位內需要輸入 WMI 查詢語言（WQL）來執行篩選工作，其中的 **Version like** 後面的數字所代表的意義如表 4-7-1 所示：

表 4-7-1

Windows 版本	Version
Windows 11、Windows 10、Windows Server 2022 、Windows Server 2019 與 Windows Server 2016	10.0
Windows 8.1 與 Windows Server 2012 R2	6.3
Windows 8 與 Windows Server 2012	6.2
Windows 7 與 Windows Server 2008 R2	6.1
Windows Vista 與 Windows Server 2008	6.0
Windows Server 2003	5.2
Windows XP	5.1

而 ProductType 右邊的數字所代表的意義如表 4-7-2 所示：

表 4-7-2

ProductType	所代表的意義
1	用戶端等級的作業系統，例如 Windows 11、Windows 10
2	伺服器等級的作業系統、且是網域控制站
3	伺服器等級的作業系統、但不是網域控制站

綜合以上兩個表格的說明後，我們在表 4-7-3 中列舉幾個 WQL 範例指令。

表 4-7-3

欲篩選的系統與可用的 WQL 指令範例
Windows 11 與 Windows 10： 　　select * from Win32_OperatingSystem where Version like "10.0%" and ProductType="1"
Windows 11： 　　select * from Win32_OperatingSystem where Caption like "%Windows 11%"
Windows 11（指定組建號碼 build number，例如 22000）： 　　select * from Win32_OperatingSystem where Version like "10.0.22000%" and ProductType="1" 　　（組建號碼從 22000 開始為 Windows 11；Windows 10 最近的組建號碼為 19044）
Windows 11（指定組建號碼 build number，例如 號碼>=22000）： 　　select * from Win32_OperatingSystem where ((Version >= "10.0.22000") and (ProductType="1"))

Windows 10（64 位元與 32 位元）：

select * from Win32_OperatingSystem where Caption like "%Windows 10%"

Windows 10（64 位元）（若是針對 32 位元系統，則將 AddressWidth 的 64 改為 32 即可）：

select * from Win32_OperatingSystem where Caption like "%Windows 10%"

select * from Win32_Processor where AddressWidth="64"

Windows 8.1（64 位元與 32 位元）：

select * from Win32_OperatingSystem where Version like "6.3%" and ProductType="1"

Windows 8.1 （32 位元）（若是針對 64 位元系統，則將 AddressWidth 的 32 改為 64 即可）：

select * from Win32_OperatingSystem where Version like "6.3%" and ProductType="1"

select * from Win32_Processor where AddressWidth="32"

Windows Server 2022 網域控制站：

select * from Win32_OperatingSystem where Caption like "%Windows Server 2022%" and
　　ProductType="2"

（若是針對 Windows Server 2019、Windows Server 2016 的話，則將 2022 改為 2019、2016 即可）

Windows Server 2022 成員伺服器：

select * from Win32_OperatingSystem where Caption like "%Windows Server 2022%" and
　　ProductType="3"

（若是針對 Windows Server 2019、Windows Server 2016 的話，則將 2022 改為 2019、2016 即可）

Windows 11、Windows 10、Windows Server 2022、Windows Server 2019 與 Windows Server 2016：

select * from Win32_OperatingSystem where Version like "10.0%"

Windows Server 2012 R2 網域控制站：

select * from Win32_OperatingSystem where Version like "6.3%" and ProductType="2"

Windows 8.1 與 Windows Server 2012 R2：

select * from Win32_OperatingSystem where Version like "6.3%"

Windows 8：

select * from Win32_OperatingSystem where Version like "6.2%" and ProductType="1"

Windows 7：

select * from Win32_OperatingSystem where Version like "6.1%" and ProductType="1"

Windows Server 2012 R2 與 Windows Server 2012 成員伺服器：

select * from Win32_OperatingSystem where （Version like "6.3%" or Version like "6.2%"） and
　　ProductType="3"

Windows 8.1、Windows 8、Windows 7、Windows Vista：

select * from Win32_OperatingSystem where Version like "6.%" and ProductType="1"

Windows 8.1、Windows Server 2012 R2 成員伺服器：

select * from Win32_OperatingSystem where Version like "6.3%" and ProductType<>"2"

Windows XP Service Pack 3：

select * from Win32_OperatingSystem where Version like "5.1%" and ServicePackMajorVersion=3

4-8 群組原則模型與群組原則結果

您可以透過**群組原則模型**（Group Policy Modeling）來針對使用者或電腦模擬可能的狀況，例如某使用者帳戶目前是位於甲組織單位內、某電腦帳戶目前是位於乙容區內，而我們想要知道未來若該使用者或電腦帳戶被搬移到其他容區時，該使用者到此電腦上登入後，其使用者或電腦原則的設定值。另外在目前現有的環境之下，若想要知道使用者在某台電腦登入之後，其使用者與電腦原則設定值的話，可透過**群組原則結果**（Group Policy Result）來提供這些資訊。

群組原則模型

我們將利用圖 4-8-1 的環境來練習**群組原則模型**。圖中使用者帳戶**陳瑪莉**（mary）與電腦帳戶 Win11PC1 目前都是位於組織單位**業務部**內，而如果未來使用者帳戶**陳瑪莉**（mary）與電腦帳戶 Win11PC1 都會被搬移到組織單位**金融部**，此時若使用者**陳瑪莉**（mary）到電腦 Win11PC1 上登入的話，其使用者與電腦原則設定值可以透過**群組原則模型**來事先模擬得知。

圖 4-8-1

STEP **1** 在圖 4-8-2 中【對著**群組原則模型**按右鍵➪群組原則模型精靈】。

圖 4-8-2

STEP **2** 出現**歡迎使用〔群組原則模型精靈〕**畫面時按 下一步 鈕。

STEP **3** 由於需指定一台至少是 Windows Server 2003 網域控制站來執行模擬工作，因此請透過圖 4-8-3 來選擇網域控制站，圖中我們讓系統自行挑選。

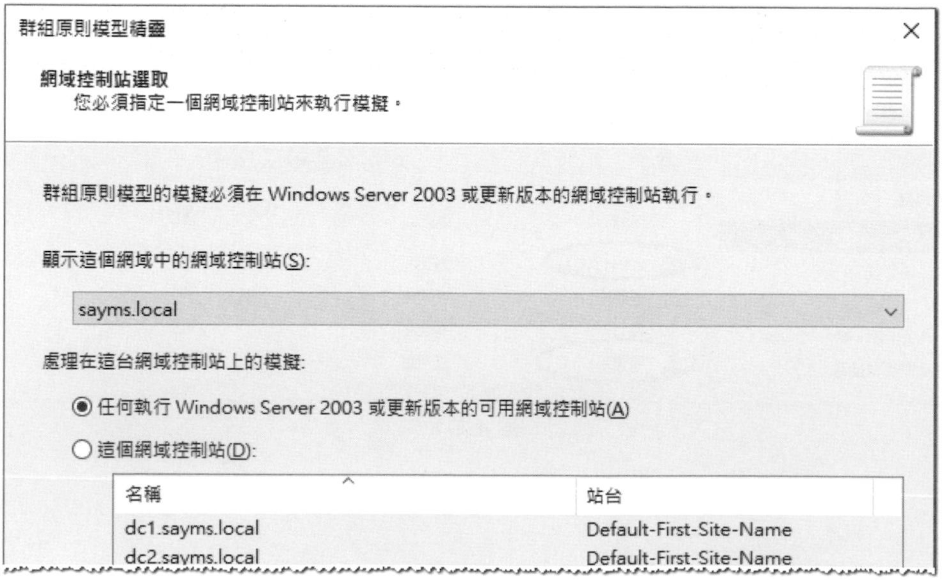

圖 4-8-3

STEP **4** 在圖 4-8-4 中分別選擇我們要練習的使用者帳戶 mary 與電腦帳戶 Win11PC1 後按 下一步 鈕。

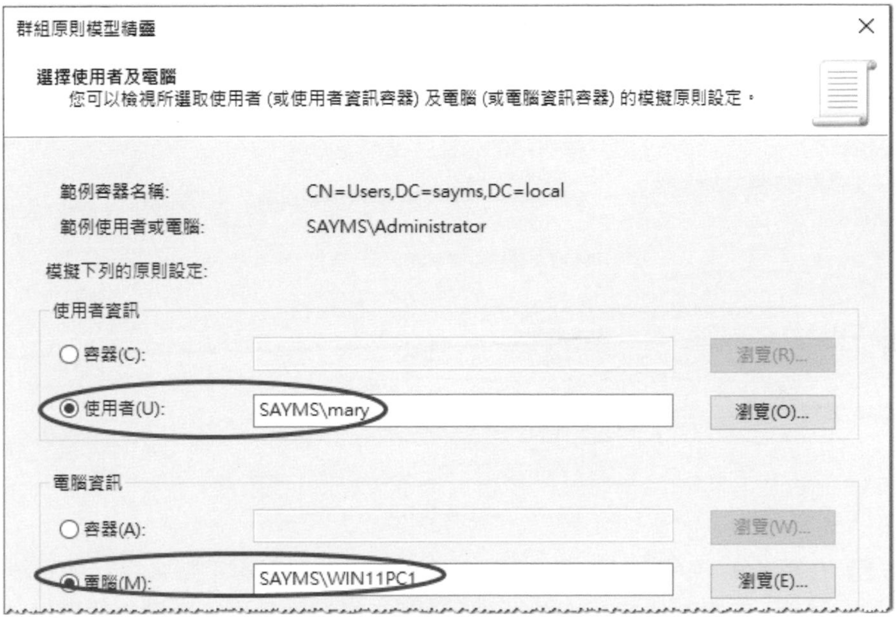

群組原則模型精靈   ✕

選擇使用者及電腦
　　您可以檢視所選取使用者 (或使用者資訊容器) 及電腦 (或電腦資訊容器) 的模擬原則設定。

範例容器名稱: CN=Users,DC=sayms,DC=local

範例使用者或電腦: SAYMS\Administrator

模擬下列的原則設定:

使用者資訊
○ 容器(C):   瀏覽(R)...

◉ 使用者(U):   SAYMS\mary   瀏覽(O)...

電腦資訊
○ 容器(A):   瀏覽(W)...

◉ 電腦(M):   SAYMS\WIN11PC1   瀏覽(E)...

圖 4-8-4

STEP **5** 在圖 4-8-5 中選擇低速連線是否要處理原則、是否要採用回送處理模式等。完成後按 下一步 鈕。

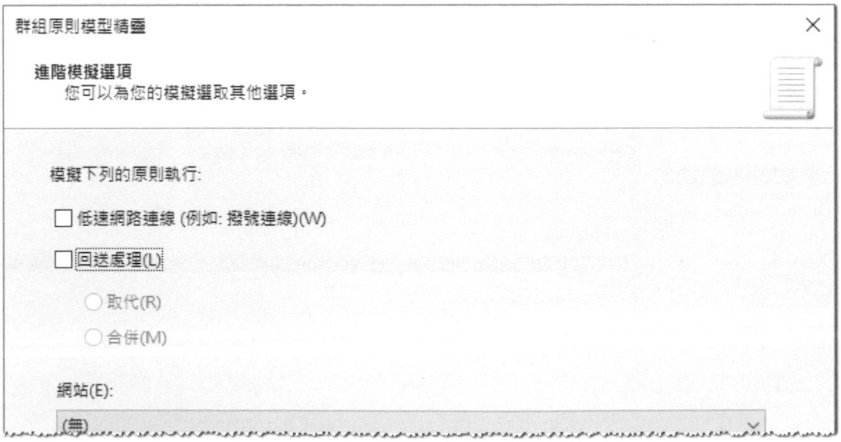

群組原則模型精靈   ✕

進階模擬選項
　　您可以為您的模擬選取其他選項。

模擬下列的原則執行:

☐ 低速網路連線 (例如: 撥號連線)(W)

☐ 回送處理(L)

　　○ 取代(R)

　　○ 合併(M)

網站(E):

(無)

圖 4-8-5

STEP **6** 由圖 4-8-6 的背景圖中可知使用者帳戶（陳瑪莉，mary）與電腦帳戶
（Win11PC1）目前都是位於組織單位**業務部**，請透過 瀏覽 鈕來將其模擬到
未來的位置，也就是前景圖中的組織單位**金融部**。完成後按 下一步 鈕。

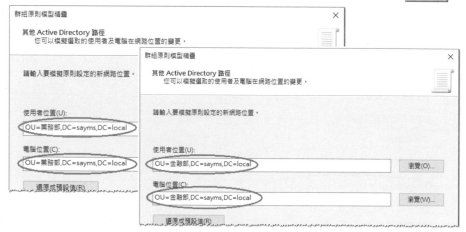

圖 4-8-6

STEP **7** 在圖 4-8-7中的背景與前景圖會分別顯示使用者與電腦帳戶目前所隸屬的
群組，有需要的話，可透過按 新增 鈕來模擬他們未來會隸屬的群組。圖中
兩個畫面我們都直接按 下一步 鈕。

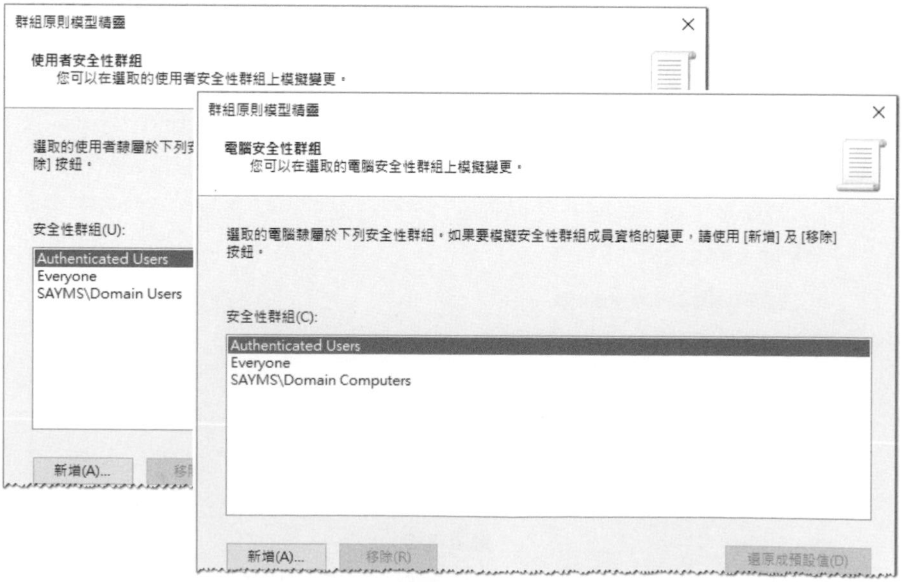

圖 4-8-7

STEP **8** 在圖 4-8-8 中的背景與前景圖會分別顯示使用者與電腦帳戶目前所套用的 **WMI 篩選器**，有需要的話，可透過按 新增 鈕來模擬他們未來會套用的 **WMI 篩選器**。圖中兩個畫面我們都直接按 下一步 鈕。

圖 4-8-8

STEP **9** 確認**選項摘要**畫面的設定無誤後按 下一步 鈕。

STEP **10** 出現正在完成〔**群組原則模型精靈**〕畫面時按 完成 鈕。

STEP **11** 完成後，透過圖 4-8-9 右邊 3 個標籤來查看模擬的結果。

圖 4-8-9

群組原則結果

我們將利用圖 4-8-10 的環境來練習**群組原則結果**。我們想要知道圖中使用者帳戶 **陳瑪莉**（mary）到電腦 Win11PC1 登入後的使用者與電腦原則的設定值。

圖 4-8-10

STEP **1** 若使用者**陳瑪莉**（mary）未曾到電腦 Win11PC1 登入的話，請先登入。

STEP **2** 請到網域控制站上利用網域系統管理員身分登入、執行**群組原則管理**、如圖 4-8-11 所示【對著**群組原則結果**按右鍵●群組原則結果精靈】。

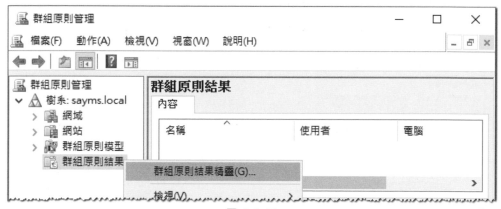

圖 4-8-11

STEP **3** 出現**歡迎使用**〔群組原則結果精靈〕畫面時按 下一步 鈕。

STEP **4** 在圖 4-8-12 中選擇要查看的網域成員電腦 Win11PC1 後按 下一步 鈕。

圖 4-8-12

 先將此網域成員 Win11PC1 的 Windows 防火牆關閉，否則無法連接此電腦。

STEP **5** 在圖 4-8-13 中選擇網域使用者 mary（陳瑪莉）後按 下一步 鈕。只有目前登入的使用者與曾經登入過的使用者帳戶可以被選擇。

圖 4-8-13

STEP **6** 確認選項摘要畫面中的設定無誤後按 下一步 鈕。

STEP **7** 出現正在完成〔群組原則結果精靈〕畫面時按 完成 鈕。

STEP **8** 透過圖 4-8-14 右邊 3 個標籤來查看結果。

圖 4-8-14

4-9 群組原則的委派管理

您可以將 GPO 的連結、新增與編輯等管理工作，分別委派給不同的使用者來負責，以分散、減輕系統管理員的管理負擔。

站台、網域或組織單位的 GPO 連結委派

您可以將連結 GPO 到站台、網域或組織單位的工作委派給不同的使用者來執行，以組織單位**業務部**來說，可以如圖 4-9-1 所示點擊組織單位**業務部**後，透過**委派**標籤來將連結 GPO 到此組織單位的工作委派給使用者，由圖中可知預設是 Administrators、Domain Admins 或 Enterprise Admins 等群組內的使用者才擁有此權限。您還可以透過畫面中的**權限**下拉式選單來設定**執行群組原則模型分析**與**讀取群組原則結果資料**這兩個權限。

圖 4-9-1

編輯 GPO 的委派

預設是 Administrators、Domain Admins 或 Enterprise Admins 群組內的使用者才有權限編輯 GPO，如圖 4-9-2 所示為**測試用的 GPO** 的預設權限清單，您可以透過此畫面來賦予其他使用者權限，這些權限包含**讀取**、**編輯設定**與 "**編輯設定、刪除、修改安全性**" 等 3 種。

圖 4-9-2

新增 GPO 的委派

預設是 Domain Admins 與 Group Policy Creator Owners 群組內的使用者才有權限新增 GPO（如圖 4-9-3 所示），您也可透過此畫面來將此權限賦予其他使用者。

Group Policy Creator Owners 群組內的使用者在新增 GPO 後，他就是這個 GPO 的擁有者，因此他對這個 GPO 擁有完全控制的權利，所以可以編輯這個 GPO 的內容，不過他卻無權利編輯其他的 GPO。

圖 4-9-3

WMI 篩選器的委派

系統預設是 Domain Admins 與 Enterprise Admins 群組內的使用者才有權限在網域內建立新的 WMI 篩選器，並且可以修改所有的 WMI 篩選器，如圖 4-9-4 中的**完全控制**權限。而 Administrators 與 Group Policy Creator Owners 群組內的使用者也可以建立新的 WMI 篩選器與修改其自行建立的 WMI 篩選器，不過卻不可以修改其他使用者所建立的 WMI 篩選器，如圖 4-9-4 中的 **CreatorOwner** 權限。您也可以透過此畫面來將權限賦予其他使用者。

Group Policy Creator Owners 群組內的使用者，在新增 WMI 篩選器後，他就是此 WMI 篩選器的擁有者，因此他對此 WMI 篩選器擁有完全控制的權利，所以可以編輯此 WMI 篩選器的內容，不過他卻無權利編輯其他的 WMI 篩選器。

圖 4-9-4

4-10 「入門 GPO」的設定與使用

入門 **GPO**（Starter GPO）內僅包含**系統管理範本**的原則設定，您可以將經常會用到的**系統管理範本**原則設定值建立到入門 **GPO** 內，以後在建立一般 GPO 時，就可以直接將入門 **GPO** 內的設定值匯入到這個一般 GPO 內，如此便可以節省建立一般 GPO 的時間。建立入門 **GPO** 的步驟如下所示：

STEP 1 如圖 4-10-1 所示【對著入門 **GPO** 按右鍵 ➡ 新增】。

> 可以不需要點擊畫面右方的 建立入門 GPO 資料夾 ，因為在您建立第 1 個入門 GPO 時，它也會自動建立此資料夾，此資料夾的名稱是 StarterGPOs，它是位於網域控制站的 sysvol 共用資料夾之下。

圖 4-10-1

STEP 2 在圖 4-10-2 中為此入門 **GPO** 設定名稱與輸入註解後按 確定 鈕。

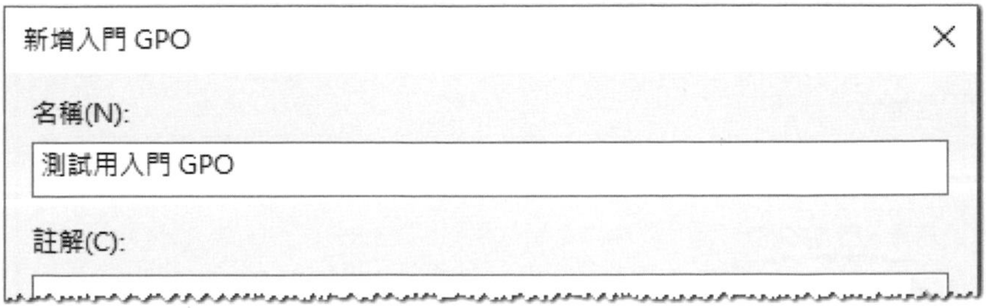

圖 4-10-2

STEP 3 在圖 4-10-3 中【對著此入門 GPO 按右鍵 ➡ 編輯】。

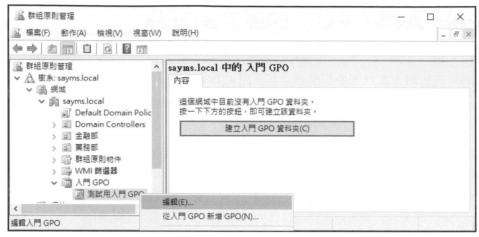

圖 4-10-3

STEP **4** 透過圖 4-10-4 來編輯電腦與使用者設定的**系統管理範本**原則。

圖 4-10-4

完成入門 **GPO** 的建立與編輯後，以後在建立一般 GPO 時，就可以如圖 4-10-5 所示選擇從這個入門 **GPO** 來匯入其**系統管理範本**的設定值。

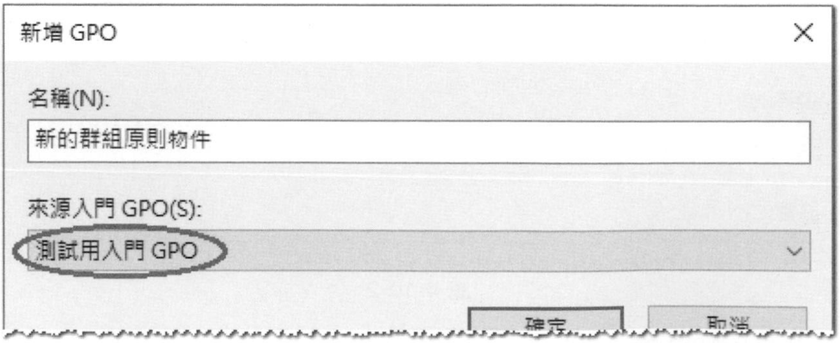

圖 4-10-5

5

利用群組原則部署
軟體

我們可以透過 AD DS 群組原則來為企業內部使用者與電腦部署（deploy）軟體，
也就是自動替這些使用者與電腦安裝、維護與移除軟體。

5-1 軟體部署概觀

5-2 將軟體發佈給使用者

5-3 將軟體指派給使用者或電腦

5-4 將軟體升級

5-5 部署 Adobe Acrobat

5-1 軟體部署概觀

您可以透過群組原則來將軟體部署給網域使用者與電腦，也就是網域使用者登入或成員電腦啟動時會自動安裝或很容易安裝被部署的軟體，而軟體部署分為**指派**（assign） 與**發佈** （publish）兩種。一般來說，這些軟體需為 Windows Installer Package（也稱為 **MSI 應用程式**），其內包含著副檔名為.msi 的安裝檔案。

> 您也可以部署副檔名為.zap（因限制很多且不實用，故不在本書的討論範圍）或.msp 的軟體，或是將安裝檔附檔名為.exe 的軟體重新包裝成為附檔名是.msi 的 Windows Installer Package（可使用 EMCO MSI Package Builder 等軟體）。

將軟體指派給使用者

當您將一個軟體透過群組原則指派給網域使用者後，使用者在任何一台網域成員電腦登入時，這個軟體會被**通告**（advertised）給該使用者，但系統尚未安裝此軟體，而是會設定與此軟體有關的部分資訊而已，例如可能會在**開始**視窗中自動建立該軟體的捷徑（需視該軟體是否支援此功能而定）。

使用者透過點擊該軟體在**開始**視窗（或**開始**功能表）中的捷徑後，就可以安裝此軟體。使用者也可以透過**控制台**來安裝此軟體，以 Windows 11 用戶端來說，其安裝途徑可為【按 Windows 鍵⊞+ R 鍵❍輸入 control 後按 Enter 鍵❍點擊程式集處的取得程式】。

將軟體指派給電腦

當您將一個軟體透過群組原則指派給網域成員電腦後，這些電腦啟動時就會自動安裝這個軟體（完整或部分安裝，視軟體而定），而且任何使用者登入都可以使用此軟體。使用者登入後，就可以透過**開始**視窗中的捷徑來使用此軟體。

將軟體發佈給使用者

當您將一個軟體透過群組原則發佈給網域使用者後，此軟體並不會自動被安裝到使用者的電腦內，不過使用者可以透過**控制台**來安裝此軟體，以 Windows 11 用戶端來說，其安裝途徑可為【按 Windows 鍵⊞+ R 鍵 ⊃ 輸入 control 後按 Enter 鍵 ⊃ 點擊程式集處的取得程式】。

 只可以指派軟體給電腦，無法發佈軟體給電腦。

自動修復軟體

被發佈或指派的軟體可以具備自動修復的功能（視軟體而定），也就是用戶端在安裝完成後，之後若此軟體程式內有關鍵性的檔案損毀、遺失或不小心被使用者刪除的話，則在使用者執行此軟體時，其系統會自動偵測到此不正常現象，並重新安裝這些檔案。

移除軟體

一個被發佈或指派的軟體，在用戶端將其安裝完成後，若您之後不想要再讓使用者來使用此軟體的話，可在群組原則內從已發佈或已指派的軟體清單中將此軟體移除，並設定讓用戶端下次套用此原則時（例如使用者登入或電腦啟動時），自動將這個軟體從用戶端電腦中移除。

5-2 將軟體發佈給使用者

以下沿用前幾章的組織單位**業務部**中的**測試用的 GPO**，來練習將 **MSI 應用程式**（Windows Installer Package）發佈給**業務部**內的使用者，並讓使用者透過**控制台**來安裝此軟體。若您還沒有建立組織單位**業務部**與**測試用的 GPO** 的話，請先利用 **Active Directory 管理**中心（或 **Active Directory 使用者和電腦**）與**群組原則管理**來建立，並在**業務部**內新增數個用來練習的使用者帳戶。

發佈軟體

以下步驟將先建立**軟體發佈點**（software distribution point，也就是用來儲存 **MSI 應用程式**的共用資料夾）、接著設定軟體預設的儲存地點、最後再將軟體發佈給使用者。以下將利用免費的文字編輯軟體 AkelPad 來練習，請自行上網下載。

> AkelPad 原始安裝檔案是 .exe 執行檔,這些檔案可到以下網址下載:
> https://sourceforge.net/projects/akelpad/files/
>
> 筆者已將其重新包裝為 **MSI 應用程式**,此包裝過的檔案可到碁峯網站下載
> (http://books.gotop.com.tw/download/ACA027300)。

STEP 1 請在網域中的任何一台伺服器內(假設為 dc1)建立一個用來作為**軟體發佈點**的資料夾,例如 C:\Packages,它將用來儲存 **MSI 應用程式**(Windows Installer Package),例如我們要用來練習的軟體為 **AkelPad 4.4.3 版**。

STEP 2 透過【對著此資料夾按右鍵❍授與存取權給❍特定人員】的途徑,來將此資料夾設定為**共用資料夾**、賦與 Everyone **讀取**權限。

STEP 3 在此共用資料夾內建立用來存放 **AkelPad 4.4.3** 的子資料夾,然後將 **AkelPad 4.4.3** 拷貝到此資料夾內,如圖 5-2-1 所示。

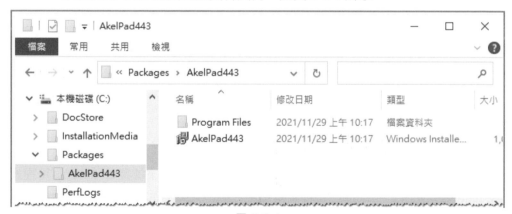

圖 5-2-1

STEP 4 接著設定軟體預設的儲存地點:在網域控制站上【開啟**伺服器管理員**❍點擊右上角**工具**❍**群組原則管理**❍展開到組織單位**業務部**❍對著**測試用的 GPO** 按右鍵❍**編輯**❍在圖 5-2-2 中展開**使用者設定**❍**原則**❍**軟體設定**❍**軟體安裝**❍點擊上方的**內容圖示**】。

圖 5-2-2

STEP **5** 在圖 5-2-3 中的**預設封裝位置**處輸入軟體的儲存位置，注意必須是 UNC 網路路徑，例如\\dc1\Packages（不是本機路徑，例如不是 C:\Packages）。完成後按確定鈕。

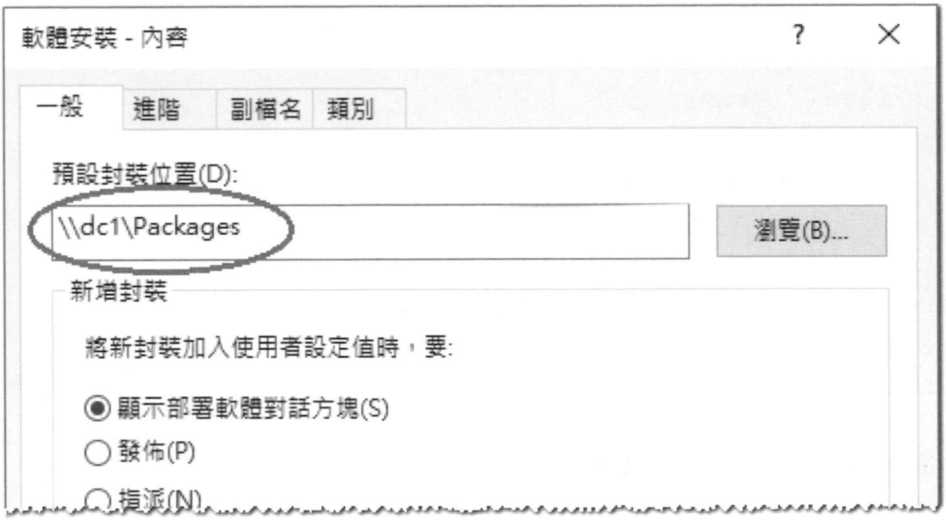

圖 5-2-3

STEP **6** 如圖 5-2-4 所示【對著**軟體安裝**按右鍵❷新增❷封裝】。

圖 5-2-4

STEP **7** 在圖 5-2-5 中選擇 **AkelPad 4.4.3** 版的 **AkelPad443.msi**（副檔名.msi 預設
會被隱藏），然後按 開啟 鈕。

圖 5-2-5

STEP **8** 在圖 5-2-6 中選擇 已發佈，然後按 確定 鈕。

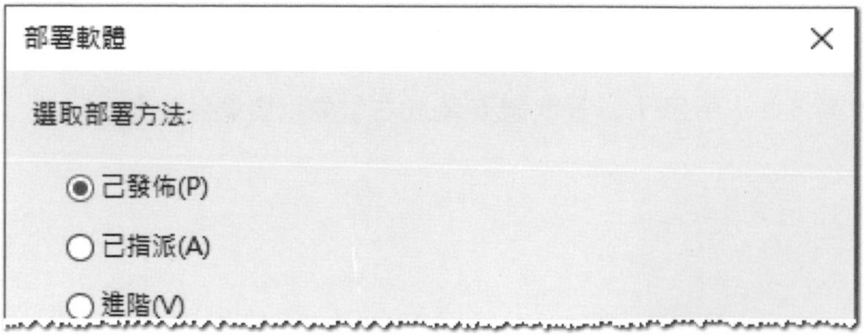

部署軟體	×
選取部署方法:	
◉ 已發佈(P)	
○ 已指派(A)	
○ 進階(V)	

圖 5-2-6

STEP **9** 由圖 5-2-7 右方可知 **AkelPad 4.4.3** 已被發佈成功。

圖 5-2-7

用戶端安裝被發佈的軟體

我們將到網域成員電腦上透過**控制台**來安裝上述被發佈的軟體。

STEP **1** 請到任何一台網域成員電腦上利用組織單位**業務部**中的使用者帳戶（例如 mary） 登入網域，假設此電腦為 Windows 11。

STEP **2** 按 Windows 鍵⊞+ R 鍵➲輸入 control 後按 Enter 鍵➲點擊圖 5-2-8 中程式集處的取得程式。

圖 5-2-8

STEP **3** 點選圖 5-2-9 中已發佈的軟體 **AkelPad443** 後點擊上方的**安裝**。

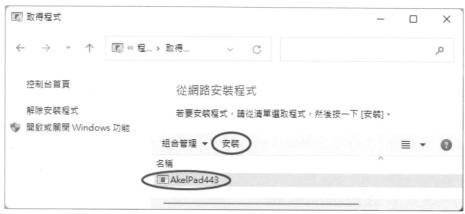

圖 5-2-9

STEP **4** 完成後，以 Windows 11 為例：【點擊下方**開始圖示**▇▇➲點擊右上方**所有應用程式**➲如圖 5-2-10 所示可看到 AkelPad 的相關捷徑】。試著執行此程式（AkelPad）來測試此程式是否正常。

圖 5-2-10

測試自動修復軟體的功能

我們要將安裝好的軟體 **AkelPad 4.4.3** 的某個資料夾刪除，以便來測試當系統發現此資料夾遺失時，是否會自動重新安裝此資料夾與其內的檔案。目前登入的使用者仍然是使用者 mary。以下假設用戶端為 Windows 11。

STEP **1** 點擊下方的**檔案總管圖示**■➜刪除圖 5-2-11 中 C:\Program Files（x86）
\AkelPad 之下的\AkelFiles 資料夾。

圖 5-2-11

STEP **2** 由於目前登入的使用者 mary 並沒有權限刪除此資料夾，故請在圖 5-2-12
中輸入系統管理員的帳戶與密碼後按**是**鈕來將其刪除。

圖 5-2-12

STEP **3**　接下來再執行 AkelPad 來測試自動修復功能：【點擊下方**開始**圖示██◐點擊右上方**所有應用程式**◐展開 AkelPad 資料夾◐點擊 AkelPad 應用程式】，此時因為系統偵測到 AkelFiles 資料夾已遺失，故會自動重新再安裝此資料夾與其內的檔案。

取消已發佈的軟體

若要取消已經被發佈的軟體，請如圖 5-2-13 所示【對著該軟體按右鍵◐所有工作◐移除】，然後可以有以下兩種選擇：

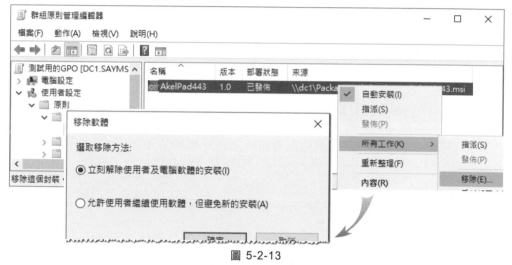

圖 5-2-13

▶ **立即解除使用者及電腦軟體的安裝**：當使用者下次登入時或電腦啟動時，此軟體就會自動被移除。

▶ **允許使用者繼續使用軟體，但避免新的安裝**：使用者已經安裝的軟體不會被移除，可以繼續使用它，不過新使用者登入時，就不會有此軟體可供選用與安裝。

5-3 將軟體指派給使用者或電腦

將軟體指派給使用者或電腦的步驟，與前一小節將軟體發佈給使用者類似，本節僅
列出差異。

指派給使用者

您可以將軟體指派給整個網域或某個組織單位內的使用者，其詳細的操作步驟請
參照前一節，不過需要如圖 5-3-1 所示改為選擇**已指派**。

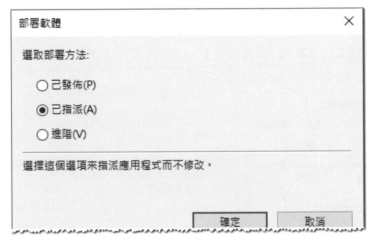

圖 5-3-1

您也可以將一個已經發佈的軟體直接改為**已指派**：如圖 5-3-2 所示【對著此軟體按
右鍵➲指派】。

圖 5-3-2

被指派此軟體的使用者，當他們登入後，系統就會建立該軟體的捷徑、將相關副檔名與此軟體之間建立起關聯關係（視軟體而定），不過此軟體事實上並還沒有真正的被安裝完成，此時只要使用者點選此軟體的捷徑，系統就會開始自動安裝此軟體。使用者也可以透過【按 Windows 鍵⊞+ R 鍵❷輸入 control 後按 Enter 鍵❷點擊程式集處的取得程式】來安裝。

指派給電腦

當您將軟體指派給整個網域或組織單位內的電腦後，這些電腦在啟動時就會自動安裝此軟體。指派的步驟與前一節相同，但是請如圖 5-3-3 所示透過**電腦設定**來設定，而不是**使用者設定**。同樣請設定軟體預設的儲存地點：【對著圖 5-3-3 中的**軟體安裝**按右鍵❷內容❷預設封裝位置】。然後就可以透過【對著**軟體安裝**按右鍵❷新增❷封裝】的途徑來將軟體指派給電腦。

圖 5-3-3

5-4 將軟體升級

我們可以透過軟體部署的方式來將舊版軟體升級，而升級的方式有以下兩種：

▶ **強制升級**：不論是發佈或指派新版的軟體，原來舊版的軟體可能都會被自動升級，不過剛開始此新版軟體並未被完整安裝（例如僅會建立捷徑），使用者需點選此程式的捷徑或需執行此軟體時，系統才會開始完整的安裝這個新版本的軟體。若未自動升級的話，則需透過**控制台**來安裝這個新版本的軟體。

▶ **選擇性升級**：不論是發佈或指派新版的軟體，原來舊版的軟體都不會被自動升級，使用者必須透過**控制台**來安裝這個新版本的軟體。

若是**強制升級**的話，則使用者在**控制台**內無法選用原來的舊版軟體。指派給電腦的軟體，只可以選擇**強制升級**。

以下說明如何部署新版本軟體（假設是 **AkelPad 4.8.5**），以便將使用者的舊版本軟體（假設是 **AkelPad 4.4.3**）升級，同時假設是要針對組織單位**業務部**內的使用者，而且是透過**測試用的 GPO** 來練習。

STEP **1** 將新版軟體拷貝到軟體發佈點內，如圖 5-4-1 所示的 **AkelPad485** 資料夾。

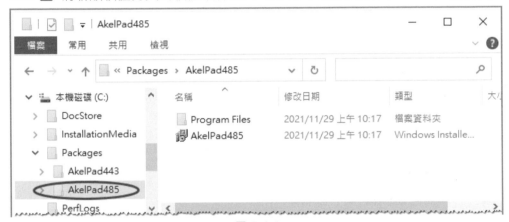

圖 5-4-1

STEP **2** 到網域控制站【開啟**伺服器管理員**⇒點擊右上角**工具**⇒**群組原則管理**⇒展開到組織單位**業務部**⇒對著**測試用的 GPO** 按右鍵⇒**編輯**⇒如圖 5-4-2 所示展開到**使用者設定**下的**軟體設定**⇒對著**軟體安裝**按右鍵⇒**新增**⇒**封裝** 】。

圖 5-4-2

STEP **3** 在圖 5-4-3 中選擇新版本的 **MSI 應用程式**，也就是 **AkelPad485.msi**（副檔名.msi 預設會被隱藏），然後按 開啟 鈕。

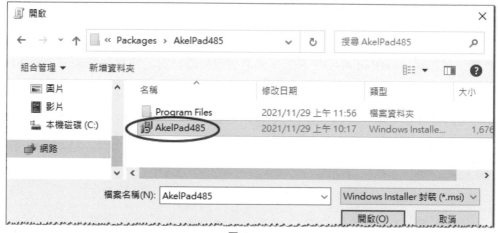

圖 5-4-3

STEP **4** 在圖 5-4-4 中點選**進階**後按 確定 鈕。

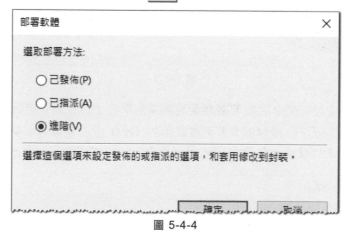

圖 5-4-4

STEP **5** 在圖 5-4-5 中點擊**升級**標籤，若要強制升級的話，請勾選**現存封裝必須升級**，否則直接按 新增 鈕即可。

圖 5-4-5

STEP **6** 在圖 5-4-6 中選擇要被升級的舊版軟體 **AkelPad443** 後按 確定 鈕。

在圖中您也可以選擇將其他 GPO 所部署的舊軟體升級。另外還可以透過畫面最下方來選擇先移除舊版軟體,再安裝新版軟體,或是直接將舊版軟體升級。

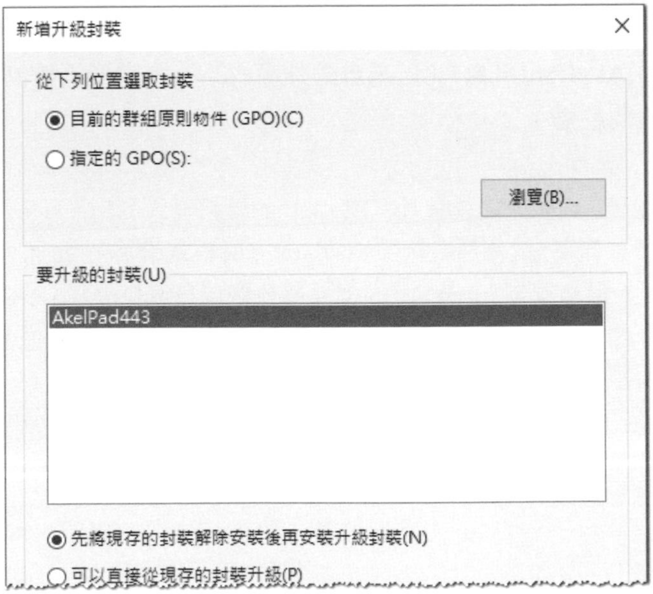

新增升級封裝　　　　　　　　　　　　×

從下列位置選取封裝

◉ 目前的群組原則物件 (GPO)(C)

○ 指定的 GPO(S):

瀏覽(B)...

要升級的封裝(U)

AkelPad443

◉ 先將現存的封裝解除安裝後再安裝升級封裝(N)

○ 可以直接從現存的封裝升級(P)

圖 5-4-6

STEP **7**　回到前一個畫面時按 確定 鈕。

STEP **8**　圖 5-4-7 為完成後的畫面，其中 **AkelPad485** 左邊的圖中向上的箭頭，表示它是用來升級的軟體。

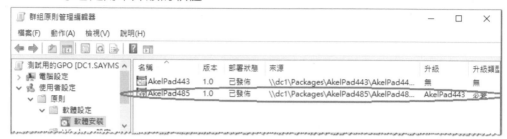

圖 5-4-7

 從右邊的**升級**與**升級類型**欄位也可知道它是用來將 AkelPad443 強制升級，不過預設並不會顯示這兩個欄位，您必須透過【點擊上方的**檢視**功能表❖新增/移除欄位】的途徑來新增這兩個欄位。

STEP **9**　由於我們是選擇強制升級，故當使用者套用原則後（例如登入或重新啟動電腦）：【點擊下方**開始圖示**▐▐❖點擊右上方**所有應用程式**❖展開 AkelPad 資料夾❖點擊 AkelPad 應用程式】時，其電腦便會自動將 **AkelPad 4.4.3** 升級為 **AkelPad 4.8.5**（若未自動升級的話，則需透過**控制台**來安裝這個新版本的軟體）。

所部署的軟體，若廠商之後有 .msi 或 .msp 的更新程式的話，可嘗試將新的 .msi 複製到軟體發佈點，或是利用執行 msiexec.exe 程式來將 .msp 檔案更新到軟體發佈點（下一節有範例），最後再【對著該軟體按右鍵❖所有工作❖重新部署應用程式】，用戶端執行該軟體時可能就會自動安裝更新程式，但是也可能用戶端需先自行解除安裝該軟體後才會重新安裝。

5-5 部署 Adobe Acrobat

由於部署 Adobe Acrobat 的方法與前面部署 AkelPad 的方法相同，因此以下僅做關鍵性步驟的說明，同時利用此範例來說明如何部署副檔名是.msp 的更新檔案。

部署基礎版

以下以 Adobe Acrobat Reader DC 為例來說明。請先到以下 Adobe 網站 https://www.adobe.com/devnet-docs/acrobatetk/tools/ReleaseNotesDC/index.html 找尋與下載基礎版（base version）的 Adobe Acrobat Reader DC 安裝檔案（.msi），此處假設所下載的檔案為 AcroRdrDC1500720033_zh_TW.msi，且我們將所下載的檔案儲存到 C:\Download 資料夾。接著請利用以下指令來擷取此.msi 內的檔案：

msiexec /a C:\Download\AcroRdrDC1500720033_zh_TW.msi

並將擷取出的檔案存放到任一資料夾內（假設是如圖 5-5-1 所示的 C:\Extract）。

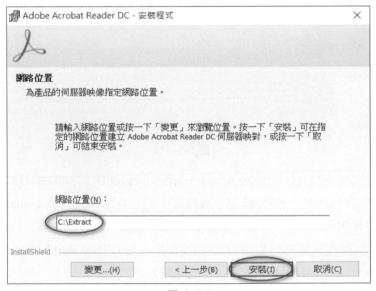

圖 5-5-1

然後將整個 Extract 資料夾內的檔案複製到軟體發佈點，例如複製到 C:\Packages\Adobe 資料夾內，如圖 5-5-2 所示。

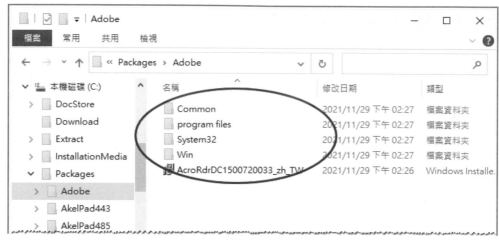

圖 5-5-2

接著部署軟體發佈點 \\dc1\Packages\Adobe 內 的 程 式 AcroRdrDC1500720033 _zh_TW.msi，圖 5-5-3 為完成部署後的畫面（假設是發佈給組織單位**業務部**內的 使用者，而且是透過**測試用的 GPO** 來練習）。

圖 5-5-3

然後到用戶端來安裝此被部署的 AdobeAcrobatReader DC 1500720033 版：請到任 何一台網域成員電腦上利用組織單位**業務部**中的使用者帳戶（例如 mary）重新登 入網域以便套用原則設定，然後 【按 Windows 鍵⊞ + R 鍵⮕輸入 control 後按 Enter 鍵⮕點擊程式集處的**取得程式**⮕點選圖 5-5-4 中的 **AdobeAcrobatReader DC – Chinese Traditional** 後點擊上方的**安裝**】。

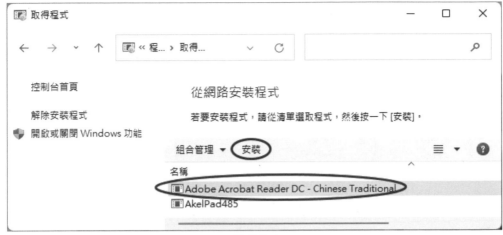

圖 5-5-4

部署更新程式

若有 Acrobat Reader 更新檔案的話，會以附檔名為.msp 的檔案發佈。以下練習如何將.msp 檔案整合到基礎版的 Adobe Acrobat Reader DC 安裝檔案（.msi）內，並部署此內含更新程式的自訂.msi 安裝檔案。我們可以利用 msiexec.exe 程式來將.msp 檔案整合到.msi 檔案，其語法如下：

msiexec /p .msp 檔案的路徑與檔名　/a .msi 檔案的路徑與檔名

STEP **1** 請到 Adobe 的網站下載較新版的.msp 更新檔案，假設所下載的檔案為 AcroRdrDCUpd2100720099，並將其儲存在 C:\Download 資料夾內，然後請執行以下指令來更新前面所敘述的 C:\Extract 裡面的檔案（如圖 5-5-5 所示）：

msiexec　/p C:\Download\AcroRdrDCUpd2100720099.msp

/a C:\Extract\AcroRdrDC1500720033_zh_TW.msi

圖 5-5-5

STEP **2** 將已經更新過的整個 Extract 資料夾內的檔案複製到軟體發佈點，假設是複製到 C:\Packages\AdobeUpdate 資料夾內（如圖 5-5-6 所示）。

圖 5-5-6

STEP **3** 請部署上述資料夾內.msi 程式。在部署時，請如圖 5-5-7 所示選擇**進階**。

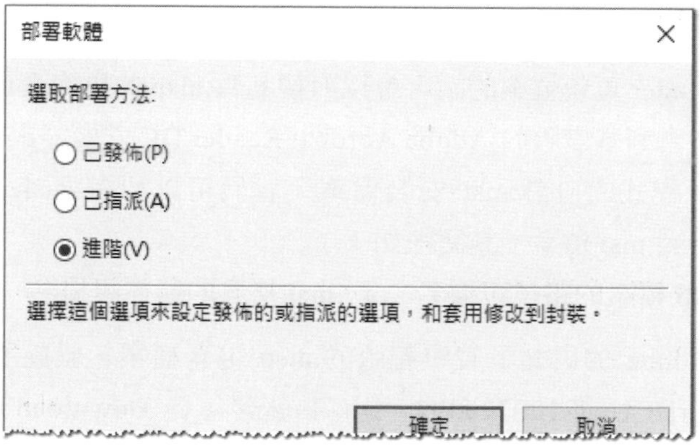

圖 5-5-7

STEP **4** 先在圖 5-5-8 中設定此更新版軟體的名稱。

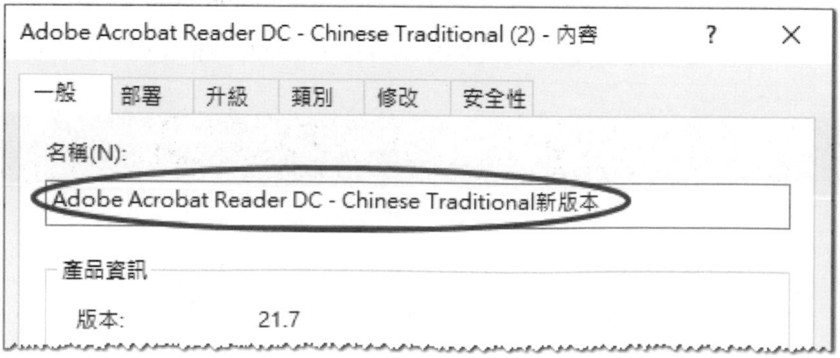

圖 5-5-8

STEP **5** 我們部署此新版軟體程式的目的,是要用來更新用戶端已經安裝的舊版本軟體,但是此版本的 Acrobat Reader 無法採用升級方式,只能將舊版本的解除安裝,再重新安裝新版本,因此我們需先如圖 5-5-9 所示在**升級**標籤之下,將圖中採用升級方式的預設項目刪除。

圖 5-5-9

STEP **6** 接著如圖 5-5-10 所示點擊**升級**標籤之下 新增 鈕(假設我們也勾選**現存封裝必須升級**)➲點選舊版的 Adobe Acrobat Reader DC➲確認是選擇**先將現存的封裝解除安裝後再安裝升級封裝**➲...。

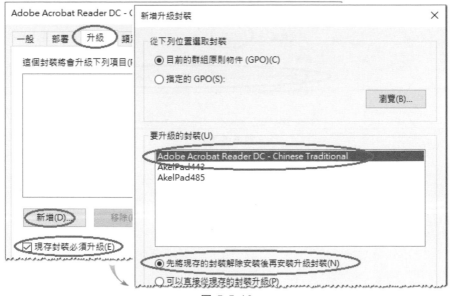

圖 5-5-10

STEP **7** 如圖 5-5-11 所示為完成後的畫面。

圖 5-5-11

STEP **8** 到用戶端來安裝此被部署的新版 Acrobat Reader DC：先重新登入以便套用原則設定，然後【按 Windows 鍵⊞＋ R 鍵➲輸入 control 後按 Enter 鍵➲點擊程式集處的**取得程式**➲點選圖 5-5-4 中的 **AdobeAcrobatReader DC – Chinese Traditional** 新版本後點擊上方的**安裝**】，系統會先解除安裝舊版本，再安裝新版本。

圖 5-5-12

6

限制軟體的執行

我們可以透過**軟體限制原則**（Software Restriction Policy，SRP）所提供的多種規則，來限制或允許使用者可以執行的程式。

6-1 軟體限制原則概觀
6-2 啟用軟體限制原則

6-1 軟體限制原則概觀

我們在章節 4-5 內介紹過如何利用檔案名稱來限制使用者可以或不可以執行指定的應用程式，然而若使用者有權變更檔案名稱的話，就可以突破此限制，此時我們仍然可以透過本章的**軟體限制原則**來控管。此原則的安全等級分為以下三種：

▶ **沒有限制**：也就是所有登入的使用者都可以執行指定的程式（只要使用者擁有適當的存取權限，例如 NTFS 權限）。

▶ **不允許**：不論使用者對程式檔案的存取權限為何，都不允許執行。

▶ **基本使用者**：允許以一般使用者的權限（users 群組的權限）來執行程式。

系統預設的安全等級是所有程式都**沒有限制**，也就是只要使用者對欲執行的程式檔案擁有適當存取權限的話，他就可以執行此程式。不過您可以透過**雜湊規則**、**憑證規則**、**路徑規則**與**網路區域規則**等 4 種規則來建立例外的安全等級，以便拒絕使用者執行所指定的程式。

雜湊規則

雜湊（hash）是根據程式的檔案內容所算出來的一連串位元組，不同程式有著不同的雜湊值，所以系統可用它來辨識程式。在您替某個程式建立**雜湊規則**，並利用它限制使用者不允許執行此程式時，系統就會為該程式建立雜湊值。而當使用者要執行此程式時，其 Windows 系統就會比對自行算出來的雜湊值是否與軟體限制原則中的雜湊值相同，若相同，表示它就是被限制的程式，因此會被拒絕執行。

即使此程式的檔案名稱被改變或被搬移到其他地點，也不會改變其雜湊值，因此仍然會受到雜湊規則的約束。

 若使用者電腦端的程式檔案內容被變更的話（例如感染電腦病毒），此時因為使用者的電腦所算出的雜湊值，並不會與雜湊規則中的雜湊值相同，因此不會認為它是受限制的程式，故不會拒絕此程式的執行。

憑證規則

軟體發行公司可以利用憑證（certificate）來簽署其所開發的程式，而軟體限制原則可以透過此憑證來辨識程式，也就是說您可以建立**憑證規則**來辨識利用此憑證所簽署的程式，以便允許或拒絕使用者執行此程式。

路徑規則

您可以透過**路徑規則**來允許或拒絕使用者執行位於某個資料夾內的程式。由於是根據路徑來辨識程式，故若程式被搬移到其他資料夾的話，此程式將不會再受到路徑規則的約束。

除了資料夾路徑外，您也可以透過**登錄**（registry）路徑來限制，例如開放使用者可以執行在登錄中所指定之資料夾內的程式。

網路區域規則

您可以利用**網路區域規則**來允許或拒絕使用者執行位於某個區域內的程式，這些區域包含**本機電腦、網際網路、近端內部網路、信任的網站與限制的網站**。

除了本機電腦與網際網路之外，您可以設定其他三個區域內所包含的電腦或網站：【點擊下方**檔案總管**圖示 ➔ 對著左下方的**網路**按右鍵 ➔ 內容 ➔ 點擊左下角**網際網路選項** ➔ 點擊圖 6-1-1 中的**安全性**標籤 ➔ 選擇欲設定的區域後按 網站 鈕】。

 網路區域規則適用於副檔名為 .msi 的 Windows Installer Package。

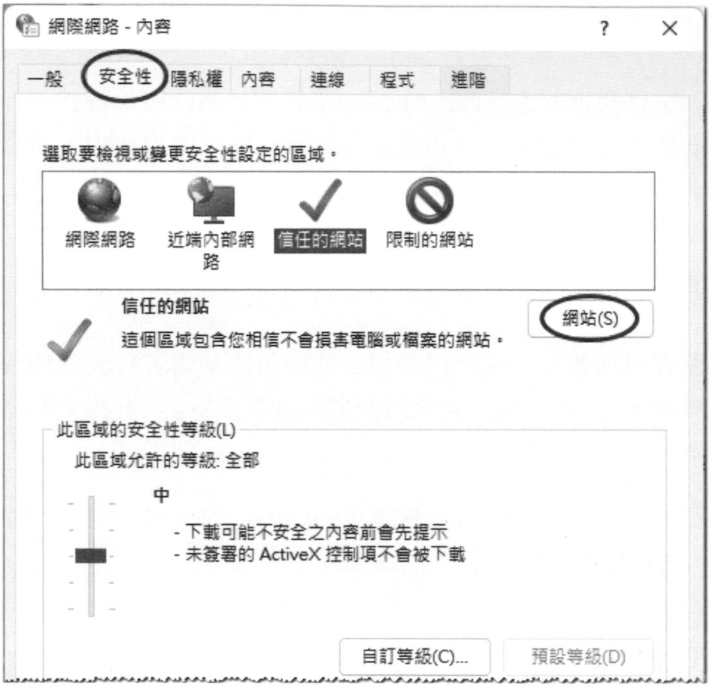

圖 6-1-1

規則的優先順序

若同一個程式同時適用於不同軟體限制規則的話，此時這些規則的優先順序由高到低為：雜湊規則、憑證規則、路徑規則、網路區域規則。

例如您針對某個程式設定了雜湊規則，且設定其安全等級為**沒有限制**，然而您同時針對此程式所在的資料夾設定路徑規則，且設定其安全等級為**不允許**，此時因為雜湊規則的優先順序高於路徑規則，故使用者仍然可以執行此程式。

6-2 啟用軟體限制原則

您可以透過本機電腦、站台、網域與組織單位等四個不同地方來設定軟體限制原則。以下將利用前幾章所使用的組織單位**業務部**內的**測試用的 GPO** 來練習軟體限制原則（若尚未有此組織單位與 GPO 的話，請先建立）：請到網域控制站上【開啟**伺服器管理員**➲點擊右上角**工具**➲群組原則管理➲展開到組織單位**業務部**➲對著

測試用的 **GPO** 按右鍵◯編輯◯在圖 6-2-1 中展開**使用者設定**◯原則◯Windows 設定◯安全性設定◯對著**軟體限制原則**按右鍵◯新軟體限制原則】。

圖 6-2-1

接著點擊圖 6-2-2 中的**安全性等級**，從右方**沒有限制**前面的打勾符號可知預設安全等級是所有程式都**沒有限制**，也就是只要使用者對欲執行的程式檔案擁有適當存取權限的話，他就可以執行該程式。

圖 6-2-2

建立雜湊規則

例如若要利用雜湊規則來限制使用者不可以安裝號稱**網路剪刀手**的 Netcut 的話，則其步驟如下所示（假設為 Netcut 3.0 版、其安裝檔案為 Netcut.exe）：

STEP **1** 我們將到網域控制站上設定，因此請先將 Netcut 3.0 的安裝檔案 Netcut.exe 複製到此電腦上。

STEP **2** 如圖 6-2-3 所示【對著**其他原則**按右鍵➜**新增雜湊規則**➜按瀏覽鈕】。

圖 6-2-3

STEP **3** 在圖 6-2-4 中瀏覽到 Netcut 3.0 安裝檔案 Netcut.exe、按開啟鈕。

圖 6-2-4

STEP **4** 在圖 6-2-5 中選擇**不允許**安全性等級後確定鈕。

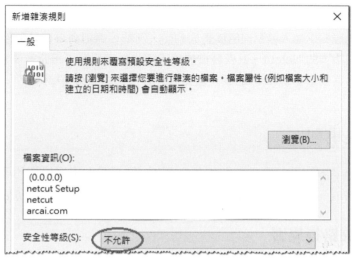

圖 6-2-5

STEP **5** 圖 6-2-6 為完成後的畫面。

圖 6-2-6

位於組織單位**業務部**內的使用者套用此原則後,在執行 Netcut 3.0 的安裝檔案 Netcut.exe 時會被拒絕,且會出現圖 6-2-7 警告畫面(以 Windows 11 電腦為例)。

圖 6-2-7

1. 若出現要求輸入帳號與密碼畫面的話，可能是原則尚未套用到使用者。
2. 不同版本的 Netcut，其安裝檔的雜湊值也都不相同，因此若要禁止使用者安裝其他版本 Netcut 的話，需要再針對它們建立雜湊規則。

建立路徑規則

路徑規則分為資料夾路徑與登錄路徑規則兩種。路徑規則中可以使用環境變數，例如*%Userprofile%*、*%SystemRoot%*、*%Appdata%*、*%Temp%*、*%Programfiles%*等。

建立資料夾路徑規則

舉例來說，若要利用資料夾路徑規則來限制使用者不可以執行位於\\dc1\SystemTools 共用資料夾內所有程式的話，則其設定步驟如下所示：

STEP **1** 如圖 6-2-8 所示【對著**其他原則**按右鍵➲新增路徑規則】。

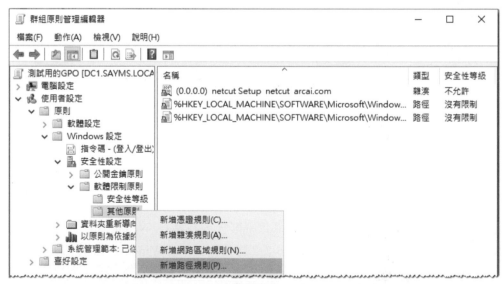

圖 6-2-8

STEP **2** 如圖 6-2-9 所示來輸入或瀏覽路徑、**安全性等級**選擇**不允許**、按 確定 鈕。

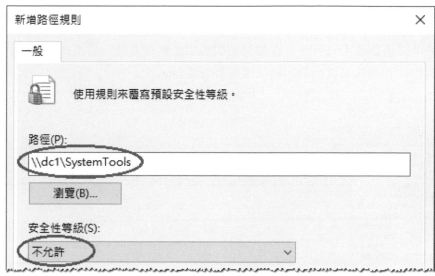

圖 6-2-9

> 若只是要限制使用者執行此路徑內某個程式的話，請輸入此程式的檔案名稱，例如要限制的程式為 netcut.exe 的話，請輸入\\dc1\SystemTools\netcut.exe；若不論此程式位於何處，皆要禁止使用者執行的話，則只要輸入程式名稱 netcut.exe 即可。

STEP **3** 圖 6-2-10 為完成後的畫面。

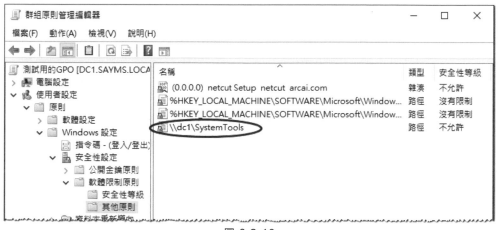

圖 6-2-10

建立登錄路徑規則

您也可以透過**登錄**（registry）路徑來開放或禁止使用者執行路徑內的程式，而由圖 6-2-11 中可看出系統已經內建了兩個登錄路徑。

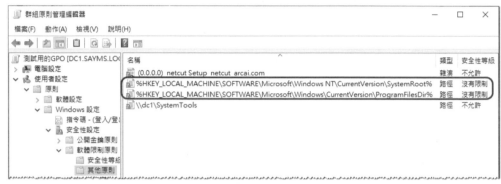

圖 6-2-11

其中第一個登錄路徑是要開放使用者可以執行位於以下登錄路徑內的程式：

HKEY_LOCAL_MACHINE\SOFTWARE\Microsoft\Windows NT\CurrentVersion\SystemRoot

而我們可以利用登錄編輯程式（REGEDIT.EXE）來查看其所對應到的資料夾，如圖 6-2-12 所示為 C:\Windows，也就是說使用者可以執行位於資料夾 C:\Windows 內的所有程式。

圖 6-2-12

若要編輯或新增登錄路徑規則的話，記得在路徑前後要附加%符號，例如：

%HKEY_LOCAL_MACHINE\SOFTWARE\Microsoft\WindowsNT\CurrentVersion\SystemRoot%

建立憑證規則

由於用戶端電腦預設並未啟用憑證規則,因此這些電腦在執行副檔名為.exe 的執行檔時,並不會處理與憑證有關的事宜。以下我們將先啟用用戶端的憑證規則,然後再來建立憑證規則。

啟用用戶端的憑證規則

憑證規則的啟用是透過群組原則來設定,以下假設是要針對組織單位**業務部**內的電腦來啟用憑證規則,而且是透過**測試用的 GPO** 來設定。

請到網域控制站上:【開啟**伺服器管理員**❍點擊右上角**工具**❍群組原則管理❍展開到組織單位**業務部**❍對著**測試用的 GPO** 按右鍵❍編輯❍在圖 6-2-13 中展開**電腦設定**❍原則❍Windows設定❍安全性設定❍本機原則❍安全性選項❍將右邊的**系統設定:於軟體限制原則對 Windows 可執行檔使用憑證規則**設定為**已啟用**】。完成後,位於此組織單位**業務部**內的電腦在套用原則後便具備透過憑證來限制程式執行的功能。

圖 6-2-13

若要啟用本機電腦的憑證規則:【執行 GPEDIT.MSC❍電腦設定❍Windows 設定...(以下與前述網域群組原則路徑相同)】,若此設定與網域群組原則設定有衝突時,則以網域群組原則的設定優先。

您也可以透過以下途徑來啟用用戶端的憑證規則：【在圖 6-2-14 中展開**電腦設定**➲**原則**➲**Windows 設定**➲**安全性設定**➲**軟體限制原則**➲雙擊右邊的**強制**➲點選**強制執行憑證規則**】。

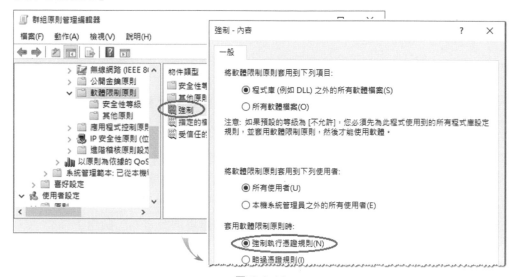

圖 6-2-14

建立憑證規則

以下假設在組織單位**業務部**內預設的安全等級是**不允許**，也就是此組織單位內的使用者無法執行所有程式，但只要程式是經過 Sayms 公司所申請的**程式碼簽署憑證**簽署的話，該程式就允許執行，假設此憑證的憑證檔為 SaymsCert.cer。

您可以透過自行架設的 CA 來練習：例如架設獨立 CA 後在此 CA 電腦上利用瀏覽器來向此 CA 申請**程式碼簽署憑證**（記得勾選**將金鑰標示成可匯出**）、下載與安裝憑證、將憑證匯出存檔（點擊下方**檔案總管**圖示🖿➲對著左下方**網路**按右鍵➲**內容**➲點擊左下角**網際網路選項**➲**內容**標籤➲ 憑證 鈕➲選擇憑證➲ 匯出 鈕）。CA 與憑證的部份説明可參考 Windows Server 2022 **系統與網站建置實務** 這本書第 16 章。

STEP **1** 對著圖 6-2-15 中的**其他原則**按右鍵➡新增憑證規則➡按 瀏覽 鈕。

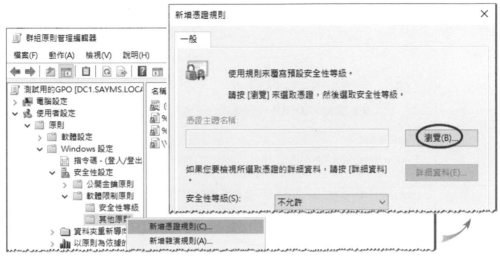

圖 6-2-15

STEP **2** 在圖 6-2-16 中瀏覽到憑證檔案（假設是 SaymsCert.cer）後按 開啟 鈕。

圖 6-2-16

STEP **3** 在圖 6-2-17 中選擇**沒有限制**後按 確定 鈕。

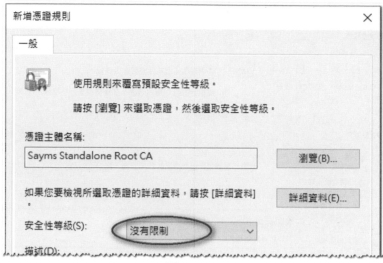

圖 6-2-17

STEP **4** 圖 6-2-18 為完成後的畫面。位於組織單位**業務部**內的使用者套用此原則
後，在執行所有經過 Sayms 憑證簽署的程式時，都會被允許。

圖 6-2-18

建立網路區域規則

您也可利用**網路區域規則**來允許或拒絕使用者執行位於某個區域內的程式,這些區域包含**本機電腦**、**網際網路**、**近端內部網路**、**信任的網站**與**限制的網站**。

建立網路區域規則的方法與其他規則很類似,也就是如圖 6-2-19 所示【對著**其他原則**按右鍵❑**新增網路區域規則**❑從**網路區域**處選擇區域❑選擇安全性等級】,圖中表示只要是位於**限制的網站**內的程式都不允許執行。圖 6-2-20 為完成後的畫面。

圖 6-2-19

圖 6-2-20

不要將軟體限制原則套用到本機系統管理員

若不想將軟體限制原則套用到本機系統管理員群組（Administrators）的話，可以如圖 6-2-21 所示【雙擊**軟體限制原則**右邊的**強制**➲在**將軟體限制原則套用到下列使用者**處點選**本機系統管理員之外的所有使用者**➲按 確定 鈕】。

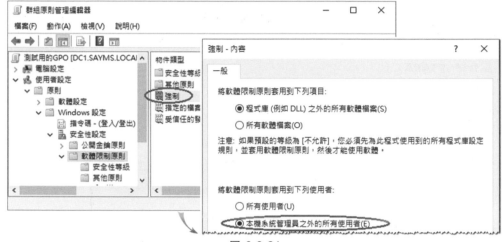

圖 6-2-21

7

建立網域樹狀目錄
與樹系

我們在第 2 章已經介紹過如何建立單一網域的網路環境，而本章將更進一步介紹如何建立完整的**網域樹狀目錄**（domain tree）與**樹系**（forest）。

7-1　建立第一個網域

在開始建立網域樹狀目錄與樹系之前，若您對 **Active Directory** 網域服務 （AD DS）觀念還不是很清楚的話，請先參考第 1 章的說明。以下利用圖 7-1-1 中的樹系來解說，此樹系內包含左右兩個網域樹狀目錄：

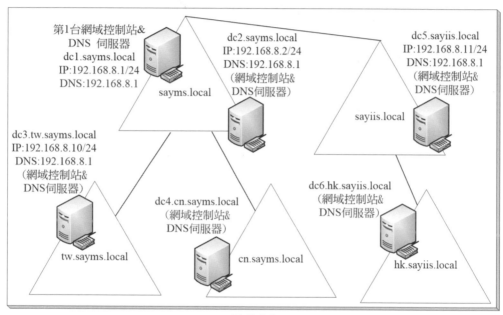

圖 7-1-1

▶ **左邊的網域樹狀目錄**：它是這個樹系內的第 1 個網域樹狀目錄，其根網域的網域名稱為 sayms.local。根網域之下有兩個子網域，分別是 tw.sayms.local 與 cn.sayms.local。樹系名稱是以第 1 個網域樹狀目錄的根網域名稱來命名，所以這個樹系的名稱就是 sayms.local。

▶ **右邊的網域樹狀目錄**：它是這個樹系內的第 2 個網域樹狀目錄，其根網域的網域名稱為 sayiis.local。根網域之下有一個子網域 hk.sayiis.local。

建立網域之前的準備工作與如何建立圖中第 1 個網域 sayms.local 的方法，都已經在第 2 章內介紹過了。本章將只介紹如何來建立子網域 （例如圖左下方的 tw.sayms.local）與第 2 個網域樹狀目錄（例如圖右邊的 sayiis.local）。

7-2 建立子網域

以下透過將前面圖 7-1-1 中 dc3.tw.sayms.local 升級為網域控制站的方式來建立子
網域 tw.sayms.local，這台伺服器可以是獨立伺服器或隸屬於其他網域的現有成員
伺服器。請先確定前面圖 7-1-1 中的根網域 sayms.local 已經建立完。

STEP **1** 請先在圖 7-1-1 左下角的伺服器 dc3.tw.sayms.local 上安裝 Windows
Server 2022、將其電腦名稱設定為 dc3、IPv4 位址等依照圖所示來設定。
將電腦名稱設定為 dc3 即可，等升級為網域控制站後，就會自動被改為
dc3.tw.sayms.local。

STEP **2** 開啟伺服器管理員、點擊儀表板處的新增角色及功能。

STEP **3** 持續按 下一步 鈕一直到圖 7-2-1 時勾選 **Active Directory** 網域服務、點擊
新增功能 鈕。

圖 7-2-1

STEP **4** 持續按 下一步 鈕一直到確認安裝選項畫面時按 安裝 鈕。

STEP **5** 圖 7-2-2 為完成安裝後的畫面，請點擊將此伺服器升級為網域控制站。

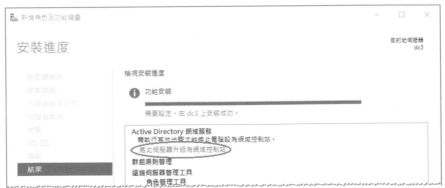

圖 7-2-2

> 若在圖 7-2-2 中已按關閉鈕的話，可以如圖 7-2-3 所示點擊伺服器管理員上方
> 旗幟符號、點擊將此伺服器升級為網域控制站。

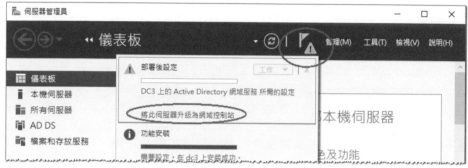

圖 7-2-3

STEP 6 如圖 7-2-4 所示點選**新增網域到現有樹系**、網域類型選**子系網域**、輸入父
網域名稱 sayms.local、子網域名稱 tw 後按變更鈕。

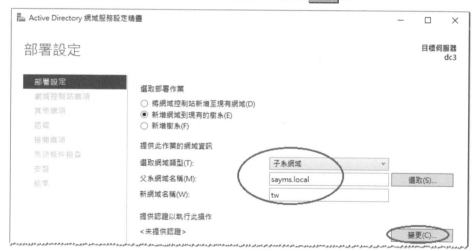

圖 7-2-4

STEP 7 如圖 7-2-5 所示輸入有權利新增子網域的使用者帳戶（例如 sayms
\administrator）與密碼後按確定鈕。回前一個畫面後按下一步鈕。

> 僅樹系根網域 sayms.local 中的群組 Enterprise Admins 內的成員才有權利建
> 立子網域，例如本範例的 sayms\administrator 就是隸屬於此群組）。

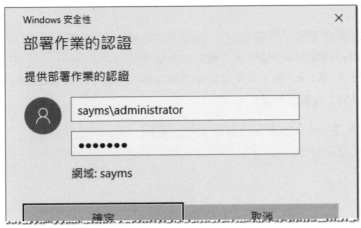

圖 7-2-5

STEP **8** 完成圖 7-2-6 中的設定後按 下一步 鈕：

- 選擇網域功能等級：此處假設選擇預設的 Windows Server 2016

- 預設會直接在此伺服器上安裝 DNS 伺服器

- 預設會扮演**通用類別目錄**伺服器的角色

- 新網域的第一台網域控制站不可以是**唯讀網域控制站**（RODC）

- 選擇新網域控制站所在的 AD DS 站台，目前只有一個預設的站台 Default-First-Site-Name 可供選擇

- 設定**目錄服務還原模式**的系統管理員密碼

圖 7-2-6

> 密碼預設需至少 7 個字元，且不可包含使用者帳戶名稱（指**使用者 SamAccountName**）或全名，還有至少要包含 A - Z、a - z、0 - 9、非字母數字（例如!、$、#、%）等 4 組字元中的 3 組，例如 123abcABC 為有效密碼，而 1234567 為無效密碼。

STEP **9** 出現圖 7-2-7 的畫面時直接按 下一步 鈕。

圖 7-2-7

STEP **10** 在圖 7-2-8 按 下一步 鈕。圖中安裝精靈會為此子網域設定一個 NetBIOS 格式的網域名稱（不分大小寫），用戶端也可以利用此 NetBIOS 名稱來存取此網域的資源。預設 NetBIOS 網域名稱為 DNS 網域名稱中第 1 個句點左邊的文字，例如 DNS 名稱為 tw.sayms.local，則 NetBIOS 名稱為 TW。

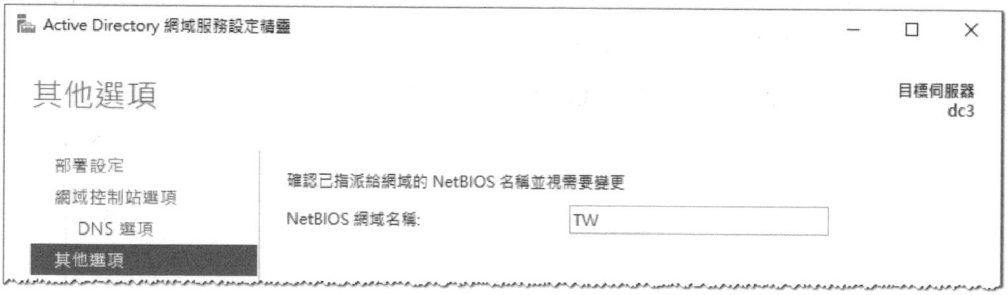

圖 7-2-8

STEP **11** 在圖 7-2-9 中可直接按 下一步 鈕：

- **資料庫資料夾**：用來儲存 AD DS 資料庫。

- **記錄檔資料夾**：用來儲存 AD DS 的異動記錄，此記錄檔可被用來修復 AD DS 資料庫。

- **SYSVOL 資料夾**：用來儲存網域共用檔案（例如群組原則相關的檔案）。

圖 7-2-9

STEP **12** 在**檢閱選項**畫面中，確認選項無誤後按 下一步 鈕。

STEP **13** 在圖 7-2-10 畫面中，若順利通過檢查的話，就直接按 安裝 鈕，否則請根據畫面提示先排除問題。

圖 7-2-10

STEP **14** 安裝完成後會自動重開機。可在此網域控制站上利用子網域系統管理員 tw\administrator 或樹系根網域系統管理員 sayms\administrator 身分登入。

完成網域控制站的安裝後,因為它是此網域中的第 1 台網域控制站,故原本這台電腦內的本機使用者帳戶會被轉移到此網域的 AD DS 資料庫內。這台網域控制站內同時也安裝了 DNS 伺服器,其內會自動建立如圖 7-2-11 所示的區域 tw.sayms.local,它被用來提供此區域的查詢服務。

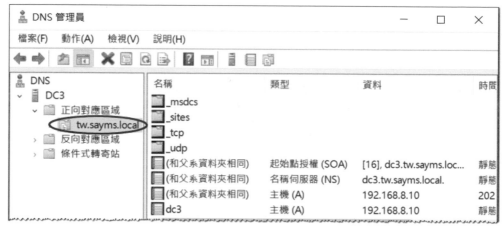

圖 7-2-11

同時此台 DNS 伺服器會將「非 tw.sayms.local 網域」(包含 sayms.local)的查詢要求,透過**轉寄站**來轉給 sayms.local 的 DNS 伺服器 dc1.sayms.local(192.168.8.1)來處理,您可以透過以下途徑來查看此設定【如圖 7-2-12 所示點擊伺服器 DC3⇨點擊上方**內容圖示**⇨如前景圖所示的**轉寄站**標籤】。

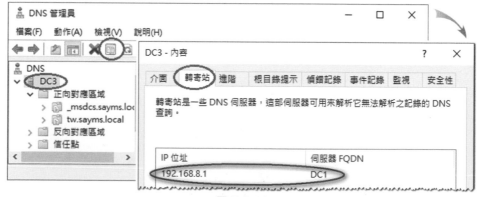

圖 7-2-12

另外此伺服器的**慣用 DNS 伺服器**會如圖 7-2-13 所示被改為指向自己（127.0.0.1）、其他 **DNS 伺服器**指向 sayms.local 的 DNS 伺服器 dc1.sayms.local（192.168.8.1）。

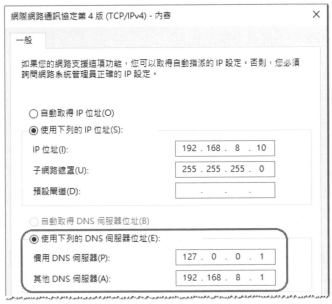

圖 7-2-13

同時 sayms.local 的 DNS 伺服器 dc1.sayms.local 內也會自動在區域 sayms.local 之下建立如圖 7-2-14 所示的委派網域（tw）與名稱伺服器記錄（NS），以便當它接收到查詢 tw.sayms.local 的要求時，可將其轉給伺服器 dc3.tw.sayms.local 來處理。

圖 7-2-14

> **Q** 根網域 sayms.local 的使用者是否可以在子網域 tw.sayms.local 的成員電腦上登入?子網域 tw.sayms.local 的使用者是否可以在根網域 sayms.local 的成員電腦上登入?
>
> **A** 都可以。任何網域的所有使用者,預設都可在同一個樹系的其他網域的成員電腦上登入,但網域控制站除外,預設只有隸屬於 Enterprise Admins 群組(位於樹系根網域 sayms.local 內)的使用者才有權利在所有網域內的網域控制站上登入。每一個網域的系統管理員(Domain Admins),雖然可以在所屬網域的網域控制站上登入,但卻無法在其他網域的網域控制站上登入,除非另外被賦予**允許本機登入**的權限。

7-3 建立樹系中的第 2 個網域樹狀目錄

在現有**樹系**中新增第 2 個(或更多個)**網域樹狀目錄**的方法為:先建立此網域樹狀目錄中的第 1 個網域,而建立第 1 個網域的方法是透過建立第 1 台網域控制站的方式來達成。

假設我們要新增如圖 7-3-1 右邊所示的網域 sayiis.local,由於這是該網域樹狀目錄中的第 1 個網域,所以它是這個新網域樹狀目錄的根網域。我們要將 sayiis.local 網域樹狀目錄加入到樹系 sayms.local 中(sayms.local 是第 1 個網域樹狀目錄的根網域的網域名稱,也是整個樹系的樹系名稱)。

以下將透過建立圖 7-3-1 中網域控制站 dc5.sayiis.local 的方式,來建立第 2 個網域樹狀目錄。

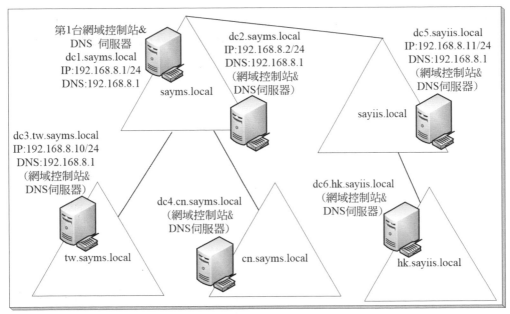

圖 7-3-1

選擇適當的 DNS 架構

若要將 sayiis.local 網域樹狀目錄加入到樹系 sayms.local 中的話,需能夠透過 DNS 伺服器來找到樹系中的**網域命名操作主機** (domain naming operations master), 此主機預設是由樹系中的第 1 台網域控制站所扮演(詳見第 10 章),以圖 7-3-1 來說,它就是 dc1.sayms.local。

還有 DNS 伺服器內需有一個名稱為 sayiis.local 的**主要對應區域**,以便讓網域 sayiis.local 的網域控制站能夠將自己登記到此區域內。網域 sayiis.local 與 sayms.local 可以使用同一台 DNS 伺服器,也可以各自使用不同的 DNS 伺服器:

▶ **使用同一台 DNS 伺服器**:請在此台 DNS 伺服器內另外建立一個名稱為 sayiis.local 的主要區域,並啟用動態更新功能。此時這台 DNS 伺服器內同時擁有 sayms.local 與 sayiis.local 兩個區域,如此 sayms.local 與 sayiis.local 的成員電腦都可以透過此台 DNS 伺服器來找到對方。

▶ **各自使用不同的 DNS 伺服器,並透過區域轉送來複寫記錄**:請在此台 DNS 伺服器(見圖 7-3-2 右半部)內建立一個名稱為 sayiis.local 的主要區域,並啟用動態更新功能，您還需要在此台 DNS 伺服器內另外建立一個名稱為 sayms.local 的次要區域，此區域內的記錄需要透過**區域轉**送從網域 sayms.local 的 DNS 伺服器（圖 7-3-2 左半部）複寫過來，它讓網域 sayiis.local 的成員電腦可以找到網域 sayms.local 的成員電腦。

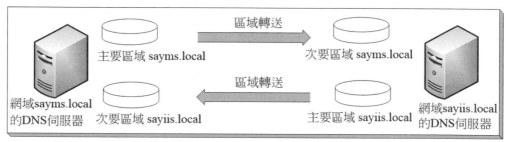

圖 7-3-2

同時您也需要在網域 sayms.local 的 DNS 伺服器內另外建立一個名稱為 sayiis.local 的次要區域，此區域內的記錄也需要透過**區域轉**送從網域 sayiis.local 的 DNS 伺服器複寫過來，它讓網域 sayms.local 的成員電腦可以找到網域 sayiis.local 的成員電腦。

▶ **其他情況**：我們前面所建置的 sayms.local 網域環境是將 DNS 伺服器直接安裝到網域控制站上，因此其內會自動建立一個 DNS 區域 sayms.local（如圖 7-3-3 中左邊的**整合 Active Directory 區域** sayms.local），接下來當您要安裝 sayiis.local 的第 1 台網域控制站時，其預設也會在這台伺服器上安裝 DNS 伺服器，並自動建立一個 DNS 區域 sayiis.local（如圖 7-3-3 中右邊的**整合 Active Directory 區域** sayiis.local），而且還會自動設定轉寄站來將其他區域（包含 sayms.local）的查詢要求轉給圖中左邊的 DNS 伺服器，因此 sayiis.local 的成員電腦可以透過右邊的 DNS 伺服器來同時查詢 sayms.local 與 sayiis.local 區域的成員電腦。

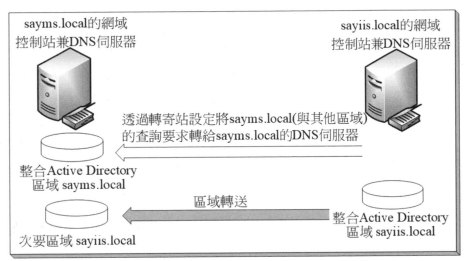

圖 7-3-3

不過您還必須在左邊的 DNS 伺服器內自行建立一個 sayiis.local 次要區域,此區域內的記錄需要透過**區域轉送**從右邊的 DNS 伺服器複寫過來,它讓網域 sayms.local 的成員電腦可以找到網域 sayiis.local 的成員電腦。

> 也可以在左邊的 DNS 伺服器內,透過**條件式轉寄站**只將 sayiis.local 的查詢轉給右邊的 DNS 伺服器,如此就可以不需要建立次要區域 sayiis.local,也不需區域轉送。注意由於右邊的 DNS 伺服器已經使用**轉寄站**設定將 sayiis.local 之外的所有其他區域的查詢,轉寄給左邊的 DNS 伺服器,因此左邊 DNS 伺服器請使用**條件式轉寄站**,而不要使用一般的**轉寄站**,否則除了 sayms.local 與 sayiis.local 兩個區域之外,其他區域的查詢將會在這兩台伺服器之間循環。

建立第 2 個網域樹狀目錄

以下採用圖 7-3-3 的 DNS 架構來建立樹系中第 2 個網域樹狀目錄 sayiis.local,且是透過將前面圖 7-3-1 中 dc5.sayiis.local 升級為網域控制站的方式來建立此網域樹狀目錄,這台伺服器可以是獨立伺服器或隸屬於其他網域的現有成員伺服器。

STEP 1 請先在圖 7-3-1 右上角的伺服器 dc5.sayiis.local 上安裝 Windows Server 2022、將其電腦名稱設定為 dc5、IPv4 位址等依照圖所示來設定。將電腦名稱設定為 dc5 即可,等升級為網域控制站後,它就會自動被改為 dc5.sayiis.local。還有**慣用 DNS 伺服器**的 IP 位址請指定到 192.168.8.1,以便透過它來找到樹系中的**網域命名操作主機**(也就是第一台網域控制站 dc1),等 dc5 升級為網域控制站與安裝 DNS 伺服器後,系統會自動將其**慣用 DNS 伺服器**的 IP 位址改為自己(127.0.0.1)。

STEP 2 開啟伺服器管理員、點擊儀表板處的**新增角色及功能**。

STEP 3 持續按 下一步 鈕一直到圖 7-3-4 時勾選 **Active Directory 網域服務**、點擊 新增功能 鈕。

圖 7-3-4

STEP 4 持續按 下一步 鈕一直到**確認安裝選項**畫面時按 安裝 鈕。

STEP 5 圖 7-3-5 為完成安裝後的畫面,請點擊**將此伺服器升級為網域控制站**。

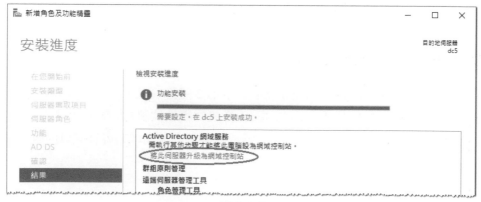

圖 7-3-5

STEP **6** 如圖 7-3-6 所示點選**新增網域到現有的樹系**、網域類型選**樹狀目錄網域**、
輸入欲加入的樹系名稱 sayms.local、輸入新**樹狀目錄**的根網域的網域名
稱 sayiis.local 後按 變更 鈕。

圖 7-3-6

STEP **7** 如圖 7-3-7 所示輸入有權利新增網域樹狀目錄的使用者帳戶（例如
sayms\administrator）與密碼後按 確定 鈕。回前一個畫面後按 下一步 鈕。

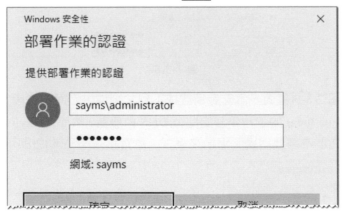

圖 7-3-7

 只有樹系根網域 sayms.local 內的群組 Enterprise Admins 的成員才有權利建
立網域樹狀目錄。

STEP **8** 完成圖 7-3-8 中的設定後按 下一步 鈕：

- 選擇網域功能等級：此處假設選擇預設的 Windows Server 2016。
- 預設會直接在此伺服器上安裝 DNS 伺服器
- 預設會扮演**通用類別目錄**伺服器的角色
- 新網域的第一台網域控制站不可以是**唯讀網域控制站**（RODC）
- 選擇新網域控制站所在的 AD DS 站台，目前只有一個預設的站台 Default-First-Site-Name 可供選擇
- 設定**目錄服務還原模式**的系統管理員密碼（需符合複雜性需求）

圖 7-3-8

STEP **9** 出現圖 7-3-9 畫面表示安裝精靈找不到父網域，因而無法設定父網域將查詢 sayiis.local 的工作委派給此台 DNS 伺服器，然而此 sayiis.local 為根網域，它並不需要透過父網域來委派，故直接按 下一步 鈕即可。

圖 7-3-9

STEP **10** 在圖 7-3-10 按 下一步 鈕。圖中安裝精靈會為此子網域設定一個 NetBIOS 格式的網域名稱（不分大小寫），用戶端也可以利用此 NetBIOS 名稱來 存取此網域的資源。預設 NetBIOS 網域名稱為 DNS 網域名稱中第 1 個句 點左邊的文字，例如 DNS 名稱為 sayiis.local，則 NetBIOS 名稱為 SAYIIS。

圖 7-3-10

STEP **11** 在圖 7-3-11 中可直接按 下一步 鈕。

圖 7-3-11

STEP **12** 在 **檢閱選項** 畫面中，確認選項無誤後按 下一步 鈕。

STEP **13** 在圖 7-3-12 畫面中，若順利通過檢查的話，就直接按 安裝 鈕，否則請根 據畫面提示先排除問題。

> 除了 sayms.local 的 dc1 之外，tw.sayms.local 的 dc3 也必須在線上，否則無 法將跨網域的資訊（例如架構目錄分割區、設定目錄分割區）複寫給所有網域， 因而無法建立 sayiis.local 網域與樹狀目錄。

圖 7-3-12

STEP **14** 安裝完成後會自動重開機。可在此網域控制站上利用網域 sayiis.local 的
系統管理員 sayiis\administrator 或樹系根網域系統管理員 sayms\
administrator 身分登入（但是不能使用 tw\Administrator 登入，除非另外
被賦予**本機登入**的權限）。

完成網域控制站的安裝後，因它是此網域中的第 1 台網域控制站，故原本此電腦內
的本機使用者帳戶會被轉移到 AD DS 資料庫。它同時也安裝了 DNS 伺服器，其
內會自動建立如圖 7-3-13 所示的區域 sayiis.local，用來提供此區域的查詢服務。

圖 7-3-13

此 DNS 伺服器會將「非 sayiis.local」的所有其他區域（包含 sayms.local）的查詢
要求透過**轉寄站**轉送給 sayms.local 的 DNS 伺服器（IP 位址為 192.168.8.1），而
您可以在 DNS 管理主控台內透過【如圖 7-3-14 所示點擊伺服器 DC5➔點擊上方內
容圖示➔如前景圖所示的**轉寄站**標籤來查看此設定】。

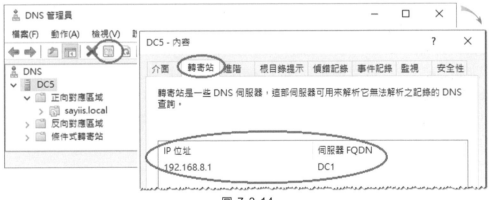

圖 7-3-14

這台伺服器的**慣用 DNS 伺服器**的 IP 位址會如圖 7-3-15 所示被自動改為指向自己
（127.0.0.1），而原本位於**慣用 DNS 伺服器**的 IP 位址（192.168.8.1）會被改設定
在其他 DNS 伺服器處。

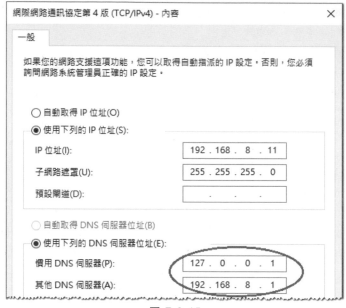

圖 7-3-15

我們等一下要到 DNS 伺服器 dc1.sayms.local 內建立一個次要區域 sayiis.local，以便讓網域 sayms.local 的成員電腦可以查詢到網域 sayiis.local 的成員電腦。此區域內的記錄將透過**區域轉**送從 dc5.sayiis.local 複寫過來，不過我們需先在 dc5.sayiis.local 內設定，來允許此區域內的記錄可以**區域轉送**給 dc1.sayms.local（192.168.8.1）：如圖 7-3-16 所示【點擊區域 sayiis.local◑點擊上方**內容**圖示◑如前景圖所示透過**區域轉送**標籤來設定】。

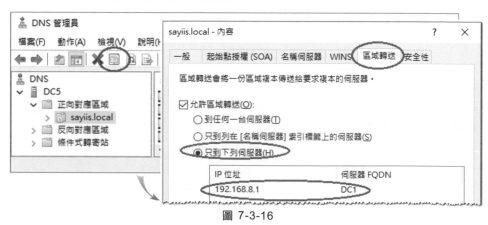

圖 7-3-16

接下來到 dc1.sayms.local 這台 DNS 伺服器上新增正向次要區域 sayiis.local（對著**正向對應區域**按右鍵➜**新增區域**➜按 下一步 鈕➜點選**次要區域**➜區域名稱輸入 sayiis.local），並選擇從 192.168.8.11（dc5.sayiis.local）來執行**區域轉送**動作，也就是其主機伺服器（主要伺服器）是 192.168.8.11（dc5.sayiis.local），圖 7-3-17 為完成後的畫面，畫面右方的記錄是從 dc5.sayiis.local 透過**區域轉送**傳送過來的。

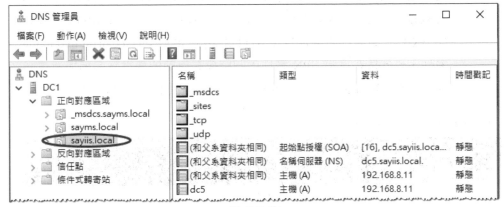

圖 7-3-17

1. 若區域 sayiis.local 前出現紅色 X 符號的話，請先確認 dc5.sayiis.local 已允許區域轉送給 dc1.sayms.local，然後【對著 sayiis.local 區域按右鍵➜選擇**從主機轉送**或**從主機轉送新的區域複本**】（可能需要按 F5 鍵來重新整理畫面）。

2. 若要建立圖 7-3-1 中 sayiis.local 之下子網域 hk.sayiis.local 的話，請將 dc6.hk.sayiis.local 的**慣用 DNS 伺服器**指定到 dc5.sayiis.local（192.168.8.11）。

7-4 變更網域控制站的電腦名稱

若因為公司組織變更或為了讓管理工作更為方便，而需要變更網域控制站的電腦名稱的話，此時您可以使用 Netdom.exe 程式。您必須至少是隸屬於 Domain Admins 群組內的使用者，才有權利變更網域控制站的電腦名稱。以下範例假設要將網域控制站 dc5.sayiis.local 改名為 dc5x.sayiis.local。

STEP **1**　到 dc5.sayiis.local 以系統管理員 sayiis\Administrator 的身分登入➋點擊
左下角**開始圖示**⊞➋Windows PowerShell➋執行以下指令（參見圖 7-4-1）：

netdom computername dc5.sayiis.local /add:dc5x.sayiis.local

其中 dc5.sayiis.local（主要電腦名稱）為目前的舊電腦名稱、而
dc5x.sayiis.local 為新電腦名稱，它們都必須是 FQDN。上述指令會替這
台電腦另外新增 DNS 電腦名稱 dc5x.sayiis.local（與 NetBIOS 電腦名稱
DC5X），並更新此電腦帳戶在 AD DS 中的 SPN（service principal name）
屬性，也就是在這個 SPN 屬性內同時擁有目前的舊電腦名稱與新電腦名
稱。注意新電腦名稱與舊電腦名稱的尾碼需相同，例如都是 sayiis.local。

圖 7-4-1

SPN（service principal name）是一個內含多重設定值（multivalue）的名稱，
它是根據 DNS 主機名稱來建立的。SPN 用來代表某台電腦所支援的服務，其他
電腦可以透過 SPN 來與這台電腦的服務溝通。

STEP **2**　可以透過以下途徑來查看在 AD DS 內新增的資訊：【按 Windows 鍵⊞+
R 鍵➋執行 ADSIEDIT.MSC➋對著 **ADSI 編輯器**按右鍵➋連線到➋直接
按 確定 鈕（採用**預設命令內容**）➋如圖 7-4-2 背景圖所示展開到
CN=DC5➋點擊上方內容圖示➋從前景圖可看到另外新增了電腦名稱
DC5X 與 dc5x.sayiis.local】。

圖 7-4-2

STEP **3** 如圖 7-4-3 背景圖所示繼續往下瀏覽到屬性 servicePrincipalName、雙擊它後可從前景圖看到在 SPN 屬性內，新增了與新電腦名稱有關的屬性值。

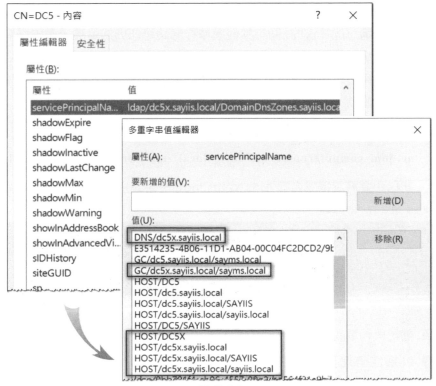

圖 7-4-3

STEP **4** 上述指令也會在 DNS 伺服器內登記新電腦名稱的記錄，如圖 7-4-4 所示（可能需等一下或直接手動執行 ipconfig /registerdns）。

圖 7-4-4

STEP **5** 請等候一段足夠的時間，以便讓 SPN 屬性複寫到此網域內的所有網域控制站，而且管轄此網域的所有 DNS 伺服器都接收到新記錄後，再繼續以下移除舊電腦名稱的步驟，否則有些用戶端透過 DNS 伺服器所查詢到的電腦名稱可能是舊的，同時其他網域控制站可能仍然是透過舊電腦名稱來與這台網域控制站溝通，故若您先執行以下移除舊電腦名稱步驟的話，則它們利用舊電腦名稱來與這台網域控制站溝通時會失敗，因為舊電腦名稱已經被刪除，因而會找不到這台網域控制站。

STEP **6** 執行以下指令（如圖 7-4-5 所示）：

netdom computername dc5.sayiis.local /makeprimary:dc5x.sayiis.local

此指令會將新電腦名稱 dc5x.sayiis.local 設定為主要電腦名稱。

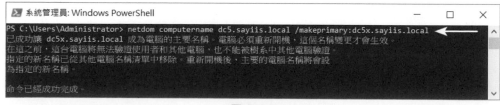

圖 7-4-5

STEP **7** 重新啟動電腦。

STEP **8** 以系統管理員身分到 dc5.sayiis.local 登入 ➋ 點擊左下角開始圖示田 ➋Windows PowerShell➋執行以下指令：

netdom computername dc5x.sayiis.local /remove:dc5.sayiis.local

此指令會將目前的舊電腦名稱移除，在您移除此電腦名稱之前，用戶端電腦可以同時透過新、舊電腦名稱來找到這台網域控制站。

圖 7-4-6

雖然您也可以直接透過 【開啟伺服器管理員❍點擊本機伺服器❍點擊電腦名稱處的電腦名稱 dc5❍如圖 7-4-7 所示點擊 變更 鈕】的途徑來變更電腦名稱，然而這種方法會將目前的舊電腦名稱直接刪除，換成新電腦名稱，也就是新舊電腦名稱不會併存一段時間。這個電腦帳戶的新 SPN 屬性與新 DNS 記錄，會延遲一段時間後才複寫到其他網域控制站與 DNS 伺服器，因而在這段時間內，有些用戶端在透過這些 DNS 伺服器或網域控制站來尋找這台網域控制站時，仍然會使用舊電腦名稱，但是因為舊電腦名稱已經被刪除，故會找不到這台網域控制站，因此建議您還是採用 **netdom** 指令來變更網域控制站的電腦名稱。

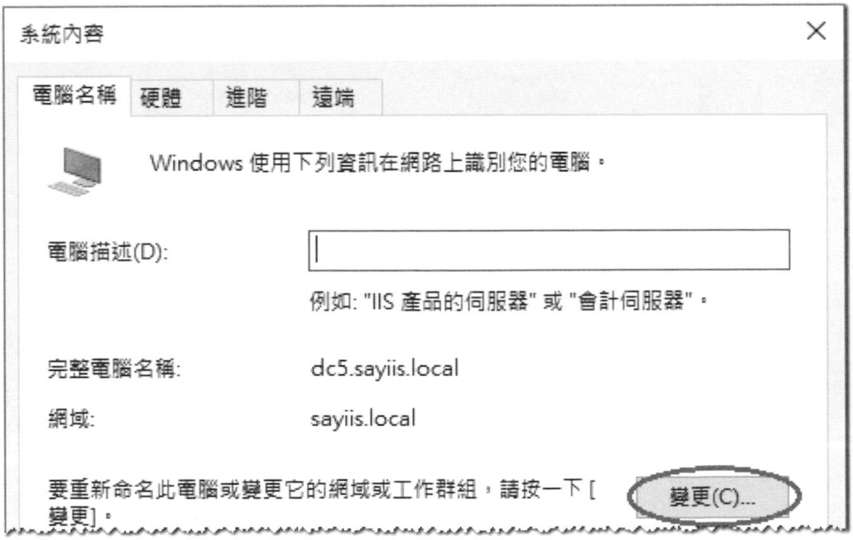

系統內容　　　　　　　　　　　　　　　　　　　　✕

電腦名稱　硬體　進階　遠端

Windows 使用下列資訊在網路上識別您的電腦。

電腦描述(D)：

例如："IIS 產品的伺服器" 或 "會計伺服器"。

完整電腦名稱：　dc5.sayiis.local

網域：　　　　　sayiis.local

要重新命名此電腦或變更它的網域或工作群組，請按一下 [變更(C)...
變更]。

圖 7-4-7

也可以利用 Random.exe 等相關指令來變更網域名稱,不過步驟較繁瑣,有需要的話,請參考微軟網站上的說明文件。

7-5 移除子網域與網域樹狀目錄

我們將利用圖 7-5-1 中左下角的網域 tw.sayms.local 來說明如何移除子網域、同時利用右邊的網域 sayiis.local 來說明如何移除網域樹狀目錄。移除的方式是將網域中的最後一台網域控制站降級,也就是將 AD DS 從該網域控制站移除。至於如何移除額外網域控制站 dc2.sayms.local 與樹系根網域 sayms.local 的說明已經在第 2 章介紹過了,此處不再重複。

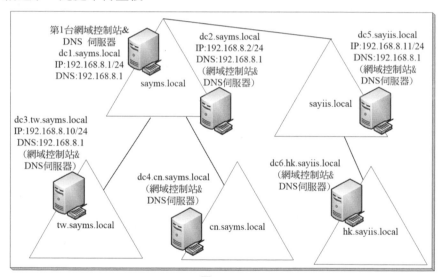

圖 7-5-1

您必須是 Enterprise Admins 群組內的使用者才有權利來移除子網域或網域樹狀目錄。由於移除子網域與網域樹狀目錄的步驟類似,因此以下利用移除子網域 tw.sayms.local 為例來說明,而且假設圖中的 dc3.tw.sayms.local 是這個網域中的最後一台網域控制站。

STEP **1** 到 網 域 控 制 站 dc3.tw.sayms.local 上 利 用 sayms\Administrator 身分 (Enterprise Admins 群組的成員)登入➲開啟伺服器管理員➲點選圖 7-5-2 中管理功能表下的移除角色及功能。

圖 7-5-2

STEP **2** 持續按 下一步 鈕一直到出現圖 7-5-3 的畫面時，取消勾選 **Active Directory** 網域服務、點擊 移除功能 鈕。

圖 7-5-3

STEP **3** 出現圖 7-5-4 的畫面時，點擊將此網域控制站降級。

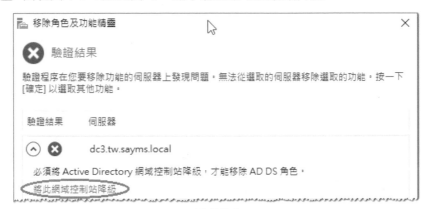

圖 7-5-4

STEP **4** 請在圖 7-5-5 中勾選**網域中的最後一個網域控制站**（因 dc3 是此網域的最後一台網域控制站）。由於目前登入的使用者為 sayms\Administrator，他有權移除此網域控制站，故請按 下一步 鈕，否則還需點擊 變更 鈕來輸入另一個有權利的帳戶與密碼。

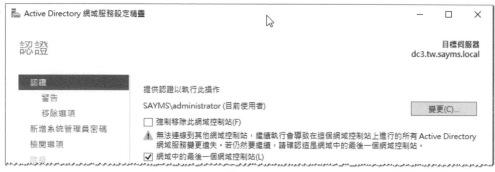

圖 7-5-5

> 若因故無法移除此網域控制站的話，可以勾選圖中的**強制移除此網域控制站**。

STEP **5** 在圖 7-5-6 中勾選**繼續移除**後按 下一步 鈕。

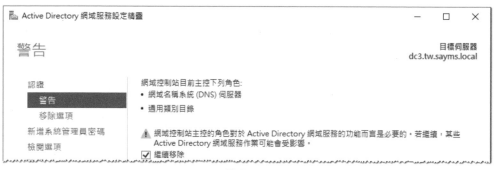

圖 7-5-6

STEP **6** 出現圖 7-5-7 畫面時，可如圖所示來勾選。由於圖中選擇了將 DNS 區域移除，因此也請將父網域（sayms.local）內的 DNS 域區域（tw，參見前面圖 7-2-14）一併刪除，也就是勾選**移除 DNS 委派**。按 下一步 鈕。

若您沒有權利刪除父網域的 DNS 委派區域的話，請透過點擊 變更 鈕來輸入 Enterprise Admins 內的使用者帳戶（例如 sayms\Administrator）與密碼。

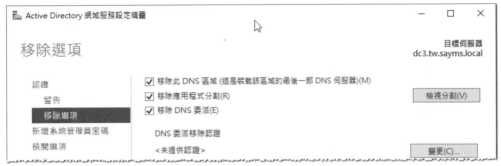

圖 7-5-7

STEP **7** 在圖 7-5-8 中為這台即將被降級為獨立伺服器的電腦，設定其本機 Administrator 的新密碼（需符合密碼複雜性需求）後按 下一步 鈕。

圖 7-5-8

STEP **8** 在**檢閱選項**畫面中，確認選項無誤後按 降級 鈕。

STEP **9** 完成後會自動重新啟動電腦、請重新登入。

雖然此伺服器已經不再是網域控制站了，不過其 Active Directory 網域服務元件仍然存在，並沒有被移除，因此若之後要再將其升級為網域控制站的話，請點擊**伺服器管理員**上方旗幟符號、點擊**將此伺服器升級為網域控制站**（可參考圖 7-2-3）。以下我們將繼續執行移除 Active Directory 網域服務元件的步驟。

STEP **10** 在伺服器管理員中點選管理功能表下的移除角色及功能。

STEP **11** 持續按 下一步 鈕一直到出現圖 7-5-9 的畫面時，取消勾選 **Active Directory** 網域服務、點擊 移除功能 鈕。

圖 7-5-9

STEP **12** 回到移除伺服器角色畫面時，確認 **Active Directory** 網域服務已經被取消勾選（也可以一併取消勾選 **DNS 伺服器**）後按 下一步 鈕。

STEP **13** 出現移除功能畫面時，按 下一步 鈕。

STEP **14** 在確認移除選項畫面中按 移除 鈕。

STEP **15** 完成後，重新啟動電腦。

8

管理網域與樹系
信任

兩個網域之間具備信任關係後，雙方的使用者便可以存取對方網域內的資源、利用對方網域的成員電腦登入。

8-1　網域與樹系信任概觀

信任（trust）是兩個網域之間溝通的橋樑，兩個網域相互信任之後，雙方的使用者便可以存取對方網域內的資源、利用對方網域的成員電腦登入。

信任網域與受信任網域

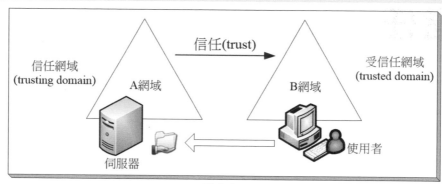

圖 8-1-1

以圖 8-1-1 來說，當 A 網域信任 B 網域後：

▶ A 網域被稱為**信任網域**、B 網域被稱為**受信任網域**。

▶ B 網域的使用者只要具備適當的權限，就可以存取 A 網域內的資源，例如檔案、印表機等，因此 A 網域被稱為**資源網域**（resources domain），而 B 網域被稱為**帳戶網域**（accounts domain）。

▶ B 網域的使用者可以到 A 網域的成員電腦上登入。

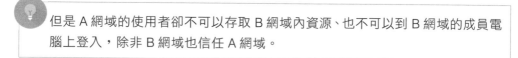

但是 A 網域的使用者卻不可以存取 B 網域內資源、也不可以到 B 網域的成員電腦上登入，除非 B 網域也信任 A 網域。

▶ 圖中的信任關係是 **A 網域信任 B 網域**的單向信任（one-way trust），如果 B 網域也同時信任 A 網域的話，則我們將其稱為**雙向信任**（two-way trust），此時雙方都可以存取對方的資源、也可以利用對方的成員電腦登入。

跨網域存取資源的流程

當使用者在某台電腦登入時，系統必須驗證使用者身分，而在驗證身分的過程中，除了需確認使用者名稱與密碼無誤外，系統還會替使用者建立一個 **access token**（存取權杖），其內包含著該使用者帳戶的 SID（Security Identifier）、使用者所隸屬的所有群組的 SID 等資料。使用者取得這個 access token 後，當他要存取本機電腦內的資源時（例如檔案），便會出示 access token，而系統會根據 access token 內的 SID 資料來決定使用者擁有何種權限。

 負責驗證使用者身分的服務是 Local Security Authority（LSA），而驗證使用者身分的方法分為 Kerberos 與 NTLM 兩種。

同理當使用者連接網路上其他電腦時，這台電腦也會替該使用者建立一個 access token，而當使用者要存取此網路電腦內的資源時（例如共用資料夾），便會出示 access token，這台網路電腦便會根據 access token 內的 SID 資料，來決定使用者擁有何種存取權限。

 由於 access token 是在登入（本機登入或網路登入）時建立的，因此若您是在使用者登入成功之後，才將使用者加入到群組的話，此時該 access token 內並沒有包含這個群組的 SID，因此使用者也不會具備該群組所擁有的權限。使用者必須登出再重新登入，以便重新建立一個內含這個群組 SID 的 access token。

圖 8-1-2 為一個網域樹狀目錄，圖中父網域（sayms.local）與兩個子網域（tw.sayms.local 與 cn.sayms.local）之間有著雙向信任關係。我們利用此圖來解釋網域信任與使用者身分驗證之間的關係，而且是要透過**子網域 cn.sayms.local 信任根網域 sayms.local**、**根網域 sayms.local 信任子網域 tw.sayms.local** 這條信任路徑（trust path），來解釋當位於子網域 tw.sayms.local 內的使用者 George 要存取另外一個子網域 cn.sayms.local 內的資源時，系統是如何來驗證使用者身分與如何來建立 access token。

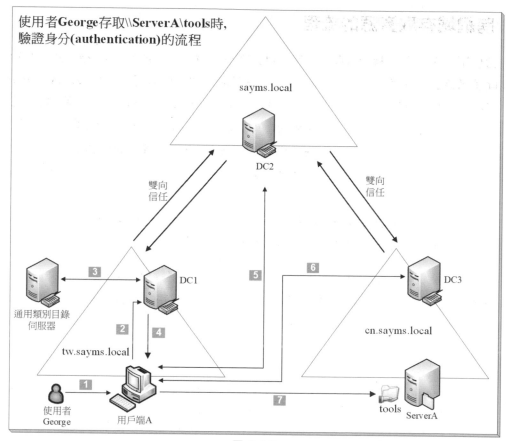

使用者George存取\\ServerA\tools時，驗證身分(authentication)的流程

sayms.local

DC2

雙向信任

雙向信任

通用類別目錄伺服器

DC1

tw.sayms.local

cn.sayms.local

DC3

使用者 George

用戶端A

tools　ServerA

圖 8-1-2

圖中 George 是子網域 tw.sayms.local 的使用者，而 ServerA 位於另外一個子網域 cn.sayms.local 內，當 George 要存取共用資料夾\\ServerA\tools 時，George 的電腦需先取得一個用來與 ServerA 溝通的 **service ticket**（服務票）。George 的電腦取得 service ticket 並與 ServerA 溝通成功後，ServerA 會發放一個 access token 給 George，以便讓 George 利用這個 access token 來存取位於 ServerA 內的資源。以下詳細說明其流程（請參照圖 8-1-2 中的數字）：

1. George 利用所屬網域 tw.sayms.local 內的使用者帳戶登入

    當 George 在用戶端 A 登入時，會由其所屬網域的網域控制站 DC1 來負責驗證 George 的使用者名稱與密碼，同時發放一個 Ticket-Granting-Ticket（TGT，索票憑證）給 George，以便讓 George 利用 TGT 來索取一個用來與 ServerA

溝通的 service ticket。使用者 George 登入成功後，開始存取共用資料夾 \\ServerA\tools 的流程。

 您可以將 TGT 視為**通行證**，使用者必須擁有 TGT 後，才可以索取 service ticket。

2. 用戶端 A 開始向所屬網域內扮演 Key Distribution Center（KDC）角色的網域控制站 DC1，索取一個用來與伺服器 ServerA 溝通的 service ticket。

3. 網域控制站 DC1 檢查其資料庫後，發現 ServerA 並不在它的網域內（tw.sayms.local），因此轉向通用類別目錄伺服器來詢問 ServerA 是位於哪一個網域內。

   通用類別目錄伺服器根據其 AD DS 資料庫的記錄，得知伺服器 ServerA 是位於子網域 cn.sayms.local 內，便將此資訊告知網域控制站 DC1。

4. 網域控制站 DC1 得知 ServerA 是位於網域 cn.sayms.local 後，它會根據信任路徑，通知用戶端 A 去找信任網域 sayms.local 的網域控制站 DC2。

5. 用戶端 A 向網域 sayms.local 的網域控制站 DC2 查詢網域 cn.sayms.local 的網域控制站。網域控制站 DC2 通知用戶端 A 去找網域控制站 DC3。

6. 用戶端 A 向網域控制站 DC3 索取一個能夠與 ServerA 溝通的 service ticket。網域控制站 DC3 發放 service ticket 給用戶端 A。

7. 用戶端 A 取得 service ticket 後，它會將 service ticket 傳送給 ServerA。ServerA 讀取 service ticket 內的使用者身分資料後，會根據這些資料來建立 access token，然後將 access token 傳給使用者 George。

從上面的流程可知，當使用者要存取另外一個網域內的資源時，系統會根據信任路徑，依序跟每一個網域內的網域控制站溝通後，才能夠取得 access token，並依據 access token 內的 SID 資料來決定使用者擁有何種權限。

信任的種類

總共有 6 種類型的信任關係，如表 8-1-1 所示，其中前面 2 種是您在新增網域時，由系統自動建立的，其他 4 種必須自行手動建立。

表 8-1-1

信任類型名稱	轉移性	單向或雙向
父－子 （Parent-Child）	是	雙向
樹狀－根目錄 （Tree-Root）	是	雙向
捷徑 （Shortcut）	是（部分）	單向或雙向
樹系 （Forest）	是（部分）	單向或雙向
外部 （External）	否	單向或雙向
領域 （Realm）	是或否	單向或雙向

「父－子」信任

同一個網域樹狀目錄中，父網域與子網域之間的信任關係稱為父－子信任，例如圖 8-1-3 中的 sayms.local 與 tw.sayms.local 之間、sayms.local 與 cn.sayms.local 之間、sayiis.local 與 hk.sayiis.local 之間，這個信任關係是自動建立的，也就是說當您在網域樹狀目錄內新增一個子網域後，此子網域便會自動信任其上一層的父網域，同時父網域也會自動信任這個新的子網域，而且此信任關係具備**雙向轉移性**（相關說明可參考第 1 章）。

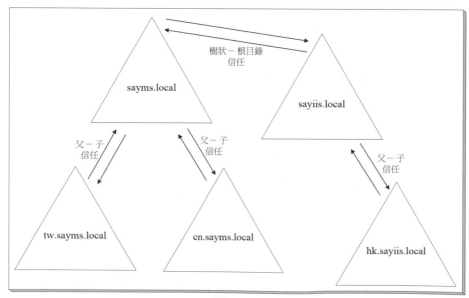

圖 8-1-3

「樹狀－根目錄」信任

同一個樹系中，樹系根網域（forest root domain，例如圖 8-1-3 中的 sayms.local）與其他網域樹狀目錄的根網域（tree root domain，例如圖中的 sayiis.local）之間的信任關係被稱為**樹狀－根目錄**信任。

此信任關係是自動建立的，也就是說當您在現有樹系中新增一個網域樹狀目錄後，**樹系根網域**與這個新**網域樹狀目錄根網域**之間會自動相互信任對方，而且這些信任關係具備**雙向轉移性**，因此雙方的所有網域之間都會自動雙向信任。

捷徑信任

捷徑信任可以縮短驗證使用者身分的時間。例如若圖 8-1-4 中網域 cn.sayms.local 內的使用者經常需要存取網域 hk.sayiis.local 內的資源，若按照一般驗證使用者身分所走的信任路徑，就必須浪費時間經過網域 sayiis.local 與 sayms.local，然後再傳給 cn.sayms.local 的網域控制站來驗證，此時若我們在網域 cn.sayms.local 與 hk.sayiis.local 之間建立一個**捷徑信任**，也就是讓網域 hk.sayiis.local 直接信任 cn.sayms.local，則網域 hk.sayiis.local 的網域控制站在驗證網域 cn.sayms.local 的使用者身分時，就可以跳過網域 sayiis.local 與 sayms.local，也就是直接傳給網域 cn.sayms.local 的網域控制站來驗證，如此便可以節省時間。

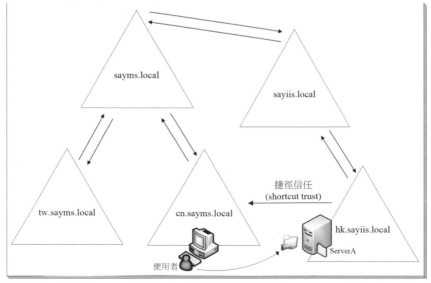

圖 8-1-4

您可以自行決定要建立單向或雙向捷徑信任，例如前圖中的**捷徑信任**是單向的，也就是**網域 hk.sayiis.local 信任網域 cn.sayms.local**，它讓網域 cn.sayms.local 的使用者在存取網域 hk.sayiis.local 內的資源時，可以走**捷徑信任**的路徑來驗證使用者的身分。由於是單向捷徑信任，因此反過來網域 hk.sayiis.local 的使用者在存取網域 cn.sayms.local 內的資源時，卻無法走這個**捷徑信任**的路徑，除非網域 cn.sayms.local 也**捷徑信任**網域 hk.sayiis.local。

捷徑信任僅有部分轉移性，也就是它只會向下延伸，不會向上延伸，以圖 8-1-5 來說，圖中在 D 網域建立一個**捷徑信任**到 F 網域，這個捷徑信任會自動向下延伸到 G 網域，因此 D 網域的網域控制站在驗證 G 網域的使用者身份時，可以走【D 網域→F 網域→G 網域】的捷徑路徑。然而 D 網域的網域控制站在驗證 E 網域的使用者身份時，仍然需走【D 網域→A 網域→E 網域】的路徑，也就是透過父－子信任【D 網域→A 網域】與**樹狀－根目錄**信任【A 網域→E 網域】的路徑。

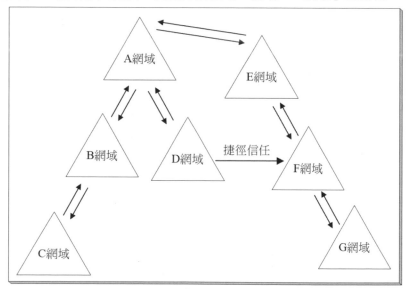

圖 8-1-5

樹系信任

兩個樹系之間可以透過**樹系信任**來建立信任關係，以便讓不同樹系內的使用者可以相互存取對方的資源。您可以自行決定要建立單向或雙向的信任關係，例如圖 8-1-6 中我們在兩個樹系 sayms.local 與 say365.local 之間建立了雙向信任關係，由於

樹系信任具備**雙向轉移性**的特性，因此會讓兩個樹系中的所有網域之間都相互信任，也就是說所有網域內的使用者都可以存取其他網域內的資源，不論此網域是位於哪一個樹系內。

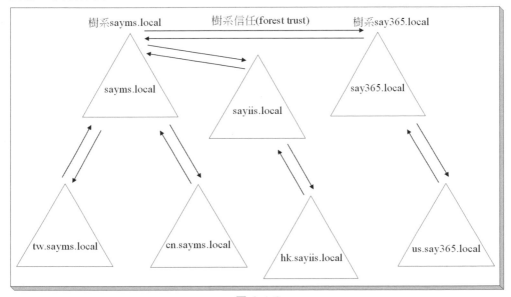

圖 8-1-6

樹系信任僅有部分轉移性，也就是說兩個樹系之間的**樹系信任**關係並無法自動的延伸到其他第 3 個樹系，例如雖然您在樹系 A 與樹系 B 之間建立了**樹系信任**，同時也在樹系 B 與樹系 C 之間建立了**樹系信任**，但是樹系 A 與樹系 C 之間並不會自動有信任關係。

外部信任

分別位於兩個樹系內的網域之間可以透過**外部信任**來建立信任關係。您可以自行決定要建立單向或雙向信任關係，例如圖 8-1-7 中兩個樹系 sayms.local 與 sayexg.local 之間原本並沒有信任關係，但是我們在網域 sayiis.local 與網域 sayexg.local 之間建立了雙向的**外部信任**關係。由於外部信任並不具備**轉移性**，因此圖中除了 sayiis.local 與 sayexg.local 之間外，其他例如 sayiis.local 與 uk.sayexg.local、hk.sayiis.local 與 uk.sayexg.local 等之間並不具備信任關係。

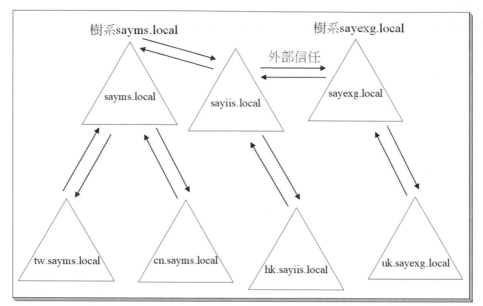

圖 8-1-7

領域信任

AD DS 網域可以與非 **Windows** 系統（例如 UNIX）的 Kerberos 領域之間建立信任關係，這個信任關係稱為**領域信任**。這種跨平台的信任關係，讓 AD DS 網域能夠與其他 Kerberos 系統相互溝通。**領域信任**可以是單向或雙向，而且可以從**轉移性**切換到**非轉移性**，也可以從**非轉移性**切換到**轉移性**。

建立信任前的注意事項

前面六種信任關係中，父－子信任是在新增子網域時自動建立的，而**樹狀－根目錄信任**則是在新增網域樹狀目錄時自動建立的，其他的四種信任關係必須手動建立。請先瞭解以下事項，以減少在建立信任關係時的困擾：

▶ 建立信任就是在建立兩個不同網域之間的溝通橋樑，從網域管理的角度來看，兩個網域各需要有一個擁有適當權限的使用者，在各自網域中分別做一些設定，以完成雙方網域之間信任關係的建立工作。其中**信任網域**一方的系統管理員，需要為此信任關係建立一個**連出信任**（outgoing trust）；而**受信任網域**一方的系統管理員，則需要為此信任關係建立一個**連入信任**（incoming trust）。**連出信任**與**連入信任**可視為此一信任關係的兩個端點。

▶ 以建立圖 8-1-8 中 **A 網域**信任 **B 網域**的單向信任來說，我們需在 A 網域建立一個**連出信任**，相對的也需在 B 網域建立一個**連入信任**。也就是說在 A 網域建立一個**連出**到 B 網域的信任，同時相對的也需在 B 網域建立一個讓 A 網域**連入**的信任。

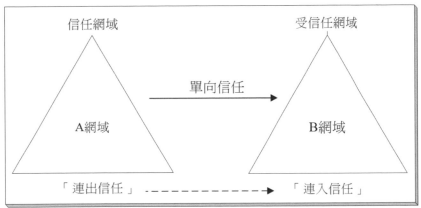

圖 8-1-8

在您利用**新增信任精靈**來建立圖中的單向信任關係時，您可以選擇先單獨建立 A 網域的**連出信任**，然後再另外單獨建立 B 網域的**連入信任**；或是選擇同時建立 A 網域的**連出信任**與 B 網域的**連入信任**：

- 若是分別單獨建立這兩個信任的話，則需要在 A 網域的**連出信任**與 B 網域的**連入信任**設定相同的信任密碼。

- 若是同時建立這兩個信任的話，則在信任過程中並不需要設定信任密碼，但您需要在這兩個網域都擁有適當權限，預設是 Domain Admins 或 Enterprise Admins 群組的成員擁有此權限。

▶ 以建立圖 8-1-9 的 **A 網域**信任 **B 網域**，同時 **B 網域**也信任 **A 網域**的雙向信任來說，我們必須在 A 網域同時建立**連出信任**與**連入信任**，其中的**連出信任**是用來信任 B 網域，而**連入信任**是要讓 B 網域可以來信任 A 網域。相對的也必須在 B 網域建立**連入信任**與**連出信任**。

在利用**新增信任精靈**來建立圖中的雙向信任關係時，您可以單獨先建立 A 網域的**連出信任**與**連入信任**，然後再另外單獨建立 B 網域的**連入信任**與**連出信任**；或選擇同時建立 A 網域與 B 網域的**連入信任**、**連出信任**：

■ 若是分別單獨建立 A 網域與 B 網域的**連出信任**、**連入信任**的話，則需要在 A 網域與 B 網域設定相同的信任密碼。

■ 若是同時建立 A 網域與 B 網域的**連出信任**、**連入信任**的話，則在信任過程中並不需要設定信任密碼，但您需要在這兩個網域都擁有適當的權限，預設是 Domain Admins 或 Enterprise Admins 群組的成員擁有此權限。

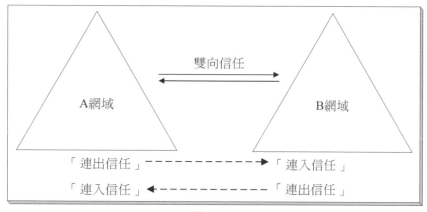

圖 8-1-9

▶ 兩個網域之間在建立信任關係時，相互之間可以利用 DNS 名稱或 NetBIOS 名稱來指定對方的網域名稱：

■ 若是利用 DNS 網域名稱，則相互之間需透過 DNS 伺服器來查詢對方的網域控制站。

■ 若兩個網域的網域控制站是位於同一個網路內的話，則還可以利用 NetBIOS 網域名稱（它是採用廣播訊息來查詢，但是廣播訊息無法跨越到另外一個網路）。

▶ 除了利用**新增信任精靈**來建立兩個網域或樹系之間的信任外，您也可以利用 **netdom trust** 指令來新增、移除或管理信任關係。

8-2 建立「捷徑信任」

以下利用建立圖 8-2-1 中網域 hk.sayiis.local 信任網域 cn.sayms.local 的單向捷徑
信任來說明。請務必先參考章節 8-1 中 建立信任前的注意事項 的說明後，再繼續
以下的步驟。

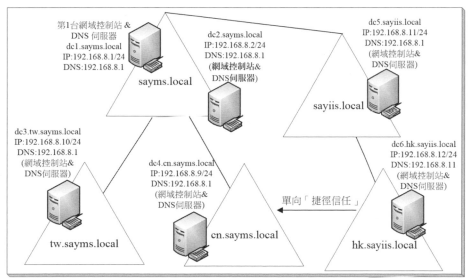

圖 8-2-1

我們將圖重新簡化為圖 8-2-2，圖中我們必須在網域 hk.sayiis.local 建立一個**連出**
信任，相對的也必須在網域 cn.sayms.local 建立一個**連入信任**。我們以同時建立網
域 hk.sayiis.local 的**連出信任**與網域 cn.sayms.local 的**連入信任**為例來說明。

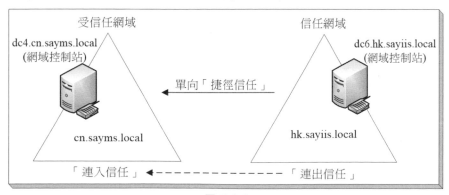

圖 8-2-2

STEP **1** 以下假設是要在左邊受信任網域 cn.sayms.local 的網域控制站 dc4.cn.sayms.local 上，利用 Domain Admins（cn.sayms.local）或 Enterprise Admins（sayms.local）群組內的使用者登入與建立信任。

STEP **2** 開啟伺服器管理員➲點擊右上角工具➲Active Directory 網域及信任。

STEP **3** 如圖 8-2-3 所示【點擊網域 cn.sayms.local➲點擊上方內容圖示】。

圖 8-2-3

STEP **4** 點選圖 8-2-4 中的信任標籤、按新增信任鈕。

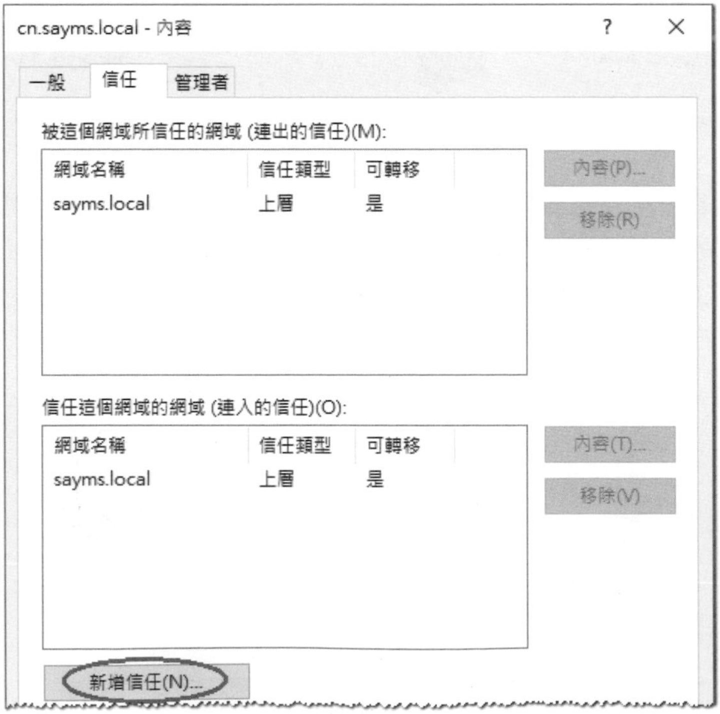

圖 8-2-4

> 由圖中的上半段可看出網域 cn.sayms.local 已經信任其父網域 sayms.local；同時從下半段可看出，網域 cn.sayms.local 也已經被其父網域 sayms.local 所信任。也就是說網域 cn.sayms.local 與其父網域 sayms.local 之間已經自動有雙向信任關係，它就是父－子信任。

STEP **5** 出現**歡迎使用新增信任精靈**畫面時按 下一步 鈕。

STEP **6** 在圖 8-2-5 中輸入對方網域的 DNS 網域名稱 hk.sayiis.local（或 NetBIOS 網域名稱 HK）。完成後按 下一步 鈕。

圖 8-2-5

STEP **7** 在圖 8-2-6 中選擇**單向：連入**，表示我們要建立前面圖 8-2-2 的單向捷徑信任中左方網域 cn.sayms.local 的**連入信任**。完成後按 下一步 鈕。

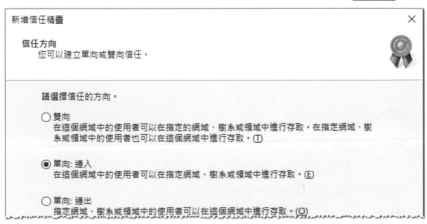

圖 8-2-6

STEP **8** 在圖 8-2-7 中選擇**這個網域和指定網域兩者**，也就是除了要建立圖 8-2-2 中左方網域 cn.sayms.local 的**連入信任**之外，同時也要建立右方網域 hk.sayiis.local 的**連出信任**。完成後按 下一步 鈕。

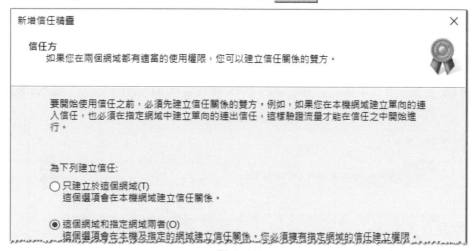

新增信任精靈　　　　　　　　　　　　　　　　　　　　　　　　　×

信任方
　如果您在兩個網域都有適當的使用權限，您可以建立信任關係的雙方。

要開始使用信任之前，必須先建立信任關係的雙方。例如，如果您在本機網域建立單向的連入信任，也必須在指定網域中建立單向的連出信任，這樣驗證流量才能在信任之中開始進行。

為下列建立信任:

○ 只建立於這個網域(T)
　這個選項會在本機網域建立信任關係。

◉ 這個網域和指定網域兩者(O)
　這個選項會在本機及指定的網域建立信任關係。您必須擁有指定網域的信任建立權限。

圖 8-2-7

 若選擇**只建立於這個網域**的話，則您必須事後另外再針對網域 hk.sayiis.local 建立一個連出到網域 cn.sayms.local 的**連出信任**。

STEP **9** 在圖 8-2-8 中輸入對方網域（hk.sayiis.local）的 Domain Admins 群組內的使用者名稱與密碼（圖中使用 hk\Administrator），或 sayms.local 內 Enterprise Admins 群組內的使用者名稱與密碼。完成後按 下一步 鈕。

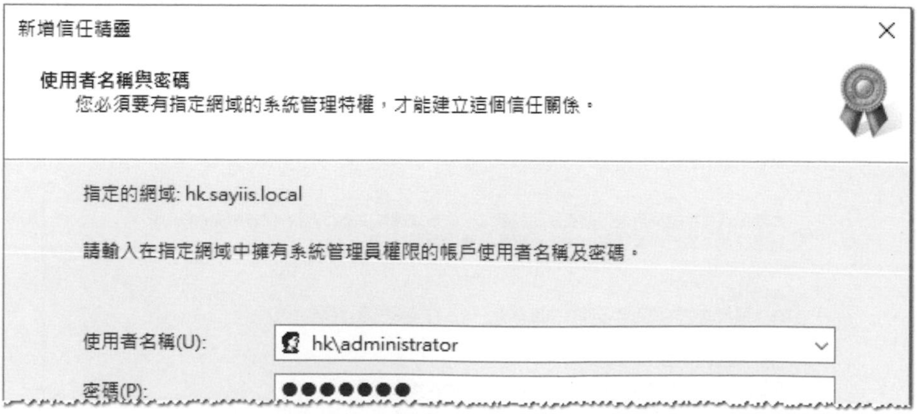

新增信任精靈　　　　　　　　　　　　　　　　　　　　　　　　　×

使用者名稱與密碼
　您必須要有指定網域的系統管理特權，才能建立這個信任關係。

指定的網域: hk.sayiis.local

請輸入在指定網域中擁有系統管理員權限的帳戶使用者名稱及密碼。

使用者名稱(U):　　　　[hk\administrator　　　　　　　　　　　∨]

密碼(P):　　　　　　　[●●●●●●●]

圖 8-2-8

若要輸入 Enterprise Admins 群組內的使用者帳戶的話，請在使用者名稱之前輸入樹系根網域的網域名稱，例如 sayms\administrator 或 sayms.local\administrator，其中的 sayms 為樹系根網域的 NetBIOS 網域名稱，而 sayms.local 為其 DNS 網域名稱。

STEP **10** 在圖 8-2-9 中按 下一步 鈕。

圖 8-2-9

STEP **11** 在圖 8-2-10 中按 下一步 鈕。

圖 8-2-10

STEP **12** 您可以在圖 8-2-11 中選擇**是，我要確認連入信任**，以便確認 cn.sayms.local 的**連入信任**與 hk.sayiis.local 的**連出信任**兩者是否都已經建立成功，也就是要確認此**單向捷徑信任**是否已經建立成功。完成後按 下一步 鈕。

圖 8-2-11

> 若分別單獨建立網域 cn.sayms.local 的**連入信任**與 hk.sayiis.local 的**連出信任**的話，請確認這兩個信任關係都已建立完成後，再選擇**是，我要確認連入信任**。

STEP **13** 出現**完成新增信任精靈**畫面時按 完成 鈕。

圖 8-2-12 為完成建立單向捷徑信任後的畫面，表示在網域 cn.sayms.local 中有一個從網域 hk.sayiis.local 來的**連入信任**，也就是說網域 cn.sayms.local 是被網域 hk.sayiis.local 信任的**受信任網域**。

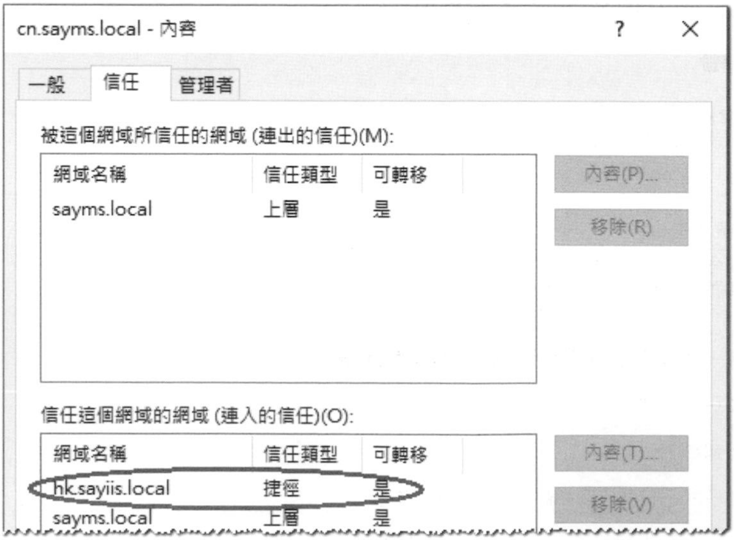

圖 8-2-12

同時在網域 hk.sayiis.local 中也會有一個連到網域 cn.sayms.local 的**連出信任**，也就是說網域 hk.sayiis.local 是網域 cn.sayms.local 的**信任網域**，您可以透過【如圖 8-2-13 所示點擊 sayiis.local 之下的網域 hk.sayiis.local➔點擊上方**內容**圖示➔點擊**信任**標籤】的途徑來查看此設定。

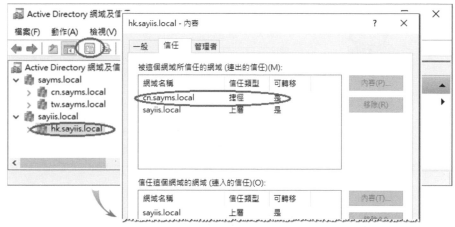

圖 8-2-13

8-3 建立「樹系信任」

以下利用建立圖 8-3-1 中樹系 sayms.local 與樹系 say365.local 之間的雙向**樹系信任**來說明（為降低複雜度，此圖省略繪出之前的網域樹狀目錄 sayiis.local）。

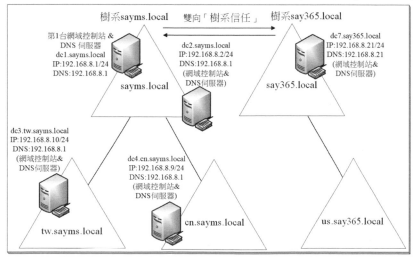

圖 8-3-1

我們將圖重新簡化為圖 8-3-2，圖中需要在樹系根網域 sayms.local 建立**連出信任**與**連入信任**，相對的也需要在樹系根網域 say365.local 建立**連入信任**與**連出信任**。

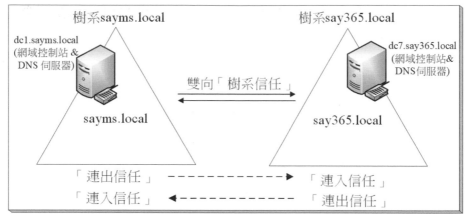

圖 8-3-2

建立「樹系信任」前的注意事項

在建立**樹系信任**之前，請先注意以下事項：

▶ 請務必先瞭解章節 8-1 **建立信任前的注意事項** 的內容。

▶ 兩個樹系之間需要透過 DNS 伺服器來找到對方樹系根網域的網域控制站。以圖 8-3-2 來說，您必須確定在網域 sayms.local 中可以透過 DNS 伺服器找到網域 say365.local 的網域控制站，同時在網域 say365.local 中也可以透過 DNS 伺服器來找到網域 sayms.local 的網域控制站：

- 若兩個樹系根網域使用同一台 DNS 伺服器，也就是此 DNS 伺服器內同時有 sayms.local 與 say365.local 區域，則雙方都可以透過此 DNS 伺服器來找到對方的網域控制站。

- 若兩個樹系根網域不是使用同一台 DNS 伺服器，則您可以透過**條件式轉寄站**（conditional forwarder）來達到目的，例如在 sayms.local 的 DNS 伺服器中指定將 say365.local 的查詢要求，轉給 say365.local 的 DNS 伺服器（參見圖 8-3-3，圖中假設網域 say365.local 的 DNS 伺服器 IP 位址為 192.168.8.21），同時也請在 say365.local 的 DNS 伺服器中指定將 sayms.local 的查詢要求，轉給 sayms.local 的 DNS 伺服器（192.168.8.1）。

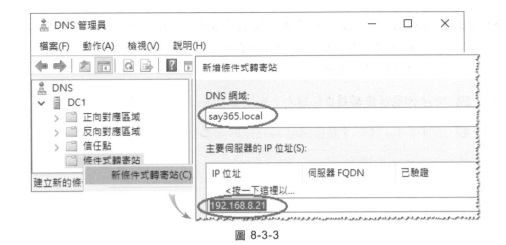

圖 8-3-3

以下演練採用這種方式，因此請先完成**條件式轉寄站**的設定，再分別到 sayms.local 與 say365.local 的網域控制站上，利用 ping 對方區域內主機名稱的方式來測試**條件式轉寄站**的功能是否正常。

- 若兩個樹系根網域不是使用同一台 DNS 伺服器的話，則還可以透過**次要區域**來達成目的，例如在 sayms.local 的 DNS 伺服器建立一個名稱為 say365.local 的次要區域，其資料是從 say365.local 的 DNS 伺服器透過**區域轉送**複寫過來；同時也在 say365.local 的 DNS 伺服器建立一個名稱為 sayms.local 的次要區域，其資料是從 sayms.local 的 DNS 伺服器透過**區域轉送**複寫過來。

開始建立「樹系信任」

我們將在樹系 sayms.local 與 say365.local 之間建立一個雙向的**樹系信任**，也就是說我們將為樹系 sayms.local 建立**連出信任**與**連入信任**，同時也為樹系 say365.local 建立相對的**連入信任**與**連出信任**。

請先另外再建立樹系 say365.local 與網域控制站 dc7.say365.local，並確認前述 DNS 伺服器的**條件式轉寄站**設定已經完成。

STEP **1** 以下假設是要在圖 8-3-2 中左邊樹系根網域 sayms.local 的網域控制站上 dc1.sayms.local，利用 Domain Admins 或 Enterprise Admins 群組內的使用者登入與建立信任。

STEP **2** 開啟伺服器管理員⇨點擊右上角工具⇨Active Directory 網域及信任。

STEP **3** 如圖 8-3-4 所示【點擊網域 sayms.local⇨點擊上方內容圖示】。

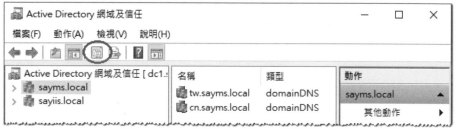

圖 8-3-4

STEP **4** 點選圖 8-3-5 中的信任標籤、按 新增信任 鈕。

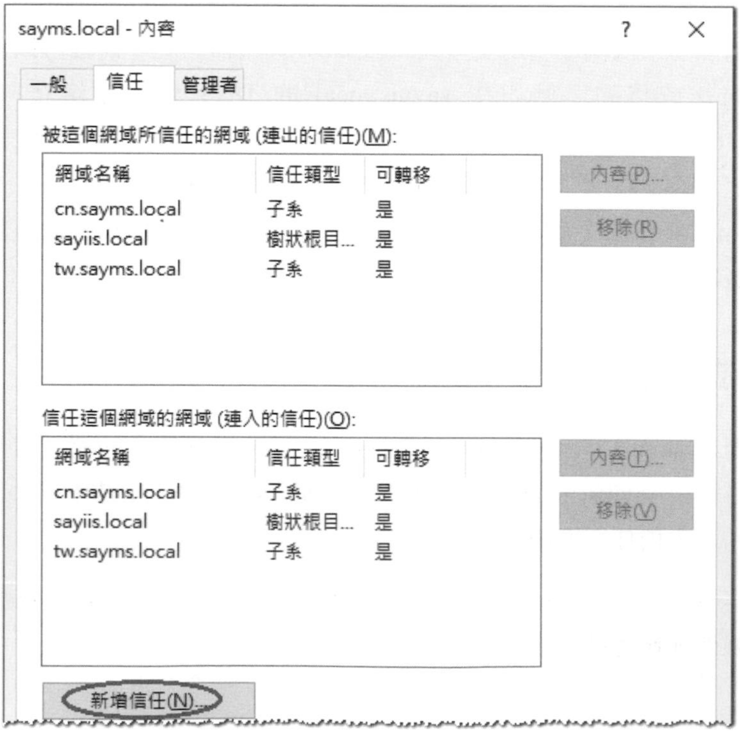

圖 8-3-5

從圖的中上半段可看出，網域 sayms.local 已經信任其子網域 cn.sayms.local
與 tw.sayms.local，同時也信任了另一個網域樹狀目錄的根網域 sayiis.local；
從圖中的下半段可看出，網域 sayms.local 已經被其子網域 cn.sayms.local 與
tw.sayms.local 所信任，同時也被另外一個網域樹狀目錄的根網域 sayiis.local
所信任。也就是說，網域 sayms.local 與其子網域之間已經自動有雙向父－子
信任關係。還有網域 sayms.local 與網域樹狀目錄 sayiis.local 之間也已經自動
有雙向**樹狀－根目錄信任**關係。

STEP **5** 在圖 8-3-6 中按 下一步 鈕。圖中支援的信任關係包含了我們需要的樹系信
任（圖中最下方的**另一個樹系**）。

圖 8-3-6

STEP **6** 在圖 8-3-7 中輸入對方網域的 DNS 網域名稱 say365.local（或 NetBIOS 網
域名稱 SAY365）後按 下一步 鈕。

圖 8-3-7

STEP **7** 在圖 8-3-8 中選擇**樹系信任**後按 下一步 鈕。

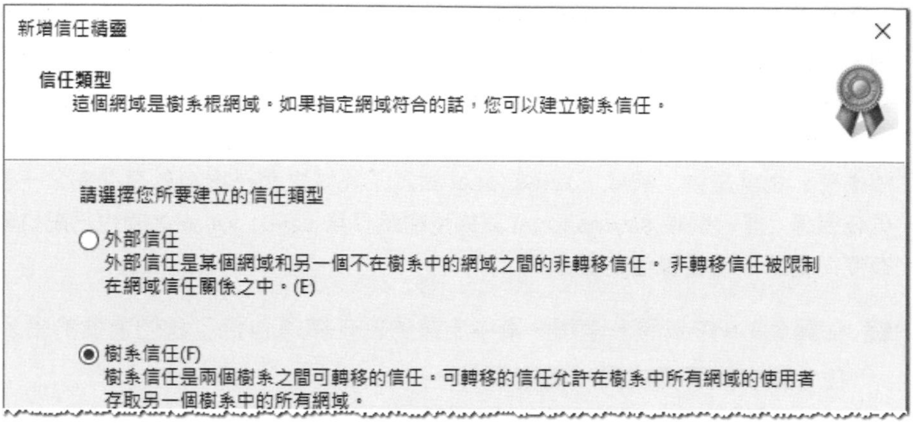

新增信任精靈   ✕

信任類型
 這個網域是樹系根網域。如果指定網域符合的話，您可以建立樹系信任。

請選擇您所要建立的信任類型

○ 外部信任
 外部信任是某個網域和另一個不在樹系中的網域之間的非轉移信任。非轉移信任被限制
 在網域信任關係之中。(E)

◉ 樹系信任(F)
 樹系信任是兩個樹系之間可轉移的信任。可轉移的信任允許在樹系中所有網域的使用者
 存取另一個樹系中的所有網域。

圖 8-3-8

> 若圖中選擇**外部信任**的話，也可以讓 sayms.local 與 say365.local 之間建立信任關係，不過它不具備**轉移性**，然而本演練的**樹系信任**有**轉移性**。

STEP **8** 在圖 8-3-9 中選擇**雙向**後按 下一步 鈕，表示我們要同時建立圖 8-3-2 中左方網域 sayms.local 的**連出信任**與**連入信任**。

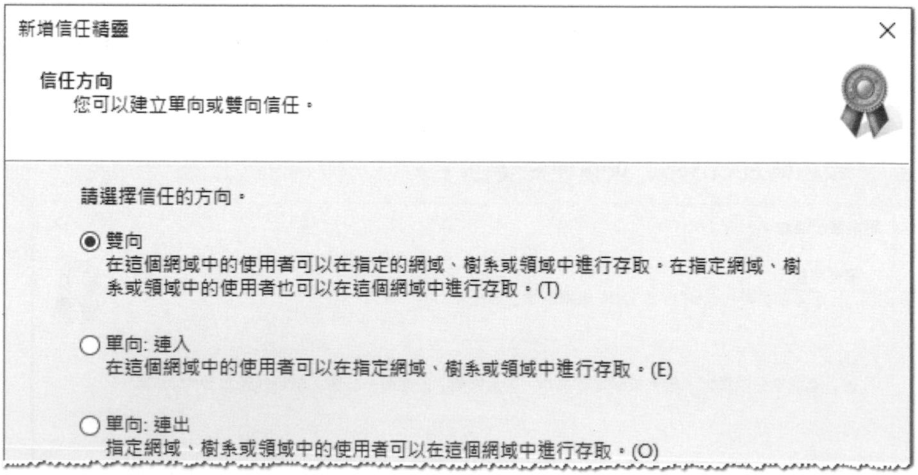

新增信任精靈   ✕

信任方向
 您可以建立單向或雙向信任。

請選擇信任的方向。

◉ 雙向
 在這個網域中的使用者可以在指定的網域、樹系或領域中進行存取。在指定網域、樹
 系或領域中的使用者也可以在這個網域中進行存取。(T)

○ 單向: 連入
 在這個網域中的使用者可以在指定網域、樹系或領域中進行存取。(E)

○ 單向: 連出
 指定網域、樹系或領域中的使用者可以在這個網域中進行存取。(O)

圖 8-3-9

STEP **9** 在圖 8-3-10 中選擇**這個網域和指定網域兩者**,也就是除了要建立 圖 8-3-2
左方網域 sayms.local 的**連出信任**與**連入信任**之外,同時也要建立右方網
域 say365.local 的**連入信任**與**連出信任**。

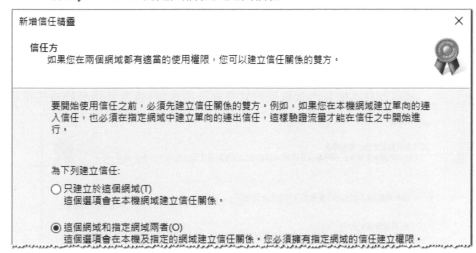

圖 8-3-10

若選擇**只建立於這個網域**的話,則您必須事後另外再針對網域 say365.local 來
建立與網域 sayms.local 之間的**連入信任**與**連出信任**。

STEP **10** 在圖 8-3-11 中輸入對方樹系根網域(say365.local)內 Domain Admins 或
Enterprise Admins 群組的使用者名稱與密碼後按 下一步 鈕。

圖 8-3-11

STEP **11** 圖 8-3-12 選擇如何驗證另一個樹系（say365.local）的使用者身分：

- **驗證整個樹系**：表示要驗證另一個樹系內（say365.local）所有使用者的身分。使用者只要經過驗證成功，就可以在本樹系內（sayms.local）存取他們擁有權限的資源。

- **選擇性驗證**：此時另一個樹系內只有被選取的使用者（或群組）才會被驗證身分，其他使用者會被拒絕。被選取的使用者只要經過驗證成功，就可以在本樹系內存取他們擁有權限的資源。選取使用者的方法後述。

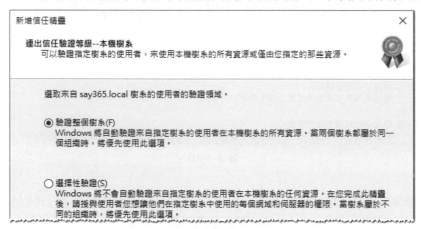

圖 8-3-12

STEP **12** 圖 8-3-13 是用來設定當本樹系（sayms.local）中的使用者要存取另外一個樹系（say365.local）內的資源時，如何來驗證使用者身分。

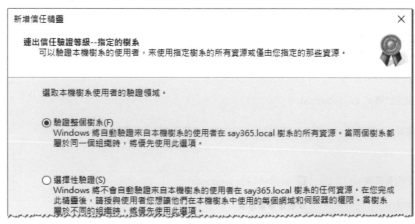

圖 8-3-13

STEP **13** 在圖 8-3-14 中按 下一步 鈕。

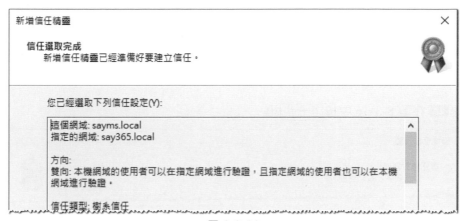

圖 8-3-14

STEP **14** 在圖 8-3-15 中按 下一步 鈕。

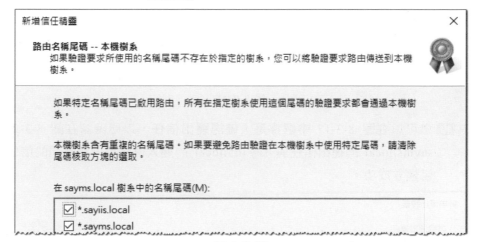

圖 8-3-15

路由名稱尾碼（routing name suffixes）是什麼呢？圖中顯示本樹系會負責驗證的尾碼為 sayms.local（與 sayiis.local），因此當本樹系中的使用者利用 UPN 名稱（例如 george@sayms.local，其尾碼為 sayms.local）在對方樹系中登入或存取資源時，對方就會將驗證使用者身分的工作轉到本樹系來執行，也就是根據尾碼來將驗證使用者身分轉到（路由到）本樹系。

圖 8-3-15 表示本樹系支援*.sayiis.local 與*.sayms.local 尾碼,也就是 sayms.local、tw.sayms.local、cn.sayms.local、sayiis.local、hk.sayiis.local 等都是本樹系所支援的尾碼,使用者的 UPN 尾碼只要是上述之一,則驗 證工作就會轉給本樹系來執行。若不想讓對方樹系將特定尾碼的驗證轉到 本樹系的話,可在圖中取消勾選該尾碼。

STEP **15** 在圖 8-3-16 中按 下一步 鈕

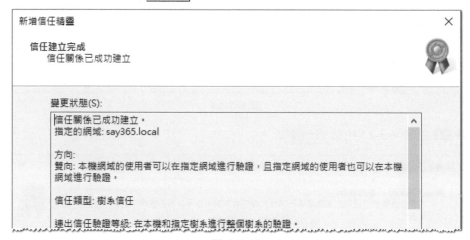

圖 8-3-16

STEP **16** 您可以在圖 8-3-17 中選擇是,**確認連出信任**,以便確認在圖 8-3-2 中 sayms.local 的**連出信任**與 say365.local 的**連入信任**這一組單向的信任是 否建立成功。

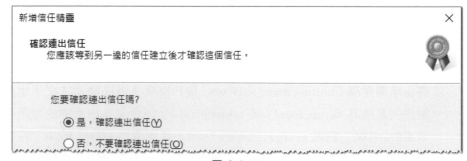

圖 8-3-17

> 若是分別單獨建立網域 sayms.local 的**連出信任**與網域 say365.local 的**連入信任**的話，請確認這兩個信任關係都已經建立完成後，再選擇是，確認連出信任。

STEP **17** 您可以在圖 8-3-18 中選擇是，**我要確認連入信任**，以便確認在圖 8-3-2 中 sayms.local 的**連入信任**與 say365.local 的**連出信任**這一組單向的信任是否建立成功。

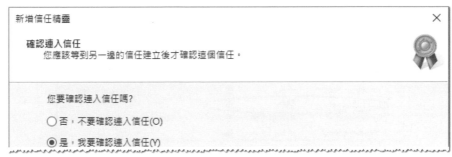

圖 8-3-18

STEP **18** 在圖 8-3-19 中按 完成 鈕。

圖 8-3-19

圖 8-3-20 為完成建立雙向**樹系信任**後的畫面，圖上方表示在網域 sayms.local 中有一個連出到網域 say365.local 的連出信任，也就是說網域 sayms.local 信任網域 say365.local；圖下方表示在網域 sayms.local 中有一個從網域 say365.local 來的連入信任，也就是說網域 sayms.local 被網域 say365.local 所信任。

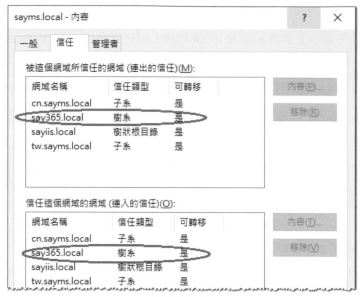

圖 8-3-20

您也可以到樹系 say365.local 的網域控制站上【開啟**伺服器管理員**➔點擊右上角的
工具➔ Active Directory **網域及信任**➔如圖 8-3-21 所示點擊 say365.local ➔點擊上
方的**內容圖示**➔**信任**標籤】來查看這個雙向信任。圖上方表示在網域 say365.local
中有一個連出到網域 sayms.local 的連出信任，也就是說網域 say365.local 信任網
域 sayms.local；圖下方表示在網域 say365.local 中有一個從網域 sayms.local 來的
連入信任，也就是說網域 say365.local 被網域 sayms.local 所信任。

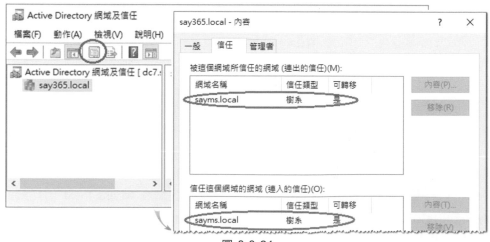

圖 8-3-21

「選擇性驗證」設定

若在前面圖 8-3-12 是點選**選擇性驗證**的話,則需要在本樹系內的電腦上,將**允許驗證**(Allowed to Authenticate)權限授與另外一個樹系內的使用者(或群組),只有擁有**允許驗證**權限的使用者來連接此電腦時才會被驗證身分,而在經過驗證成功後,該使用者便有權來存取此電腦內的資源。以下假設**信任樹系** (trusting forest)為 sayms.local,而**受信任樹系**為 say365.local。

STEP **1** 請到**信任樹系**(sayms.local)內的網域控制站 dc1.sayms.local 上【**開啟伺服器管理員**➲點擊右上角**工具**➲Active Directory 管理中心➲如圖 8-3-22 所示雙擊欲設定的電腦帳戶(假設是 Win11PC1)】。

圖 8-3-22

STEP **2** 如圖 8-3-23 所示點擊**延伸**區段中的**安全性**標籤下的 新增 鈕。

圖 8-3-23

STEP **3** 在圖 8-3-24 中點擊 位置 鈕、點選對方樹系 say365.local 後按 確定 鈕。

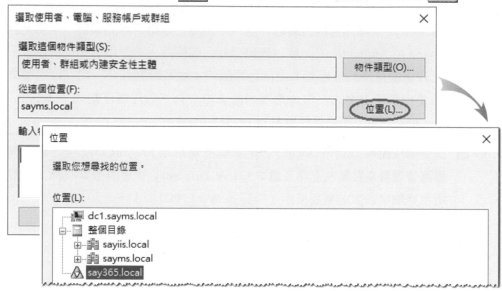

圖 8-3-24

STEP **4** 在圖 8-3-25 中的**從這個位置**已被改為 say365.local，接著請透過按 進階 鈕
來選擇 say365.local 內的使用者或群組，圖中是已經完成選擇後的畫面，
而所選的使用者為 Robert。按 確定 鈕。

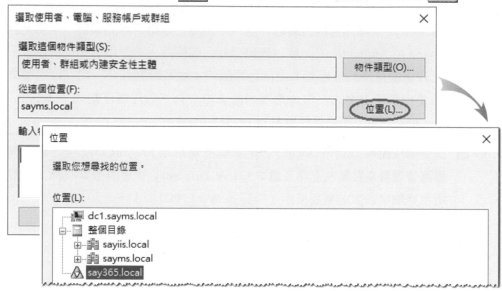

圖 8-3-25

STEP **5** 如圖 8-3-26 所示在**允許驗證**右邊勾選**允許**後按 確定 鈕。

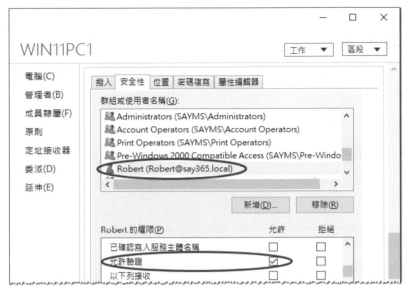

圖 8-3-26

8-4 建立「外部信任」

以下利用建立圖 8-4-1 中樹系 sayms.local 與樹系 sayexg.local 之間的雙向外部信任來說明（為了降低複雜度，此圖省略繪出之前的網域樹狀目錄 sayiis.local、樹系 say365.local）。

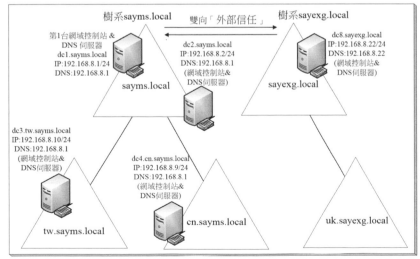

圖 8-4-1

我們將圖重新簡化為圖 8-4-2，圖中我們要在樹系根網域 sayms.local 建立**連出信任**與**連入信任**，相對的也要在樹系根網域 sayexg.local 建立**連入信任**與**連出信任**。

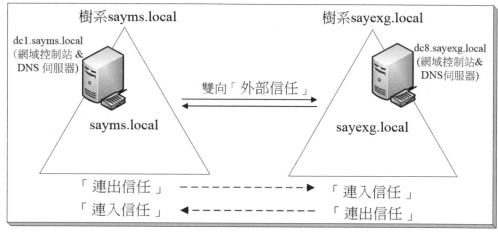

圖 8-4-2

外部信任的注意事項、DNS 伺服器設定、建立步驟等與**樹系信任**相同，此處不再重複，不過在建立**外部信任**時需改為如圖 8-4-3 所示選擇外部信任。

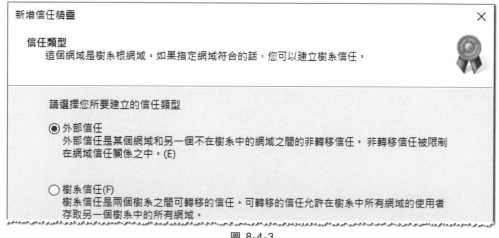

圖 8-4-3

還有會在步驟的最後另外顯示圖 8-4-4 的畫面，表示系統預設會自動啟用 **SID 篩選隔離**（SID Filter Quarantining）功能，它可以增加安全性，避免入侵者透過 **SID 歷史**（SID history）取得**信任網域**內不該擁有的權限。

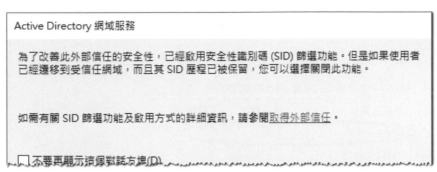

圖 8-4-4

圖 8-4-5 為完成外部信任的建立後，在信任網域 sayms.local 所看到的畫面；另外圖 8-4-6 為在受信任網域 sayexg.local 所看到的畫面。

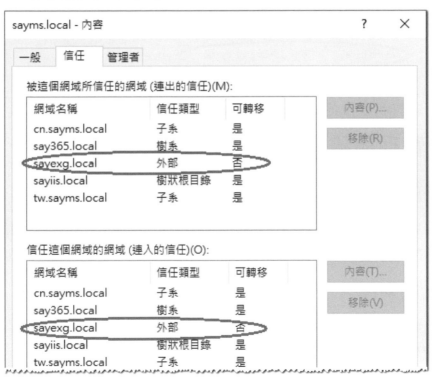

圖 8-4-5

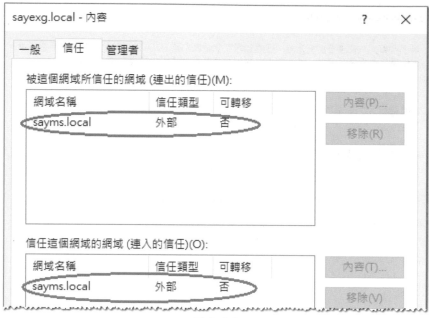

圖 8-4-6

8-5 管理與移除信任

信任的管理

若要變更信任設定的話:【如圖 8-5-1 所示點選欲管理的連出或連入信任➜按 內容 鈕】,然後透過前景圖的標籤來管理信任關係。

驗證信任關係

若對方網域支援 Kerberos AES 加密的話,則可勾選圖 8-5-1 中的**其他網域支援 Kerberos AES 加密**。若要重新確認與對方網域或樹系之間的信任關是否仍然有效的話,請按 驗證 鈕。若對方網域或樹系內有新子網域的話,此 驗證 鈕也可以同時更新**名稱尾碼路由**(name prefix routing,詳見圖 8-3-15 的說明)的資訊。

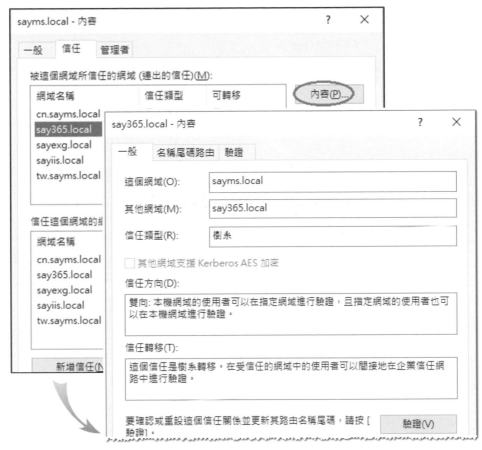

圖 8-5-1

變更「名稱尾碼路由」設定

當使用者的 UPN （例如 george@say365.local） 尾碼是隸屬於指定樹系時，則使用者身分的驗證工作會轉給此樹系的網域控制站。圖 8-5-2 中的**名稱尾碼路由**標籤用來變更所選樹系的名稱尾碼路由，例如若要停止將尾碼為 say365.local 的驗證轉給樹系 say365.local 的話，請在圖 8-5-2 中點擊該樹系尾碼後按 停用 鈕。

若該樹系內包含多個尾碼，例如 say365.local、us.say365.local，而您只是要停止將其中部分尾碼驗證工作轉給該樹系的話：【點擊圖 8-5-2 中的 編輯 鈕➲在圖 8-5-3 中點選欲停用的名稱尾碼（圖中假設有 us.say365.local 存在）➲按 停用 鈕】。

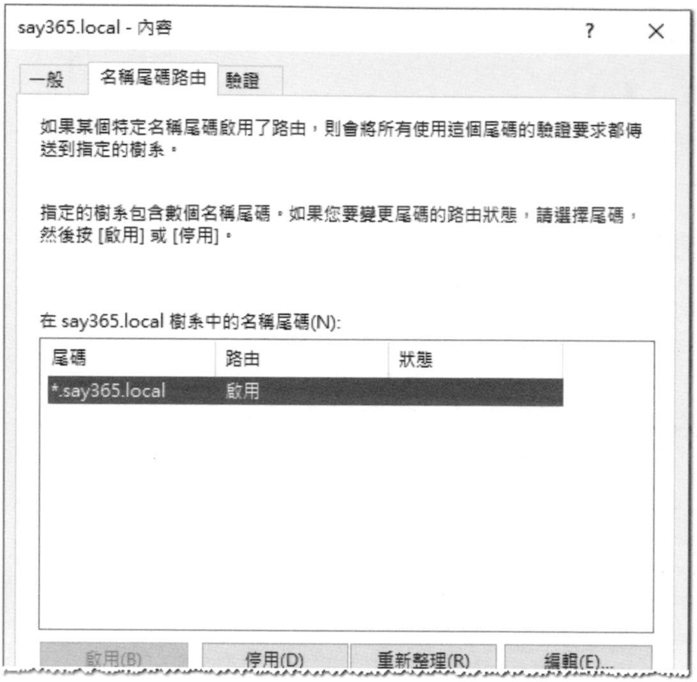
say365.local - 內容
一般
名稱尾碼路由
驗證
如果某個特定名稱尾碼啟用了路由，則會將所有使用這個尾碼的驗證要求都傳送到指定的樹系。
指定的樹系包含數個名稱尾碼。如果您要變更尾碼的路由狀態，請選擇尾碼，然後按 [啟用] 或 [停用]。
在 say365.local 樹系中的名稱尾碼(N):
尾碼
路由
狀態
*.say365.local
啟用
啟用(B)
停用(D)
重新整理(R)
編輯(E)...

圖 8-5-2

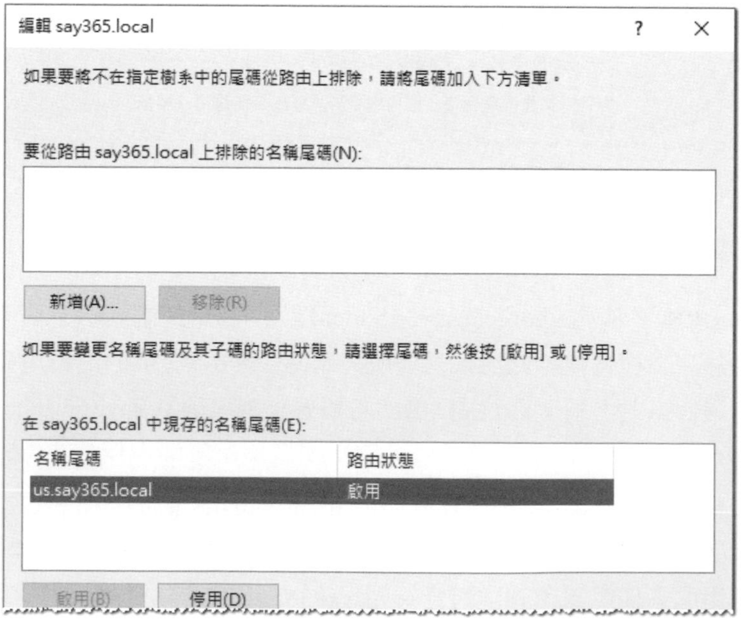
編輯 say365.local
如果要將不在指定樹系中的尾碼從路由上排除，請將尾碼加入下方清單。
要從路由 say365.local 上排除的名稱尾碼(N):
新增(A)...
移除(R)
如果要變更名稱尾碼及其子碼的路由狀態，請選擇尾碼，然後按 [啟用] 或 [停用]。
在 say365.local 中現存的名稱尾碼(E):
名稱尾碼
路由狀態
us.say365.local
啟用
啟用(B)
停用(D)

圖 8-5-3

另外為了避免**尾碼名稱衝突**現象的發生，此時可以透過圖 8-5-3 上方的 新增 鈕來將尾碼排除。何謂**尾碼名稱衝突**現象？舉例來說，圖 8-5-4 中樹系 sayms.local 與樹系 say365.local 之間建立了雙向樹系信任、樹系 say365.local 與樹系 jp.say365.local（注意是樹系！不是子網域！）之間也建立了雙向樹系信任、樹系 sayms.local 與樹系 jp.say365.local 之間建立了單向樹系信任。

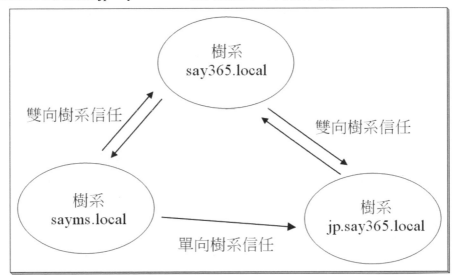

圖 8-5-4

圖中樹系 sayms.local 預設會將尾碼為*.say365.local 的身分驗證工作轉給樹系 say365.local 來執行，包含尾碼 say365.local 與 jp.say365.local，可是因為兩個樹系之間的**樹系信任**關係並無法自動的延伸到其他第 3 個樹系，因此當樹系 say365.local 收到尾碼為 jp.say365.local 的身分驗證要求時，並不會將其轉給樹系 jp.say365.local。

解決上述問題的方法為在樹系 sayms.local 中將尾碼 jp.say365.local 排除，也就是編輯信任關係 say365.local：【在圖 8-5-5 中按 新增 鈕 ❍ 輸入尾碼 jp.say365.local ❍ 按 確定 鈕】，如此樹系 sayms.local 就不會將尾碼是 jp.say365.local 的身分驗證要求轉給樹系 say365.local，而是直接轉給樹系 jp.say365.local（因為圖 8-5-4 中樹系 sayms.local 與樹系 jp.say365.local 之間有單向樹系信任）。

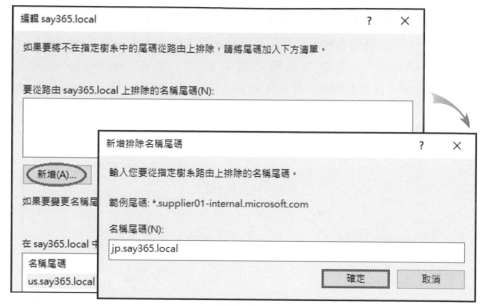

圖 8-5-5

變更驗證方法

若要變更驗證方法的話,請透過圖 8-5-6 的**驗證**標籤來設定,圖中兩個驗證方法的說明請參考前面圖 8-3-12 的相關說明。

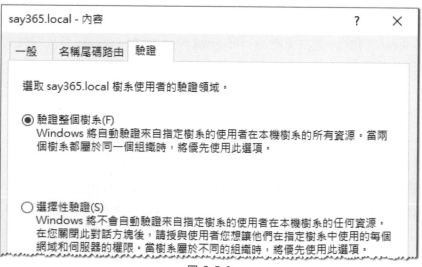

圖 8-5-6

信任的移除

您可以將**捷徑信任**、**樹系信任**、**外部信任**、**領域信任**等手動建立的信任移除，然而系統自動建立的**父－子信任**與**樹狀－根目錄信任**不可以移除。

我們以圖 8-5-7 為例來說明如何移除信任，而且是要移除圖中**樹系 sayms.local** 信任 **say365.local** 這個單向的信任，但是保留**樹系 say365.local** 信任 **sayms.local**。

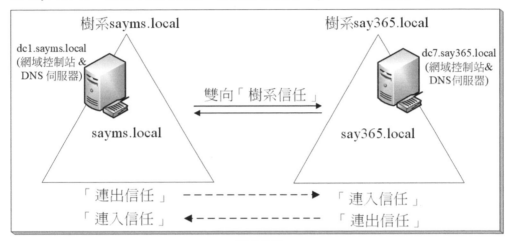

圖 8-5-7

STEP **1** 如圖 8-5-8 所示【點擊網域 sayms.local ⮕ 點擊上方**內容**圖示】。

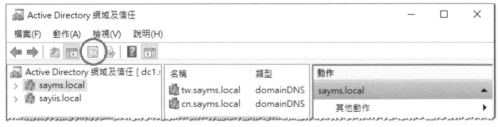

圖 8-5-8

STEP **2** 在圖 8-5-9 中【點擊**信任**標籤 ⮕ 點選被這個網域所信任的網域（連出的信任）之下的網域 say365.local】，也就是選擇圖 8-5-7 左方網域 sayms.local 的**連出信任**，然後按 移除 鈕。

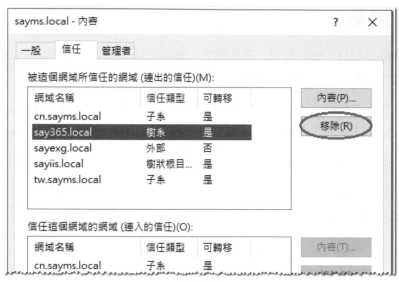

圖 8-5-9

STEP **3** 在圖 8-5-10 中您可以選擇：

- 否，只將信任從本機網域移除：也就是只移除圖 8-5-7 左方網域 sayms.local 的連出信任。

- 是，將信任從本機網域和其他網域移除：也就是同時移除圖 8-5-7 左方 網域 sayms.local 的連出信任與右方網域 say365.local 的連入信任。若 選擇此選項的話，則需輸入對方網域 say365.local 的 Domain Admins 或樹系根網域 sayms.local 內 Enterprise Admins 群組內的使用者名稱 與密碼。

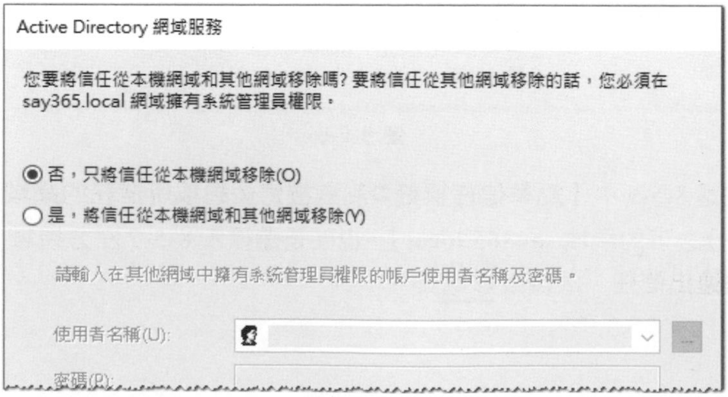

圖 8-5-10

9

AD DS 資料庫的
複寫

對擁有多台網域控制站的 AD DS 網域來說,如何有效率的複寫 AD DS 資料庫、如何提高 AD DS 的可用性與如何讓使用者能夠快速的登入,是系統管理員必須瞭解的重要課題。

9-1 站台與 AD DS 資料庫的複寫

9-2 預設站台的管理

9-3 利用站台來管理 AD DS 複寫

9-4 管理「通用類別目錄伺服器」

9-5 解決 AD DS 複寫衝突的問題

9-1 站台與 AD DS 資料庫的複寫

站台（site）是由一或數個 IP 子網路（subnet）所組成，這些子網路之間透過**高速且可靠的連線**串接起來，也就是這些子網路之間的連線速度要夠快且穩定、符合您的需要，否則您就應該將它們分別規劃為不同的站台。

一般來說，一個 LAN（區域網路）之內各個子網路之間的連線都符合速度快且高可靠度的要求，因此可以將一個 LAN 規劃為一個站台；而 WAN（廣域網路）內各個 LAN 之間的連線速度一般都不快，因此 WAN 之中的各個 LAN 應分別規劃為不同的站台，參見圖 9-1-1。

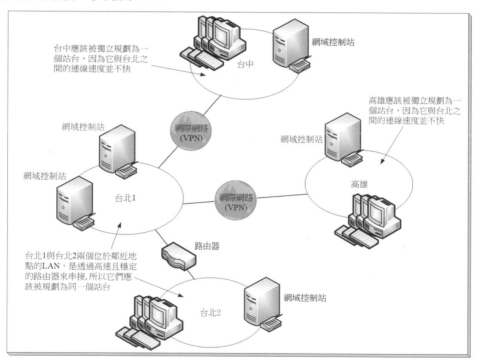

圖 9-1-1

AD DS 內大部分資料是利用**多主機複寫模式**（multi-master replication model）來複寫。在這種模式之中，您可以直接更新任何一台網域控制站內的 AD DS 物件，之後這個更新物件會被自動複寫到其他網域控制站，例如當您在任何一台網域控制站的 AD DS 資料庫內新增一個使用者帳戶後，這個帳戶會自動被複寫到網域內的其他網域控制站。

站台與 AD DS 資料庫的複寫之間有著重要的關係，因為這些網域控制站是否在同一個站台，會影響到網域控制站之間 AD DS 資料庫的複寫行為。

同一個站台之間的複寫

同一個站台內的網域控制站之間是透過快速的連線串接在一起，因此在複寫 AD DS 資料庫時，可以有效的、快速的複寫，而且不會壓縮所傳送的資料。

同一個站台內的網域控制站之間的 AD DS 複寫採用**變更通知**（change notification）的方式，也就是當某台網域控制站（以下將其稱為**來源網域控制站**）的 AD DS 資料庫內有一筆資料異動時，預設它會在 15 秒後，通知位於同一個站台內的其他網域控制站。收到通知的網域控制站若需要這筆資料的話，就會送出**更新資料**的要求給**來源網域控制站**，這台**來源網域控制站**收到要求後，便會開始複寫的程序。

複寫夥伴

來源網域控制站並不是直接將異動資料複寫給同一個站台內的所有網域控制站，而是只複寫給它的**直接複寫夥伴**（direct replication partner），然而哪一些網域控制站是其**直接複寫夥伴**呢？每一台網域控制站內都有一個被稱為 Knowledge Consistency Checker（KCC）的程序，它會自動建立最有效率的**複寫拓撲**（replication topology），也就是會決定誰是它的**直接複寫夥伴**或**轉移複寫夥伴**（transitive replication partner），換句話說，**複寫拓撲**是複寫 AD DS 資料庫的邏輯連線路徑，如圖 9-1-2 所示。

以圖中網域控制站 DC1 來說，網域控制站 DC2 是它的**直接複寫夥伴**，因此 DC1 會將異動資料直接複寫給 DC2，而 DC2 收到資料後，會再將它複寫給 DC2 的**直接複寫夥伴** DC3，依此類推。

對網域控制站 DC1 來說，除了 DC2 與 DC7 是它的**直接複寫夥伴**外，其他的網域控制站（DC3、DC4、DC5、DC6）都是**轉移複寫夥伴**，它們是間接獲得由 DC1 複寫來的資料。

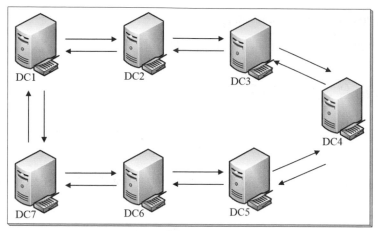

圖 9-1-2

如何減少複寫延遲時間

為了減少複寫延遲的時間（replication latency），也就是從**來源網域控制站**內的 AD DS 資料有異動開始，到這些資料被複寫到所有其他網域控制站之間的間隔時間不要太久，因此 KCC 在建立**複寫拓撲**時，會讓資料從**來源網域控制站**傳送到目的**網域控制站**時，其所跳躍的網域控制站數量（hop count）不超過 3 台，以圖 9-1-2 來說，從 DC1 到 DC4 跳躍了 3 台網域控制站（DC2、DC3、DC4），而從 DC1 到 DC5 也只跳躍了 3 台網域控制站（DC7、DC6、DC5）。換句話說，KCC 會讓**來源網域控制站**與**目的網域控制站**之間的網域控制站數量不超過 2 台。

為了避免**來源網域控制站**負擔過重，因此**來源網域控制站**並不是同時通知其所有的**直接複寫夥伴**，而是會間隔 3 秒，也就是先通知第 1 台**直接複寫夥伴**，間隔 3 秒後再通知第 2 台，依此類推。

當有新網域控制站加入時，KCC 會重新建立**複寫拓撲**，而且仍然會遵照**跳躍的網域控制站數量不超過 3** 台的原則，例如當圖 9-1-2 中新增了一台網域控制站 DC8 後，其**複寫拓撲**就會有變化，圖 9-1-3 為可能的**複寫拓撲**之一，圖中 KCC 將網域控制站 DC8 與 DC4 設定為**直接複寫夥伴**，否則 DC8 與 DC4 之間，無論是透過【DC8→DC1→DC2→DC3→DC4】或【DC8→DC7→DC6→ DC5→DC4】的途徑，都會違反**跳躍的網域控制站數量不超過 3** 台的原則。

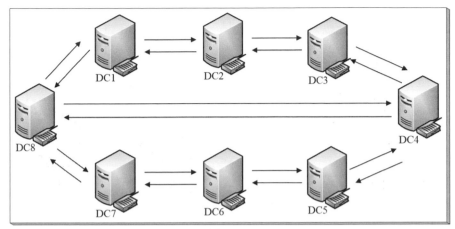

圖 9-1-3

緊急複寫

對某些重要的更新資料來說，系統並不會等 15 秒鐘才通知其**直接複寫夥伴**，而是立刻通知，這個動作被稱為**緊急複寫**。這些更新資料包含使用者帳戶被鎖定、帳戶鎖定原則有異動、網域的密碼原則有異動等。

不同站台之間的複寫

由於不同站台之間的連線速度不夠快，因此為了降低對連線頻寬的影響，故站台之間的 AD DS 資料在複寫時會被壓縮，而且資料的複寫是採用**排定時程**（schedule）的方式，也就是在排定時間內才會進行複寫工作。原則上應該盡量排定在站台之間連線的離峰時期才執行複寫工作，同時複寫頻率也不要太高，以避免複寫時佔用兩個站台之間的連線頻寬，影響兩個站台之間其他資料的傳輸效率。

不同站台的網域控制站之間的**複寫拓撲**，與同一個站台的網域控制站之間的**複寫拓撲**是不相同的。每一個站台內都各有一台被稱為**站台間拓撲產生器**的網域控制站，它負責建立**站台之間的複寫拓撲**，並從其站台內挑選一台網域控制站來扮演 **bridgehead 伺服器**（橋接頭伺服器）的角色，例如圖 9-1-4 中 SiteA 的 DC1 與 SiteB 的 DC4，兩個站台之間在複寫 AD DS 資料時，是由這兩台 **bridgehead 伺服器**負責將該站台內的 AD DS 異動資料複寫給對方，這兩台 **bridgehead 伺服器**得到對方的資料後，再將它們複寫給同一個站台內的其他網域控制站。

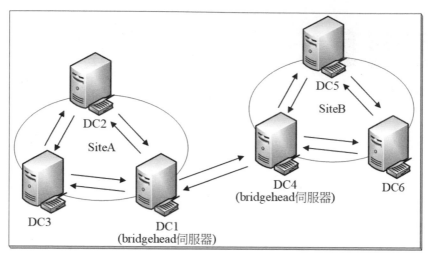

圖 9-1-4

兩個站台之間 AD DS 複寫的其他細節，包含**站台連結**（site link）、花費、複寫時程、複寫頻率等都會在後面章節另外說明。

複寫通訊協定

網域控制站之間在複寫 AD DS 資料時，其所使用的複寫通訊協定分為以下兩種：

▶ RPC over IP （Remote Procedure Call over Internet Protocol）

無論是同一個站台之間或不同站台之間，都可以利用 RPC over IP 來執行 AD DS 資料庫的複寫動作。為了確保資料在傳送時的安全性，RPC over IP 會執行驗證身分與資料加密的工作。

▶ SMTP （Simple Mail Transfer Protocol）

SMTP 只能夠用來執行不同站台之間的複寫。若不同站台的網域控制站之間無法直接溝通，或之間的連線品質不穩定時，就可以透過 SMTP 來傳送。不過這種方式有些限制，例如：

- 只能夠複寫 AD DS 資料庫內的**架構目錄分割區**、**設定目錄分割區**與**應用程式目錄分割區**，不能夠複寫**網域目錄分割區**。

- 需向**企業 CA**（Enterprise CA）申請憑證，因為在複寫過程中，需要利用憑證來驗證身分。

9-2 預設站台的管理

在您建立第 1 個網域（樹系）時，系統就會自動建立一個預設站台，以下介紹如何來管理這個預設的站台。

預設的站台

您可以利用【開啟伺服器管理員❍點擊右上角工具❍Active Directory 站台及服務】的途徑來管理站台，如圖 9-2-1 所示：

▶ **Default-First-Site-Name**：這是預設的第 1 個站台，它是在您建立 AD DS 樹系時由系統自動建立的站台，您可以變更這個站台的名稱。

▶ **Servers**：其內記錄著位於此 Default-First-Site-Name 站台內的網域控制站與這些網域控制站的設定值。

▶ **Inter-Site Transports**：記錄著站台之間的 IP（RPC over IP）與 SMTP 這兩個複寫通訊協定的設定值。

▶ **Subnets**：您可以透過此處在 AD DS 內建立多個 IP 子網路，並將子網路劃入到所屬的站台內。

圖 9-2-1

假設您在 AD DS 內已經建立了多個 IP 子網路，此時您在安裝網域控制站時，若此網域控制站是位於其中某個子網路內（從 IP 位址的網路識別碼來判斷），則此網域控制站的電腦帳戶就會自動被放到此子網路所隸屬的站台內。

然而在您建立 AD DS 樹系時，系統預設並沒有在 AD DS 內建立任何的子網路，因此您所建立的網域控制就不屬於任何一個子網路，此時這台網域控制站的電腦帳戶會被放到 Default-First-Site-Name 站台內，例如圖 9-2-1 的中的 DC1、DC2、⋯、DC6 等網域控制站都是在此站台內。

Servers 資料夾與複寫設定

圖 9-2-1 中的 **Servers** 資料夾內記錄著位於 Default-First-Site-Name 站台內的網域控制站，而在您點取其中的一台網域控制站後（例如 DC2），將會出現如圖 9-2-2 所示的畫面。

圖中的 NTDS Settings 內包含 2 個由 KCC 所自動建立的**連線物件**（connection object），這 2 個**連線物件**分別來自 DC1 與 DC3，表示 DC2 會直接接收由這 2 台網域控制站所複寫過來的 AD DS 資料，也就是說這 2 台網域控制站都是 DC2 的**直接複寫夥伴**。同理在點取其他任何一台網域控制站時，也可以看到它們與**直接複寫夥伴**之間的**連線物件**。

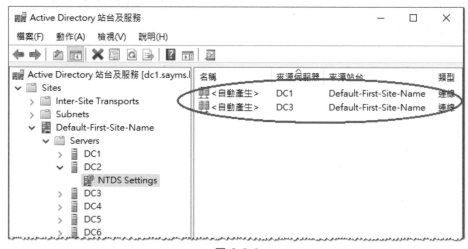

圖 9-2-2

這些在同一個站台內的網域控制站相互之間的**連線物件**，都會由 KCC 負責自動建立與維護，而且是雙向的。您也可視需要來手動建立**連線物件**，例如假設圖 9-2-3 中 DC3 與 DC6 之間原本並沒有**連線物件**存在，也就是它們並不是**直接複寫夥伴**，但是您可以手動在它們之間建立單向或雙向的**連線物件**，以便讓它們之間可以直接複寫 AD DS 資料庫，例如圖中手動建立的**連線物件**是單向的，也就是 DC6 單向直接從 DC3 來複寫 AD DS 資料庫。

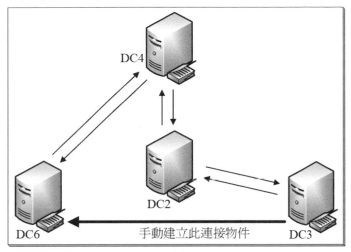

圖 9-2-3

建立此單向連線物件的途徑為【如圖 9-2-4 所示對著 DC6 之下的 **NTDS Settings** 按右鍵❑新增 Active Directory 網域服務連線❑選取 DC3❑⋯】。

圖 9-2-4

在雙擊圖 9-2-2 右方的任何一個**連線物件**後，將出現如圖 9-2-5 的畫面。您可以點擊圖中**伺服器**右方的 變更 鈕，來改變複寫的來源伺服器。

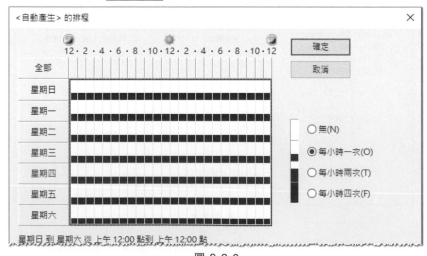

圖 9-2-5

若網域控制站的 AD DS 資料有異動時（例如新增使用者帳戶），則其預設是 15 秒鐘後會通知同一個站台內的**直接複寫夥伴**，以便將資料複寫給它們。即使沒有異動資料，預設也會每隔一小時執行一次複寫工作，以確保沒有遺失任何應該複寫的資料，您可透過圖 9-2-5 中的 變更排程 鈕來檢視與改變此間隔時間，如圖 9-2-6 所示。

圖 9-2-6

若想要立刻複寫的話，請自行以手動的方式來完成：【先點選圖 9-2-7 左方的目的伺服器（例如 DC2）➲點擊 **NTDS Settings**➲對著右邊的複寫來源伺服器按右鍵➲立即複寫】，圖中表示立刻從 DC1 複寫到 DC2。

圖 9-2-7

9-3 利用站台來管理 AD DS 複寫

以下將先利用圖 9-3-1 來說明如何建立多個站台與 IP 子網路，然後再說明站台之間的 AD DS 複寫設定。

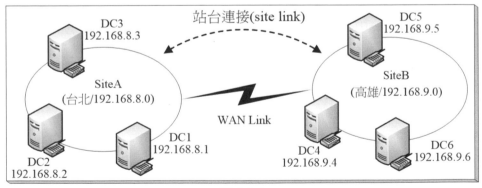

圖 9-3-1

站台之間除了實體連線（WAN link，例如透過網際網路與 VPN）外，還必須建立邏輯的**站台連結**（site link）才可以進行 AD DS 資料庫的複寫，而系統預設已經為 IP 複寫通訊協定建立一個名稱為 DEFAULTIPSITELINK 的站台連結，如圖 9-3-2 所示。

我們在建立圖 9-3-1 中的 SiteA 與 SiteB 時，必須透過**站台連結**將這兩個站台邏輯的連接在一起，它們之間才可以進行 AD DS 資料庫的複寫。

圖 9-3-2

建立站台與子網路

以下將先建立新站台，然後建立隸屬於此站台的 IP 子網路。

建立新站台

我們將說明如何建立圖 9-3-1 中的 SiteA 與 SiteB。

STEP **1**　開啟**伺服器管理員**➲點擊右上角**工具**➲**Active Directory 站台及服務**➲如圖 9-3-3 所示對著 **Sites** 按右鍵➲**新增站台**。

圖 9-3-3

STEP **2**　在圖 9-3-4 中設定站台名稱（例如 SiteA），並將此站台歸納到適當的**站台連結**後按 確定 鈕。圖中因為目前只有一個預設的**站台連結** DEFAULTIPSITELINK，故只能夠暫時將其歸納到此預設的**站台連結**。只有隸屬於同一個**站台連結**的站台之間才可進行 AD DS 資料庫的複寫。

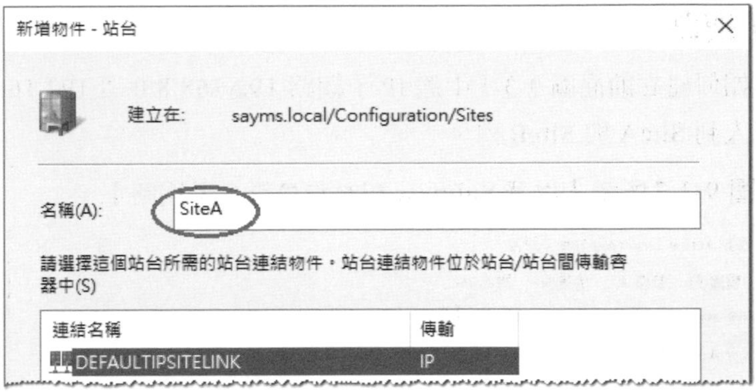

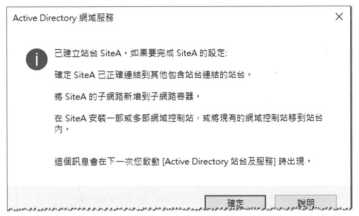

圖 9-3-4

STEP **3** 在圖 9-3-5 中直接按 確定 鈕。

圖 9-3-5

STEP **4** 請重複STEP **1**到STEP **3**來建立 SiteB，圖 9-3-6 為完成後的畫面。

圖 9-3-6

建立 IP 子網路

以下將說明如何建立前面圖 9-3-1 中的 IP 子網路 192.168.8.0 與 192.168.9.0，並將它們分別劃入到 SiteA 與 SiteB 內。

STEP **1** 如圖 9-3-7 所示【對著 **Subnets** 按右鍵➜新增子網路】。

圖 9-3-7

STEP **2** 在圖 9-3-8 中的**首碼**處輸入 192.168.8.0/24，其中的 192.168.8.0 為網路識別碼，而 24 表示子網路遮罩為 255.255.255.0（二進位中為 1 的位元共有 24 個），並將此子網路劃入站台 SiteA 內。

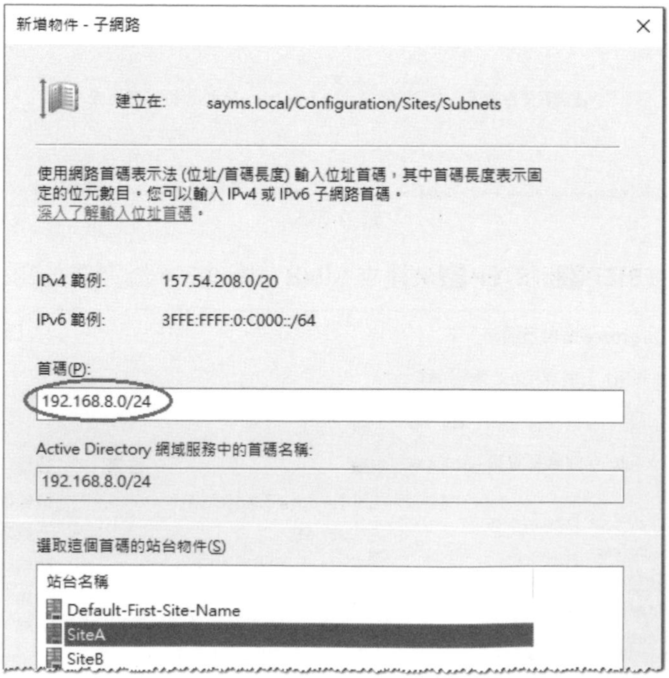

圖 9-3-8

STEP **3** 重複前兩個步驟來建立 IP 子網路 192.168.9.0，並將其劃入站台 SiteB。
圖 9-3-9 為完成後的畫面。

圖 9-3-9

建立站台連結

以下將說明如何建立前面圖 9-3-1 中的**站台連結**，並將此**站台連結**命名為
SiteLinkAB。我們利用 IP 複寫通訊協定來說明。

由於我們在前面建立 SiteA 與 SiteB 時，都已經將 SiteA 與 SiteB 歸納到
DEFAULTIPSITELINK 這個**站台連結**，也就是說這兩個站台已經透過
DEFAULTIPSITELINK 邏輯的連接在一起了。我們透過以下練習來將其改為透
過 SiteLinkAB 來連接。

STEP **1** 請如圖 9-3-10 所示【對著 **IP** 按右鍵➲新增站台連結】。

圖 9-3-10

STEP **2**　在圖 9-3-11 中【設定站台連結名稱（例如 SiteLinkAB）⇨選擇 SiteA 與
　　　　 SiteB 後按新增鈕⇨按確定鈕】。之後 SiteA 與 SiteB 便可根據站台連結
　　　　 SiteLinkAB 內的設定來複寫 AD DS 資料庫。

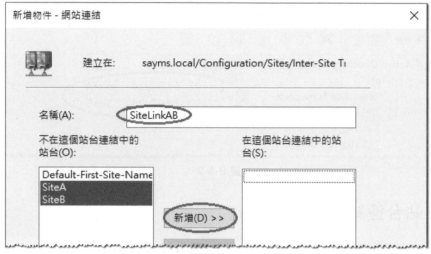

圖 9-3-11

STEP **3**　圖 9-3-12 為完成後的畫面。

圖 9-3-12

將網域控制站搬移到所屬的站台

目前所有的網域控制站都是被放置到 Default-First-Site-Name 站台內，而在完成新
站台的建立後，我們應將網域控制站搬移到正確的站台內。以下假設網域控制站
DC1、DC2 與 DC3 的 IP 位址的網路識別碼都是 192.168.8.0（如圖 9-3-13 所示），

故需將 DC1、DC2 與 DC3 搬移到站台 SiteA；同時假設 DC4、DC5 與 DC6 的 IP 位址的網路識別碼都是 192.168.9.0，故需將 DC4、DC5 與 DC6 搬移到站台 SiteB。

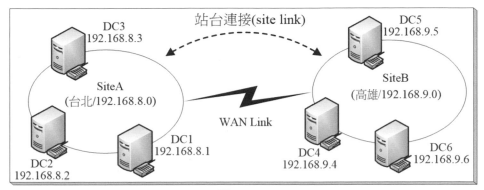

圖 9-3-13

以後若您在圖 9-3-13 中的台北網路內安裝新網域控制站的話，則該網域控制站的電腦帳戶會自動被放置到 SiteA 內，同理在高雄網路內所安裝的新網域控制站，其電腦帳戶會自動被放到 SiteB 內。

STEP 1 如圖 9-3-14 所示【展開 Default-First-Site-Name 站台➜點擊 Servers➜對著要被移動的伺服器（例如 DC1）按右鍵➜移動】。

圖 9-3-14

STEP 2 在圖 9-3-15 選擇目的地站台 SiteA 後按 確定 鈕。

圖 9-3-15

STEP **3**　重複以上步驟將 DC2、DC3 搬移到 SiteA、將 DC4、DC5 與 DC6 搬移到 SiteB。圖 9-3-16 為完成後的畫面。

圖 9-3-16

 您可以在 SiteA 與 SIteB 之間架設一台由 Windows Server 所扮演的路由器，來模擬演練 SiteA 與 SIteB 是位於兩個不同網路的環境。

指定「喜好的 bridgehead 伺服器」

前面說過每一個站台內都各有一台被稱為**站台間拓撲產生器**的網域控制站，它負責建立**站台之間的複寫拓撲**，並從其站台內挑選一台網域控制站來扮演 **bridgehead 伺服器**的角色，例如圖 9-3-17 中 SiteA 的 DC1 與 SiteB 的 DC4，兩個站台之間在複寫 AD DS 資料時，是由這兩台 **bridgehead 伺服器**負責將該站台內的 AD DS 異動資料複寫給對方，這兩台 **bridgehead 伺服器**得到對方的資料後，再將它們複寫給同一個站台的其他網域控制站。

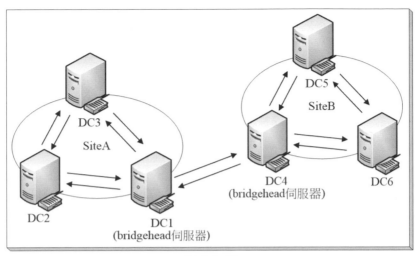

圖 9-3-17

您也可以自行選擇扮演 **bridgehead** 伺服器的網域控制站,它們被稱為**喜好的bridgehead** 伺服器(preferred bridgehead server)。例如若您要將 SiteA 內的網域控制站 DC1 指定為**喜好的 bridgehead** 伺服器的話:【請如圖 9-3-18 所示展開站台 SiteA❍點擊 Servers❍點選網域控制站 DC1❍點擊上方內容圖示❍選擇複寫通訊協定(例如 IP)❍按新增鈕】。

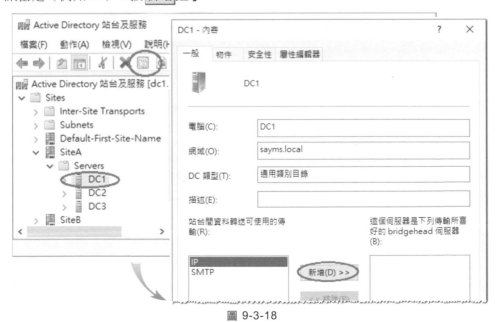

圖 9-3-18

您可以重複以上的步驟,來將多台的網域控制站設為**喜好的 bridgehead 伺服器**,但是 AD DS 一次只會從其中挑選一台來複寫資料,若這一台故障了,它會再挑選其他的**喜好的 bridgehead 伺服器**。

若要查看喜好的 bridgehead 伺服器清單的話,也可以【展開 Inter-Site Transports⊃對著 IP 按右鍵⊃內容⊃點選**屬性編輯器**標籤⊃按 篩選 鈕⊃點選**顯示唯讀屬性**處的反向連結⊃雙擊屬性清單中的 bridgeheadServerListBL】。

> 非必要請不要自行指定**喜好的** bridgehead 伺服器,因它會讓 KCC 停止自動挑選 bridgehead 伺服器,也就是說若您所選擇的**喜好的** bridgehead 伺服器都故障時,KCC 不會再自動挑選 bridgehead 伺服器,如此將沒有 bridgehead 伺服器可供使用。
>
> 若您要將扮演**喜好的** bridgehead 伺服器的網域控制站搬移到其他站台的話,請先取消其**喜好的** bridgehead 伺服器的角色後再搬移。

站台連結與 AD DS 資料庫的複寫設定

站台之間是透過**站台連結**的設定,來決定如何複寫 AD DS 資料庫:如圖 9-3-19 所示【對著站台連結(例如 SiteLinkAB)按右鍵⊃內容⊃透過圖 9-3-20 來設定】。

圖 9-3-19

▶ **變更站台連結中的站台成員**:您可以在畫面中將其他的站台加入到此**站台連結 SiteLinkAB** 內,也可以將站台從這個**站台連結**中移除。

▶ 花費（cost）：每一個站台連結可以有不同的**花費**（預設值為 100），它是用來與其他**站台連結**相比較的相對值。每一個**站台連結**的花費計算，需要考慮到實體 WAN link 的連線頻寬、穩定性、延遲時間與費用，例如若**花費**考量是以 WAN link 的連線頻寬為依據的話，則應該將頻寬較寬的**站台連結**的花費值設得較低，假設您將頻寬較低的**站台連線**的**花費**設定為預設的 100，則頻寬較寬的**站台連結**的**花費**值應該要比 100 小。KCC 在建立**複寫拓撲**時，會選擇**站台連結花費**較低的網域控制站來當作**直接複寫夥伴**。

另外使用者在登入時，若其電腦所在的站台內沒有網域控制站可以提供服務的話（例如網域控制站因故離線），則使用者的電腦會到其他站台去尋找網域控制站，此時會透過**站台連線花費**最低的連線去尋找網域控制站，以便讓使用者能夠較快速的登入。

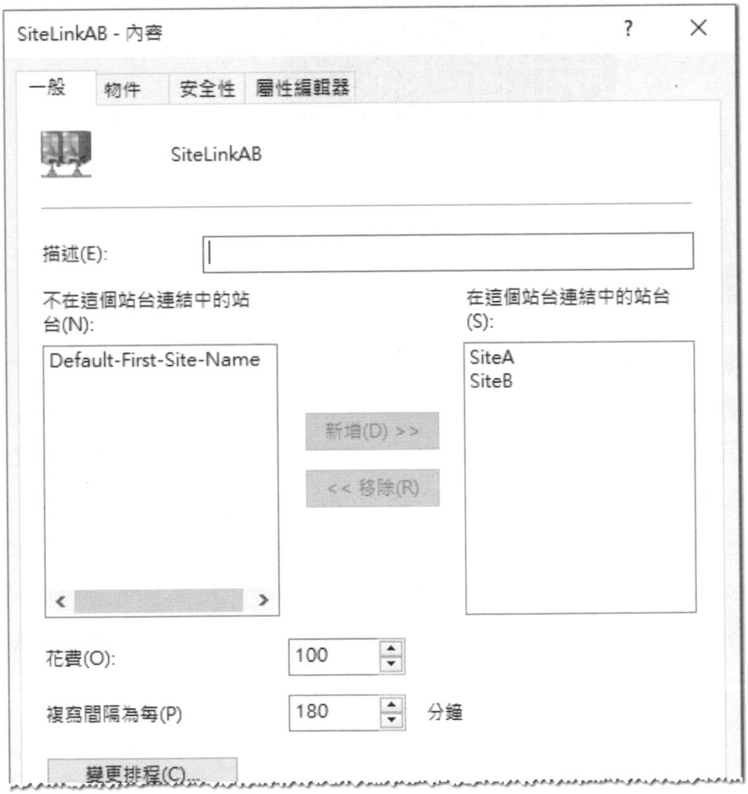

圖 9-3-20

▶ **複寫間隔為每...分鐘、變更排程**：**複寫間隔為每...分鐘**用來設定隸屬於此**站台連線**的站台之間，每隔多久時間複寫一次 AD DS 資料庫，預設是 180 分鐘。

但並不是時間到了就一定會執行複寫工作，因還需視是否允許在此時間複寫，此設定是透過前面圖 9-3-20 的 變更排程 鈕，然後利用圖 9-3-21 來變更時程。預設是一個星期 7 天、1 天 24 小時的任何時段都允許進行複寫，您可變更此時程，例如改為尖峰時期不允許複寫。

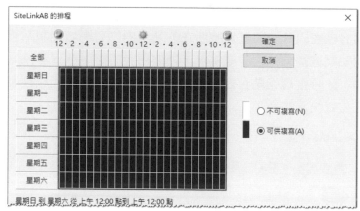

圖 9-3-21

站台連結橋接器

站台連結橋接器（site link bridge）是由兩個或多個**站台連結**所組成，它讓這些**站台連結**具備**轉移性**（transitive），例如圖 9-3-22 中 SiteA 與 SiteB 之間已經建立了**站台連結** SiteLinkAB，而 SiteB 與 SiteC 之間也建立了**站台連結** SiteLinkBC，則**站台連結橋接器** SiteLinkBridgeABC 讓 SiteA 與 SiteC 之間具備著隱性的**站台連結**，也就是說 KCC 在建立**複寫拓撲**時，可以將 SiteA 的網域控制站 DC1 與 SiteC 的網域控制站 DC3 設定為**直接複寫夥伴**，讓 DC1 與 DC3 之間透過兩個 WAN link 的實體線路來直接複寫 AD DS 資料，不需要由 SiteB 的網域控制站 DC2 來轉送。

圖中 SiteLinkAB 的花費為 3、SiteLinkBC 的花費為 4，則 SiteLinkBridgeABC 的花費是 3 + 4 =7，由於此花費高於 SiteLinkAB 的花費 3 與 SiteLinkBC 的花費 4，因此 KCC 在建立**複寫拓撲**，預設不會在 DC1 與 DC3 之間建立**連線物件**，也就是不會將 DC1 與 DC3 設為**直接複寫夥伴**，除非 DC2 無法使用（例如故障、離線）。

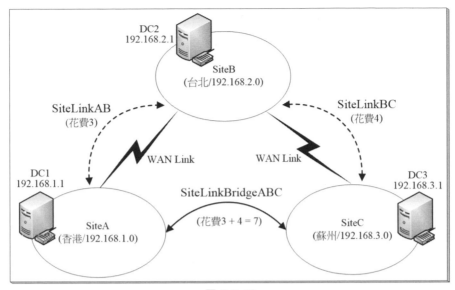

圖 9-3-22

系統預設會自動橋接所有的**站台連結**,而您可以透過如圖 9-3-23 所示【展開 **Inter-Site Transports**⮕點擊 **IP** 資料夾⮕點擊上方**內容圖示**⮕勾選或取消**橋接所有的站台連結**】的途徑來變更其設定值。

圖 9-3-23

由於系統預設已經自動橋接所有的**站台連結**,因此您不需要另外手動建立**站台連結橋接器**,除非您想要控制 AD DS 資料複寫的方向或兩個站台之間受到限制無法直接溝通,例如在圖 9-3-22 的 SiteB 有架設防火牆,它限制 SiteA 的電腦不可與 SiteC 的電腦溝通,則圖中的 SiteLinkBridgeABC 就沒有意義了,因為 SiteA 將無法直接與 SiteC 進行 AD DS 資料庫複寫，此時如果 SiteA 還可以透過另外一個站台 SiteD 來與 SiteC 溝通的話，我們就沒有必要讓 KCC 浪費時間建立 SiteLinkBridgeABC，或浪費時間嘗試透過 SiteLinkBridgeABC 來複寫 AD DS 資料庫，也就是說您可以先取消勾選圖 9-3-23 中的**橋接所有的站台連結**，然後如圖 9-3-24 所示自行建立 SiteLinkBridgeADC，以便讓 SiteA 的電腦與 SiteC 的電腦直接選擇透過 SiteLinkBridgeADC 來溝通。

圖 9-3-24

站台連接橋接器的兩個範例討論

站台連接橋接器範例一

圖 9-3-25 中 SiteA 與 SiteB 之間、SiteB 與 SiteC 之間分別建立了**站台連接**，且分別有著不同的複寫排程與複寫間隔時間，請問 DC1 與 DC3 之間何時可以複寫 AD DS 資料庫（以下針對**網域目錄分割區**來說明）？

▶ 若 DC2 正常運作，且 DC1、DC2 與 DC3 隸屬於同一個網域

　圖中 SiteLinkAB 花費為 3、SiteLinkBC 花費為 4，因此 SiteLinkBridgeABC 花費是 3 + 4 = 7，由於此花費高於 SiteLinkAB 的花費 3 與 SiteLinkBC 的花費 4，因此 KCC 在建立**複寫拓撲**時，並不會在 DC1 與 DC3 之間建立**連線物件**，也就是不會將 DC1 與 DC3 設為**直接複寫夥伴**，所以 DC1 與 DC3 在複寫 AD DS 資料庫時會透過 DC2 來轉送。

當 DC1 的 AD DS 資料有異動時，它可以在 1:00 PM – 4:00 PM 之間將資料複寫給 DC2，而 DC2 在收到資料並儲存到其 AD DS 資料庫後，會在 2:00 PM – 6:00 PM 之間將資料複寫給 DC3。

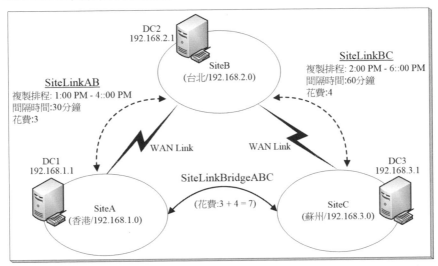

圖 9-3-25

▸ 若 DC2 離線，或 DC2 與 DC1/DC3 不是隸屬於同一個網域

此時因為 DC2 無法提供服務或不會儲存不同網域的 AD DS 資料，因此 DC1 與 DC3 之間需直接複寫 AD DS 資料庫，此時 KCC 在建立**複寫拓撲**時，因為 SiteA 與 SiteC 之間有**站台橋接連接器**，所以會在 DC1 與 DC3 之間建立**連線物件**，也就是將 DC1 與 DC3 設定為**直接複寫夥伴**，讓 DC1 與 DC3 之間可以直接複寫。

但是何時 DC1 與 DC3 之間才會直接複寫 AD DS 資料庫呢? 它們只有在兩個**站台連接**的複寫排程中有重疊的時段才會進行複寫工作，例如 SiteLinkAB 複寫排程是 1:00 PM – 4:00 PM，而 SiteLinkBC 是 2:00 PM – 6:00 PM，因此 DC1 與 DC3 之間會複寫的時段為 2:00 PM – 4:00 PM。

另外 DC1 與 DC3 之間的複寫間隔時間為兩個**站台連接**的最大值，例如 SiteLinkAB 為 30 分鐘，SiteLinkBC 為 60 分鐘，則 DC1 與 DC3 為兩個站台連接的複寫間隔時間為 60 分鐘。

> 在 DC2 故障或離線（或 DC2 不是與 DC1/DC3 同一個網域）的情況下，雖然可以透過**站台橋接連接器**讓 DC1 與 DC3 直接複寫 AD DS 資料庫，但是如果兩個站台連接的複寫時程中沒有重疊時段的話，則 DC1 與 DC3 之間還是無法複寫 AD DS 資料庫。

站台連接橋接器範例二

若圖 9-3-26 中 SiteA 與 SiteB 之間、SiteB 與 SiteC 之間分別建立了站台連接，但是您卻取消勾選前面圖 9-3-23 中的**橋接所有站台連接**，且並沒有自行建立**站台橋接連接器**，則 DC1 與 DC3 之間是否可以進行 AD DS 複寫呢（以下針對**網域目錄分割區**來說明）？

▶ 若 DC2 正常運作，且 DC1、DC2 與 DC3 隸屬於同一個網域

　因 SiteA 與 SiteC 之間沒有**站台橋接連接器**，所以 KCC 在建立**複寫拓撲**時，不會在 DC1 與 DC3 之間建立**連線物件**，也就是不會將 DC1 與 DC3 設為**直接複寫夥伴**，因此 DC1 與 DC3 之間只能夠透過 DC2 來轉送 AD DS 資料。

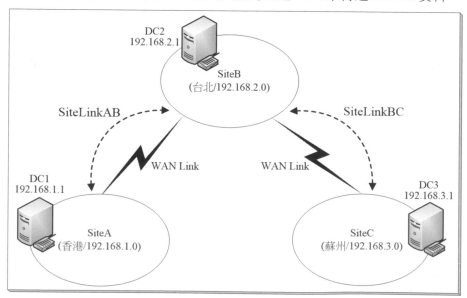

圖 9-3-26

▶ 若 DC2 離線，或 DC2 與 DC1/DC3 不是隸屬於同一個網域

此時 DC2 無法接收與儲存 DC1 與 DC3 的 AD DS 資料，因此 DC1 與 DC3 需直接複寫 AD DS 資料，但是因為 SiteA 與 SiteC 之間並沒有**站台橋接連接器**，因此 KCC 無法在 DC1 與 DC3 之間建立**連線物件**，也就是無法將 DC1 與 DC3 設為**直接複寫夥伴**，所以 DC1 與 DC3 之間將無法複寫 AD DS 資料。

9-4 管理「通用類別目錄伺服器」

通用類別目錄伺服器（global catalog server，GC）也是一台網域控制站，其內的**通用類別目錄**儲存著樹系中所有 AD DS 物件，如圖 9-4-1 所示。

圖中的一般網域控制站內只會儲存所屬網域內**網域目錄分割區**的完整資料，但是**通用類別目錄伺服器**還會儲存樹系中所有其他網域之**網域目錄分割區**的物件的部分屬性，讓使用者可以透過**通用類別目錄**內的這些屬性，很快速的找到位於其他網域內的物件。系統預設會將使用者常用來搜尋的屬性加入到**通用類別目錄**內，例如登入帳戶名稱、UPN、電話號碼等。

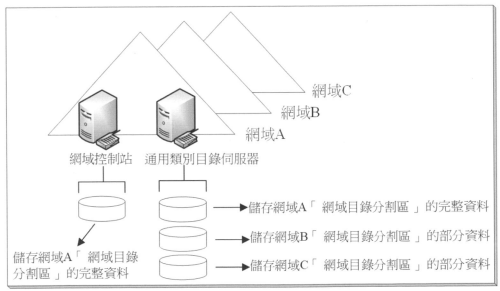

圖 9-4-1

新增屬性到通用類別目錄內

您也可以自行利用 **Active Directory** 架構主控台來將其他屬性加入到**通用類別目錄**內，不過需要自行建立 **Active Directory** 架構主控台：在網域控制站上透過【按 Windows 鍵⊞+ R 鍵➔輸入 **regsvr32 schmmgmt.dll** 後按 確定 鈕】 來登錄 **schmmgmt.dll**，然後再透過【按 Windows 鍵⊞+ R 鍵➔輸入 **MMC** 後按 確定 鈕➔點選**檔案**功能表➔新增/移除嵌入式管理單元➔選擇 **Active Directory** 架構➔按 新增 鈕➔...】。

若您要將其他屬性加入到**通用類別目錄**中的話：【如圖 9-4-2 所示點擊左邊的**屬性**資料夾➔雙擊右邊欲加入的屬性➔如前景圖所示勾選**將這個屬性複寫到通用類別目錄中**】。

圖 9-4-2

通用類別目錄的功能

通用類別目錄主要提供以下的功能：

▸ **快速尋找物件**：由於**通用類別目錄**內儲存著樹系中所有網域之**網域目錄分割區**的物件的部分屬性，因此讓使用者可以利用這些屬性很快速的找到位於其他網域的物件。舉例來說，系統管理員可以選用【開啟**伺服器管理員**➔點擊右上角工具❑Active Directory 管理中心❑如圖 9-4-3 所示點擊全域搜尋❑將領域處改為通用類別目錄搜尋】的途徑,來透過通用類別目錄快速的尋找物件。

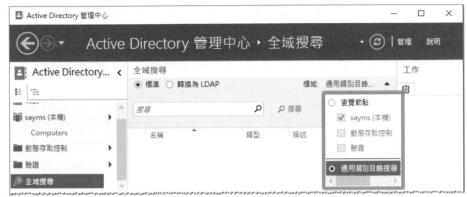

圖 9-4-3

通用類別目錄的 TCP 連接埠號碼為 3268,因此若使用者與通用類別目錄伺服器之間被防火牆隔開的話,請在防火牆開放此連接埠。

▶ **提供 UPN(user principal name)的驗證功能**:當使用者利用 UPN 登入時,若負責驗證使用者身分的網域控制站無法從其 AD DS 資料庫來得知該使用者是隸屬於哪一個網域的話,它可以向通用類別目錄伺服器詢問。例如使用者到網域 hk.sayiis.local 的成員電腦上利用其 UPN george@sayms.local 帳戶登入時,由於網域 hk.sayiis.local 的網域控制站無法得知此 george@sayms.local 帳戶是位於哪一個網域內(見 Q&A),因此它會向通用類別目錄查詢,以便完成驗證使用者身分的工作。

> **Q** 若使用者的 UPN 為 george@sayms.local,則該使用者帳戶就一定是儲存在網域 sayms.local 的 AD DS 資料庫嗎?
>
> **A** 不一定! 雖然使用者帳戶的 UPN 尾碼預設就是帳戶所在網域的網域名稱,但是尾碼可以變更,而且若使用者帳戶被搬移到其他網域時時,其 UPN 並不會自動改變,也就是說 UPN 尾碼不一定就是其網域名稱。

▶ **提供萬用群組的成員資料**:我們在第 8 章說過,當使用者登入時,系統會為使用者建立一個 access token,其內包含著使用者所隸屬群組的 SID,也就是說使用者登入時，系統必須得知該使用者隸屬於哪一些群組，不過因為萬用群組的成員資訊只儲存在**通用類別目錄**，因此當使用者登入時，負責驗證使用者身分的網域控制站，需向**通用類別目錄伺服器**查詢該使用者所隸屬的萬用群組，以便建立 access token、讓使用者完成登入的程序。

當使用者登入時，如果找不到**通用類別目錄伺服器**的話（例如故障、離線），則使用者是否可以登入成功呢？

▶ 若使用者之前曾經在這台電腦成功登入過，則這台電腦仍然能夠利用儲存在其**快取區**（cache）內的使用者身分資料（credentials），來驗證使用者的身分，因此還是可以登入成功。

▶ 若使用者之前未曾在這台電腦登入過，則這台電腦的**快取區**內就不會有該使用者的身分資料，故無法驗證使用者身分，因此使用者無法登入。

> 若使用者是隸屬於 Domain Admins 群組的成員，則無論**通用類別目錄**是否在線上，他都可以登入。

若要將某台網域控制站設定為**通用類別目錄伺服器**或取消其**通用類別目錄伺服器**角色的話：【如圖 9-4-4 所示點擊該網域控制站➲點擊 **NTDS Settings**➲點擊上方內容圖示➲勾選或取消勾選前景圖中的**通用類別目錄**】。

圖 9-4-4

萬用群組成員快取

雖然每一個站台內應該都要有**通用類別目錄伺服器**，但是對一個小型站台來說，由於硬體配備有限、經費短缺、頻寬不足等因素的影響，因此可能您不想在此站台架設一台**通用類別目錄伺服器**。此時您可以透過**萬用群組成員快取**來解決問題。

例如圖 9-4-5 中若 SiteB 啟用了**萬用群組成員快取**，則當使用者登入時，SiteB 內的網域控制站會向 SiteA 的**通用類別目錄伺服器**查詢使用者是隸屬於哪一些萬用群組，該網域控制站得到這些資料後，便會將這些資料儲存到其快取區內，以後當這位使用者再登入時，這台網域控制站就可以直接從快取區內得知該使用者是隸屬於哪一些萬用群組，不需要再向**通用類別目錄**查詢。此功能擁有以下的好處：

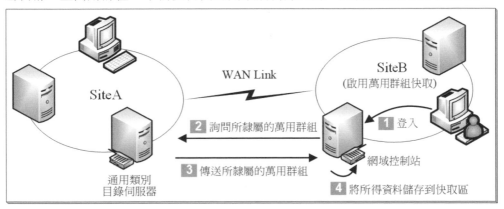

圖 9-4-5

▸ 加快使用者登入的速度，因為網域控制站不需要再向位於遠端另外一個站台的**通用類別目錄**查詢。

▸ 現有網域控制站的硬體不需要升級。由於**通用類別目錄**的負擔比較重，因此需要比較好的硬體設備，然而站台啟用**萬用群組成員快取**後，該站台內的網域控制站就可以不需要將硬體升級。

▸ 減輕對網路頻寬的負擔，因為不需要與其他站台的**通用類別目錄**來複寫樹系中所有網域內的所有物件。

啟用**萬用群組成員快取**的途徑為：【如圖 9-4-6 所示點選站台（例如 SiteB）➲對著右邊的 **NTDS Settings** 按右鍵➲內容➲勾選**啟用萬用群組成員資格快取**】。

> 網域控制站預設會每隔 8 小時更新一次快取區,也就是每隔 8 小時向**通用類別目錄伺服器**索取一次最新的資料,而它是從哪一個站台的**通用類別目錄伺服器**來更新快取資料呢?這可從圖中最下方的**在站台通用類別目錄中重新整理快取**(Refresh Cache from)來選擇。

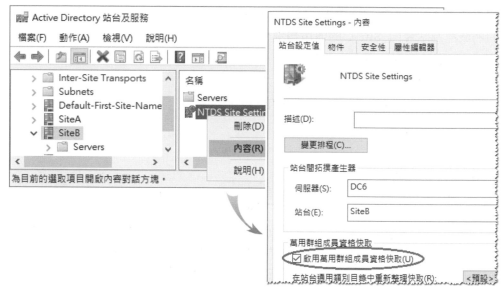

圖 9-4-6

9-5 解決 AD DS 複寫衝突的問題

AD DS 資料庫內的大部分資料是利用**多主機複寫模式**來複寫,因此您可以直接更新任何一台網域控制站內的 AD DS 物件,之後這個更新物件會被自動複寫到其他網域控制站。

但是若兩位系統管理員同時分別在兩台網域控制站建立相同的物件,或是修改相同物件的話,則之後雙方開始相互複寫這些物件時,就會有衝突發生,此時系統該如何來解決這個問題呢?

屬性戳記

AD DS 使用**戳記**（stamp）來做為解決衝突的依據。當您修改了 AD DS 某個物件的屬性資料後（例如修改使用者的地址）後，這個屬性的戳記資料就會改變。這個戳記是由三個資料所組成的：

版本號碼	修改時間	網域控制站的 GUID

▶ **版本號碼**（**version number**）：每一次修改物件的屬性時，屬性的版本號碼都會增加。起始值是 1。

▶ **修改時間**（**timestamp**）：物件屬性被修改的原始時間。

▶ **網域控制站的 GUID**：發生物件修改行為的原始網域控制站的 GUID。

AD DS 在解決衝突時，是以戳記值最高的優先，換句話說版本號碼較高的優先；若版本號碼相同，則以修改時間較後的優先；若修改時間還是相同，再比較原始網域控制站的 GUID，GUID 數值較高者優先。

衝突的種類

AD DS 物件共有以下三種不同種類的衝突情況，其解決衝突的方法也不同：

▶ 屬性值相衝突

▶ 在某容區內新增物件或將物件搬移到此容區內，但是這個容區已經在另外一台網域控制站內被刪除

▶ 名稱相同

屬性衝突的解決方法

若屬性值有衝突，則以戳記值最高的優先。舉例來說，假設使用者王喬治的**顯示名稱**屬性的版本號碼目前為 1，而此時有兩位系統管理員分別在兩台網域控制站上修改了王喬治的**顯示名稱**（如圖 9-5-1 所示），則在這兩台網域控制站內，**顯示名稱**屬性的版本號碼都會變為 2。因為版本號碼相同，故此時需要以**修改時間**來決定以哪一個系統管理員所修改的資料優先，也就是以修改時間較晚的優先。

圖 9-5-1

您可以利用以下的 **repadmin** 程式來查看版本號碼（參考圖 9-5-2）：

repadmin /showmeta CN=王喬治,OU=業務部,DC=sayms,DC=local

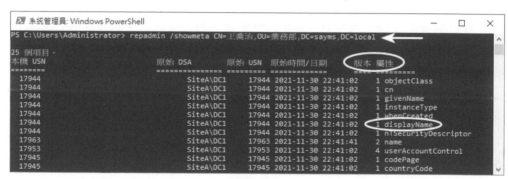

圖 9-5-2

Repadmin.exe 還可以用來查看網域控制站的**複寫拓樸**、建立**連線物件**、手動執行複寫、查看複寫資訊、查看網域控制站的 GUID 等。

物件存放容區被刪除的解決方法

例如某位系統管理員在第 1 台網域控制站上將圖 9-5-3 中的組織單位**會計部**刪除，但是同時在第 2 台網域控制站上卻有另外一位系統管理員在組織單位**會計部**內新增一個使用者帳戶**高麗黛**。請問兩台網域控制站之間開始複寫 AD DS 資料庫時，會發生什麼情況呢？

圖 9-5-3

此時所有網域控制站內的組織單位**會計部**都會被刪除，但是使用者帳戶**高麗黛**會被放置到 LostAndFound 資料夾內，如圖 9-5-4 所示。這種衝突現象並不會使用到戳記來解決問題。

圖 9-5-4

若您要練習驗證上述理論的話，請先讓兩台網域控制站之間網路無法溝通、然後分別在兩台網域控制站上操作、再讓兩台網域控制站之間恢復正常溝通、手動複寫 AD DS 資料庫。不過請先執行以下步驟，否則無法刪除組織單位**會計部**：【開啟 Active Directory 管理中心➔對著組織單位**會計部**按右鍵➔內容➔如圖 9-5-5 所示點擊**組織單位**區段➔取消勾選**保護以防止被意外刪除**】。

圖 9-5-5

名稱相同

如果物件的名稱相同，則兩個物件都會被保留，此時戳記值較高的物件名稱會維持原來的名稱，而戳記值較低的物件名稱會被改變為：

物件的 RDN　CNF：物件的 GUID

例如在兩台網域控制站上同時新增一個名稱相同的使用者**趙日光**，但是分別有不同的屬性設定，則在兩台網域控制站之間進行 AD DS 資料庫複寫後，其結果將是如圖 9-5-6 所示兩個帳戶都被保留，但其中一個的全名會被改名。

圖 9-5-6

操作主機的管理

10

在 AD DS 內有一些資料的維護與管理是由**操作主機**（operations master）來負責的，身為系統管理員的您必須徹底瞭解它們，以便能夠充分掌控與維持網域的正常運作。

10-1 操作主機概觀

AD DS 資料庫內絕大部分資料的複寫是採用**多主機複寫模式**（multi-master replication model），也就是您可以直接更新任何一台網域控制站內絕大部分的 AD DS 物件，之後這個物件會被自動複寫到其他網域控制站。

然而有少部分資料的複寫是採用**單主機複寫模式**（single-master replication model）。在此模式下，當您提出變更物件的要求時，只會由其中一台被稱為**操作主機**的網域控制站負責接收與處理此要求，也就是說該物件是先被更新在這台操作主機內，再由它將其複寫到其他網域控制站。

Active Directory 網域服務（AD DS）內總共有 5 個操作主機角色：

▶ 架構操作主機（schema operations master）

▶ 網域命名操作主機（domain naming operations master）

▶ RID 操作主機（relative identifier operations master）

▶ PDC 模擬器操作主機（PDC emulator operations master）

▶ 基礎結構操作主機（infrastructure operations master）

一個樹系中只有一台**架構操作主機**與一台**網域命名操作主機**，這 2 個樹系等級的角色預設都是由樹系根網域內的第 1 台網域控制站所扮演。而每一個網域擁有自己的 **RID 操作主機**、**PDC 模擬器操作主機**與**基礎結構操作主機**，這 3 個網域等級的角色預設是由該網域內的第 1 台網域控制站所扮演。

1. 操作主機角色（operations master roles）也被稱為 flexible single master operations（FSMO）roles。
2. **唯讀網域控制站**（RODC）無法扮演操作主機的角色。

架構操作主機

扮演**架構操作主機**角色的網域控制站，負責更新與修改**架構**（schema）內的物件種類與屬性資料。隸屬於 Schema Admins 群組內的使用者才有權利修改**架構**。一個樹系中只可以有一台**架構操作主機**。

網域命名操作主機

扮演**網域命名操作主機**角色的網域控制站，負責樹系內**網域目錄分割區**的新增與移除，也就是負責樹系內的網域新增與移除工作。它也負責**應用程式目錄分割區**的新增與移除。一個樹系中只可以有一台**網域命名操作主機**。

RID 操作主機

每一個網域內只可以有一台網域控制站來扮演 **RID 操作主機**角色，而其主要的工作是發放 RID（relative ID）給其網域內的所有網域控制站。RID 有何用途呢？當網域控制站內新增了一個使用者、群組或電腦等物件時，網域控制站需指派一個唯一的安全識別碼（SID）給這個物件，此物件的 SID 是由網域 SID 與 RID 所組成的，也就是說「**物件 SID = 網域 SID + RID**」，而 RID 並不是由每一台網域控制站自己產生的，它是由 **RID 操作主機**來統一發放給其網域內的所有網域控制站。每一台網域控制站需要 RID 時，它會向 **RID 操作主機**索取一些 RID，這些 RID 用完後再向 **RID 操作主機**索取。

由於是由 **RID 操作主機**來統一發放 RID，因此不會有 RID 重複的情況發生，也就是每一台網域控制站所獲得的 RID 都是唯一的，因此物件的 SID 也是唯一的。如果是由每一台網域控制站各自產生 RID 的話，則可能不同的網域控制站會產生相同的 RID，因而會有物件 SID 重複的情況發生。

PDC 模擬器操作主機

每一個網域內只可以有一台網域控制站來扮演 **PDC 模擬器操作主機**角色，而它所負責的工作有：

▶ **減少因為密碼複寫延遲所造成的問題**：當使用者的密碼變更後，需要一點時間這個密碼才會被複寫到其他所有的網域控制站，若在這個密碼還沒有被複寫到其他所有網域控制站之前，使用者利用新密碼登入，則可能會因為負責檢查使用者密碼的網域控制站還沒有收到使用者的新密碼，因而無法登入成功。

AD DS 採用以下方法來減少這個問題發生的機率：當使用者的密碼變更後，這個密碼會優先被複寫到 **PDC 模擬器操作主機**，而其他網域控制站仍然是依照一般複寫程序，也就是需要等一段時間後才會收到這個最新的密碼。如果使用者登入時，負責驗證使用者身分的網域控制站發現密碼不對時，它會將驗證身分的工作轉送給 **PDC 模擬器操作主機**，便可以讓使用者登入成功。

▶ **負責整個網域時間的同步**：**PDC 模擬器操作主機**負責整個網域內所有電腦時間的同步工作。AD DS 的時間同步程序請參考圖 10-1-1：

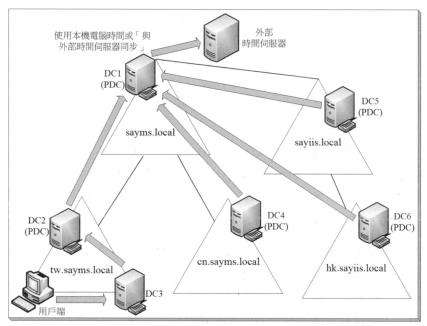

圖 10-1-1

- 圖中樹系根網域 sayms.local 的 **PDC 模擬器操作主機** DC1 預設是使用本機電腦時間，但也可以將其改為與外部的時間伺服器同步。

- 所有其他網域的 **PDC 模擬器操作主機**的電腦時間會自動與樹系根網域 sayms.local 內的 **PDC 模擬器操作主機**同步，例如圖中的 DC2、DC4、DC5、DC6 會與 DC1 同步。

- 各網域內的其他網域控制站都會自動與該網域的 **PDC 模擬器操作主機**時間同步，例如 DC3 會與 DC2 同步。

- 網域內的成員電腦會與驗證其身分的網域控制站同步，例如圖中 tw.sayms.local 內用戶端電腦會與 DC3 同步。

由於樹系根網域 sayms.local 內 **PDC 模擬器操作主機**的電腦時間會影響到樹系內所有電腦的時間,因此請確保此台 **PDC 模擬器操作主機**的時間正確性。

您可以利用 **w32tm /query /Source** 指令來查看時間同步的設定,例如樹系根網域 sayms.local 的 **PDC 模擬器操作主機** DC1 預設是使用本機電腦時間,如圖 10-1-2 所示的 Local CMOS Clock(若是 Hyper-V 虛擬機器的話,則會顯示 VM IC Time Synchronization Provider,除非取消虛擬機器的**整合服務**中的**時間同步化**)。

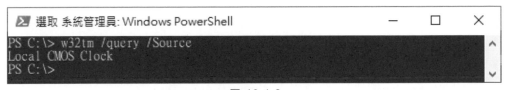

圖 10-1-2

若要將其改為與外部時間伺服器同步的話,可執行以下指令(參考圖 10-1-3):

w32tm /config /manualpeerlist:"time.windows.com time.nist.gov time-nw.nist.gov" /syncfromflags:manual /reliable:yes /update

此指令被設定成可與 3 台時間伺服器(time.windows.com、time.nist.gov 與 time-nw.nist.gov)同步,伺服器的 DNS 主機名稱之間使用空格來隔開,同時利用""符號將這些伺服器框起來。

圖 10-1-3

用戶端電腦也可以透過 **w32tm /query /configuration** 指令來查看時間同步的設定,而我們可以從此指令的結果畫面(參考圖 10-1-4)的 **Type** 欄位來判斷此用戶端電腦時間的同步方式:

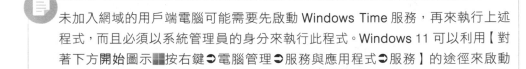 未加入網域的用戶端電腦可能需要先啟動 Windows Time 服務,再來執行上述程式,而且必須以系統管理員的身分來執行此程式。Windows 11 可以利用【對著下方**開始**圖示█按右鍵➋電腦管理➋服務與應用程式➋服務】的途徑來啟動 Windows Time 服務。

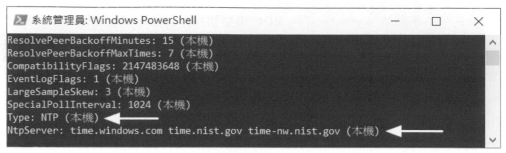

圖 10-1-4

▶ NoSync：表示用戶端不會同步時間。

▶ NTP：表示用戶端會從外部的時間伺服器來同步，而所同步的伺服器會顯示在圖中 **NtpServer** 欄位，例如圖中的 **time.windows.com** 等。

▶ NT5DS：表示用戶端是透過前面圖 10-1-1 的網域架構方式來同步時間。

▶ AllSync：表示用戶端會選擇所有可用的同步機制，包含外部時間伺服器與網域架構方式。

若用戶端電腦是透過圖 10-1-1 網域架構方式來同步時間的話，則執行 **w32tm /query /configuration** 指令後的 **Type** 欄位為如圖 10-1-5 所示 NT5DS。也可以透過如圖 10-1-6 所示的 **w32tm /query /source** 指令來得知其目前所同步的時間伺服器，例如圖中的 dc1.sayms.local，它就是前面圖 10-1-1 中網域 sayms.local 的 **PDC 模擬器操作主機**。

 時間同步所使用的通訊協定為 SNTP（Simple Network Time Protocol），其連接埠號碼為 UDP 123。

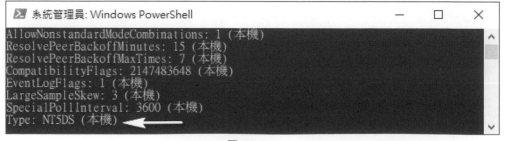

圖 10-1-5

圖 10-1-6

未加入網域的電腦,其時間預設會自動與時間伺服器 **time.windows.com** 同步,若要查看此設定的話,以 Windows 11 電腦來說:【點擊下方**開始圖示**■■➲點擊**設定圖示**⚙➲**時間與語言** (可能需先點擊左上方的三條線圖示☰)➲**日期和時間**➲如圖 10-1-7 所示】,圖中也可透過立即同步鈕來立即同步時間。網域成員電腦或未加入網域的電腦都可以利用 **w32tm /resync** 指令來手動同步。

圖 10-1-7

 若要變更設定:【按 Windows 鍵⊞+ R 鍵➲輸入 control 後按 Enter 鍵➲點擊時鐘和區域➲點擊設定時間和日期➲點擊網際網路時間標籤➲按變更設定鈕】。

基礎結構操作主機

每一個網域內只可以有一台網域控制站來扮演**基礎結構操作主機**的角色。若網域內有物件參考到其他網域的物件時,**基礎結構操作主機**會負責更新這些參考物件的資料,例如本網域內有一個群組的成員包含另外一個網域的使用者帳戶,當這個使用者帳戶有異動時,**基礎結構操作主機**便會負責來更新這個群組的成員資訊,並將其複寫到同一個網域內其他網域控制站。**基礎結構操作主機**是透過**通用類別目錄伺服器**來得到這些參考資料的最新版本。

10-2 操作主機的放置最佳化

為了提高運作的效率、減輕系統管理的負擔與減少問題發生的機率,因此如何適當的放置操作主機便成為不可忽視的課題。

基礎結構操作主機的放置

請勿將基礎結構操作主機放置到通用類別目錄伺服器上(否則基礎結構操作主機無法運作),除非是以下情況:

▶ **所有的網域控制站都是「通用類別目錄伺服器」**:由於**通用類別目錄伺服器**會收到由每一個網域所複寫來的最新異動資料,故不需要**基礎結構操作主機**來提供其他網域的資訊。

▶ **只有一個網域**:若整個樹系中只有一個網域,則**基礎結構操作主機**就沒有作用了,因為沒有其他網域的物件可供參考。

為了便於管理起見,建議將網域等級的 **RID 操作主機**、**PDC 模擬器操作主機**與**基礎結構操作主機**都放置到同一台網域控制站上。

PDC 模擬器操作主機的放置

PDC 模擬器操作主機比較常需要與網路上其他系統溝通,它的負擔比其他操作主機來得重,故此台電腦的設備效能應該要最好、最穩定,以確保能夠應付較重的負擔與提供較高的可用性。

若要降低 **PDC 模擬器操作主機**負擔的話,可以在 DNS 伺服器內調整它的**權數**(weight)。當用戶端需要找尋網域控制站來驗證使用者身分時,用戶端會向 DNS 伺服器查詢誰是網域控制站,而 DNS 伺服器會將用戶端轉介(refer to)到指定的網域控制站,由這台網域控制站來負責驗證使用者身分,由於所有網域控制站預設的**權數**值都相同(100),因此每一台網域控制站被轉介的機率是相同的。若您將

PDC 模擬器操作主機的**權數**值降低的話,例如降為一半(50),則用戶端被轉介到這台 **PDC** 模擬器操作主機的機率就會降低一半,如此便可以降低它的負擔。

假設 **PDC** 模擬器操作主機為 dc1.sayms.local,而您要調降其**權數**值的話:【開啟 **DNS** 管理員主控台◕如圖 10-2-1 所示展開到區域 sayms.local 之下的_tcp 資料夾 ◕雙擊右邊的 dc1.sayms.local◕修改圖 10-2-2 中的**權數**值】。

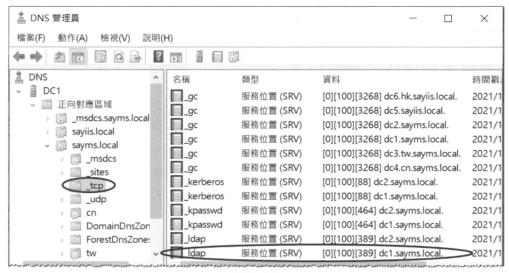

圖 10-2-1

圖 10-2-2

樹系等級操作主機的放置

樹系中第 1 台網域控制站會自動扮演樹系等級的**架構操作主機**與**網域命名操作主機**的角色，它同時也是**通用類別目錄伺服器**。這兩個角色並不會對網域控制站造成太大負擔，它們也與**通用類別目錄**相容，而且即使將這兩個角色搬移到其他網域控制站也不會提高運作效能，因此為了便於管理與執行備份、還原工作，故建議將這兩個角色繼續保留由這台網域控制站來扮演。

網域等級操作主機的放置

每一個網域內的第 1 台網域控制站會自動扮演網域等級的操作主機，而以樹系根網域中的第 1 台網域控制站來說，它同時扮演 2 個樹系等級與 3 個網域等級的操作主機，同時也是**通用類別目錄伺服器**。除非所有網域控制站都是**通用類別目錄伺服器**或樹系中只有一個網域，否則請將**基礎結構操作主機**的角色轉移到其他網域控制站。為了便於管理起見，請將 **RID 操作主機**與 **PDC 模擬器操作主機**也一併轉移到這台網域控制站。

除了樹系根網域之外，其他網域請將 3 台網域等級操作主機保留由第 1 台網域控制站來扮演，但不要將這台網域控制站設定為**通用類別目錄伺服器**，除非所有網域控制站都是**通用類別目錄伺服器**或樹系中只有一個網域。除非工作負擔太重，否則請盡量將這 3 個操作主機交由同一台網域控制站來扮演，以減輕管理負擔。

10-3 找出扮演操作主機角色的網域控制站

在您建立 AD DS 網域時，系統會自動選擇網域控制站來扮演操作主機，我們將在本節介紹如何找出扮演操作主機的網域控制站。

利用管理主控台找出扮演操作主機的網域控制站

不同的操作主機角色可以利用不同的 Active Directory 管理主控台來檢查，如表 10-3-1 所示。

表 10-3-1

角色	管理主控台
架構操作主機	Active Directory 架構
網域命名操作主機	Active Directory 網域及信任
RID 操作主機	Active Directory 使用者和電腦
PDC 模擬器操作主機	Active Directory 使用者和電腦
基礎結構操作主機	Active Directory 使用者和電腦

找出「架構操作主機」

我們可以利用 **Active Directory** 架構主控台來找出目前扮演**架構操作主機**角色的
網域控制站。

STEP **1** 請到網域控制站上登入,然後登錄 **schmmgmt.dll**,之後才可使用 **Active
Directory** 架構主控台。可執行以下指令來登錄 **schmmgmt.dll**:

regsvr32 schmmgmt.dll

並在出現如圖 10-3-1 所示登錄成功的畫面後,再繼續以下的步驟。

圖 10-3-1

STEP **2** 按 Windows 鍵田+ R 鍵➲輸入 **MMC** 後按確定鈕➲點選**檔案**功能表➲新
增/移除嵌入式管理單元➲在圖 10-3-2 中選擇 **Active Directory** 架構➲按
新增鈕➲按確定鈕。

新增或移除嵌入式管理單元　　　　　　　　　　　　　　　　　　　　　　　×

您可以為這個主控台從您的電腦上可以使用的嵌入式管理單元中選擇一些嵌入式管理單元，並且設定所選擇的嵌入式管理單元。對於可延伸的嵌入式管理單元，您可以設定啟用哪些延伸。

可用的嵌入式管理單元(S):　　　　　　　　　　　選取的嵌入式管理單元(E):

嵌入式管理單元	廠商	
Active Directory 使用者和電腦	Microsoft	
Active Directory 架構	Microsoft	
Active Directory 站台及服務	Microsoft	
Active Directory 網域及信任	Microsoft	
ActiveX 控制項	Microsoft	
ADSI 編輯器	Microsoft	
DNS	Microsoft	

📁 主控台根目錄

編輯延伸(X)...
移除(R)
上移(U)
下移(D)

新增(A) >

圖 10-3-2

STEP **3** 如圖 10-3-3 所示點擊 **Active Directory** 架構後對著它按右鍵⮕操作主機。

🖥 主控台1 - [主控台根目錄\Active Directory 架構 [dc1.sayms.local]]　　—　　☐　　×

🖥 檔案(F)　動作(A)　檢視(V)　我的最愛(O)　視窗(W)　說明(H)　　　　_　🗗　×

📁 主控台根目錄　　　　　　　名稱　　　　　動作
> 🖥 Active Directory 架構 [dc1.sayms.loc

變更 Active Directory 網域控制站(C)...
連線到架構操作主機(S)
操作主機(O)...
權限(P)...
重新載入架構(R)

Directory 架構 ...　▲
其他動作　　　▶

圖 10-3-3

STEP **4** 從圖 10-3-4 可知**架構操作主機**為 dc1.sayms.local。

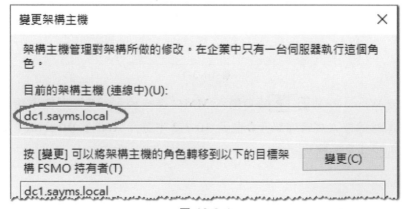

變更架構主機　　　　　　　　　　　　　　　　×

架構主機管理對架構所做的修改。在企業中只有一台伺服器執行這個角色。

目前的架構主機 (連線中)(U):

dc1.sayms.local

按 [變更] 可以將架構主機的角色轉移到以下的目標架構 FSMO 持有者(T)　　　　變更(C)

dc1.sayms.local

圖 10-3-4

找出「網域命名操作主機」

找出目前扮演**網域命名操作主機**角色的網域控制站的途徑為：【開啟伺服器管理員
⮕點擊右上角工具⮕ Active Directory 網域及信任⮕如圖 10-3-5 所示對著 **Active
Directory** 網域及信任按右鍵⮕操作主機⮕從前景圖可知**網域命名操作主機**為
dc1.sayms.local】。

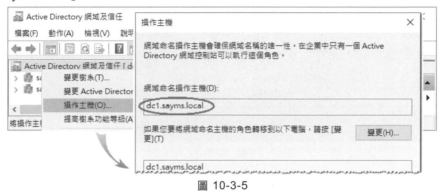

圖 10-3-5

找出「RID」、「PDC 模擬器」與「基礎結構」操作主機

找出目前扮演這 3 個操作主機角色的網域控制站的途徑為：【開啟伺服器管理員⮕
點擊右上角工具⮕ Active Directory 使用者和電腦⮕如圖 10-3-6 所示對著網域名稱
（sayms.local)按右鍵⮕操作主機⮕從前景圖可知 **RID 操作主機**為 dc1.sayms.local】，
您還可以點擊圖中的 **PDC** 與**基礎結構**標籤來得知扮演這兩個角色的網域控制站
（預設都是 dc1.sayms.local）。

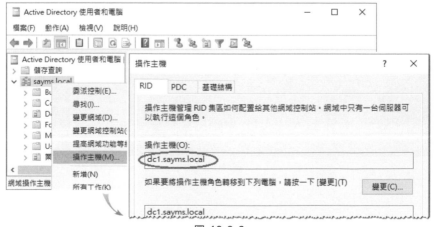

圖 10-3-6

利用指令找出扮演操作主機的網域控制站

您可以開啟 **Windows PowerShell** 視窗，然後透過執行 **netdom query fsmo** 指令來查看扮演操作主機角色的網域控制站，如圖 10-3-7 所示。

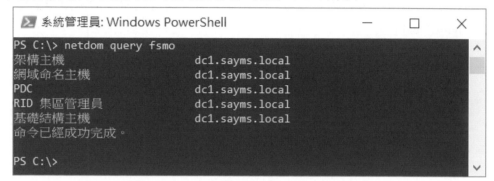

圖 10-3-7

您也可以在 **Windows PowerShell** 視窗內，透過執行以下的 Get-ADDomain 指令來查看扮演網域等級操作主機角色的網域控制站（參考圖 10-3-8）。

Get-ADDomain | Select-Object InfrastructureMaster,PDCEmulator,RIDMaster | Format-List

或是透過執行以下的 Get-ADForest 指令來查看扮演樹系等級操作主機角色的網域控制站（參考圖 10-3-8）。

Get-ADForest | Select-Object DomainNamingMaster,SchemaMaster | Format-List

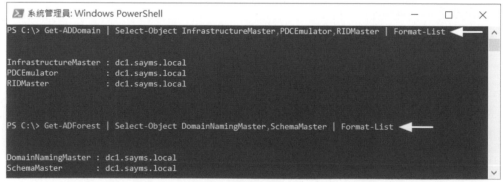

圖 10-3-8

10-4 轉移操作主機角色

在您建立 AD DS 網域時，系統會自動選擇網域控制站來扮演操作主機，而在您要將扮演操作主機角色的網域控制站降級為成員伺服器時，系統也會自動將其操作主機角色轉移到另外一台適當的網域控制站，因此在大部分的情況下，您並不需要自行轉移操作主機角色。

不過有時候您可能需要自行轉移操作主機角色，例如網域架構變更或原來扮演操作主機角色的網域控制站負荷太重，而您想要將其轉移到另外一台網域控制站，以便降低原操作主機的負荷。

請在將操作主機角色安全的轉移到另外一台網域控制站之前，先確定兩台網域控制站都已經連上網路、可以相互溝通，同時您必須是隸屬於表 10-4-1 中的群組或被委派權利，才有權執行轉移的工作。

表 10-4-1

角色	有權利的群組
架構操作主機	Schema Admins
網域命名操作主機	Enterprise Admins
RID 操作主機	Domain Admins
PDC 模擬器操作主機	Domain Admins
基礎結構操作主機	Domain Admins

在執行安全轉移動作之前，請注意以下事項：

▶ 轉移角色的過程中並不會有資料遺失

▶ 可以將樹系等級的**架構操作主機**與**網域命名操作主機**轉移到同一個樹系中任何一台網域控制站

▶ 可以將網域等級的 **RID 操作主機**與 **PDC 模擬器操作主機**轉移到同一個網域中任何一台網域控制站

▶ 不要將**基礎結構操作主機**轉移到兼具**通用類別目錄伺服器**的網域控制站，除非所有網域控制站都是**通用類別目錄伺服器**或樹系中只有一個網域

利用管理主控台

任何一種操作主機的轉移步驟都類似，以下以轉移 **PDC 模擬器操作主機**為例來說明，並且假設要將 **PDC 模擬器操作主機**由 dc1.sayms.local 轉移到 dc2.sayms.local。

STEP **1** 開啟伺服器管理員⊃點擊右上角工具⊃Active Directory 使用者和電腦。

轉移 PDC 模擬器操作主機、RID 操作主機與基礎結構操作主機都是使用 Active Directory 使用者和電腦主控台、轉移架構操作主機是使用 Active Directory 架構主控台、轉移網域命名操作主機是使用 Active Directory 網域及信任主控台。

STEP **2** 若目前所連接的網域控制站就是即將扮演操作主機的 dc2.sayms.local（如圖 10-4-1 所示），則請跳到 STEP **5**，否則請繼續以下的步驟。

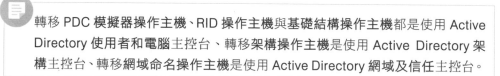

圖 10-4-1

STEP **3** 如圖 10-4-2 所示【對著 **Active Directory** 使用者和電腦按右鍵⊃變更網域控制站】（目前所連接的網域控制站為 dc1.sayms.local）。

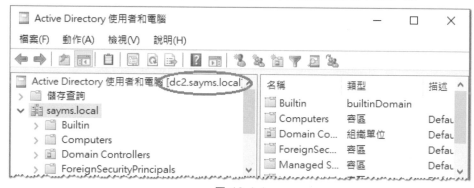

圖 10-4-2

STEP **4** 在圖 10-4-3 中點選即將扮演操作主機角色的網域控制站 dc2.sayms.local 後按 確定 鈕。

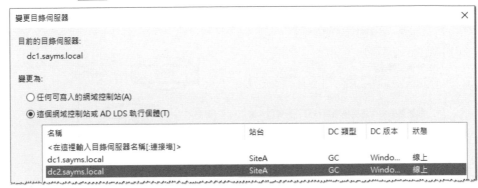

圖 10-4-3

STEP **5** 如圖 10-4-4 所示【對著網域名稱 sayms.local 按右鍵❏操作主機】。

圖 10-4-4

STEP **6** 如圖 10-4-5 所示【點選 **PDC** 標籤❏確認目前所連接的網域控制站是 dc2.sayms.local❏按 變更 鈕❏按是（**Y**）鈕❏按 確定 鈕】。

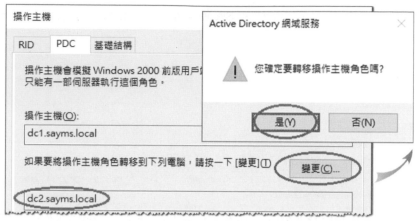

圖 10-4-5

STEP **7**　從圖 10-4-6 中可以確定已成功將操作主機轉移到 dc2.sayms.local。

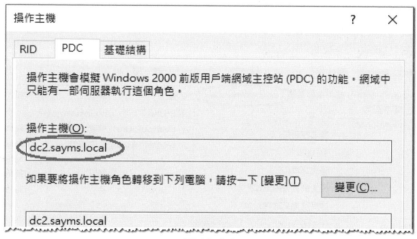

圖 10-4-6

利用 Windows PowerShell 指令

先點擊左下角開始圖示⊞➪Windows PowerShell，然後透過執行指令 **Move-ADDirectoryServerOperationMasterRole** 來轉移操作主機角色。例如若要將 **PDC 模擬器**操作主機轉移到 dc2.sayms.local 的話，請執行以下指令後按 Y 鍵或 A 鍵（參考圖 10-4-7）：

**Move-ADDirectoryServerOperationMasterRole -Identity "DC2"
　-OperationMasterRole PDCEmulator**

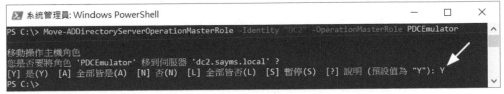

圖 10-4-7

若要轉移其他角色的話，只要將 **PDCEmulator** 字樣換成 **RIDMaster**、
InfrastructureMaster、**SchemaMaster** 或 **DomainNamingMaster** 即可。

若要一次同時轉移多個角色的話，例如同時將 **PDC 模擬器操作主機**與**基礎結構操作主機**都轉移到 dc2.sayms.local 的話，請輸入以下指令（角色名稱之間以逗號隔開）後按 A 鍵：

**Move-ADDirectoryServerOperationMasterRole -Identity "DC2"
　-OperationMasterRole PDCEmulator, InfrastructureMaster**

這些角色也可以利用數字來代表，如表 10-4-2 所示。

表 10-4-2

操作主機	代表號碼
PDC 模擬器操作主機	0
RID 操作主機	1
基礎結構操作主機	2
架構操作主機	3
網域命名操作主機	4

故若要將所有操作主機都轉移到dc2.sayms.local的話，可執行以下指令後按 A 鍵：

**Move-ADDirectoryServerOperationMasterRole -Identity "DC2"
　-OperationMasterRole 0,1,2,3,4**

10-5 奪取操作主機角色

若扮演操作主機角色的網域控制站故障時，您可能需要採用**奪取**（seize，拿取）方式來將操作主機角色強迫轉移到另外一台網域控制站。

1. 只有在無法安全轉移的情況下，才使用奪取的方法。由於奪取是非常的手段，因此請確認有其必要性後，再執行奪取的步驟。

2. 一旦**操作主機**角色被奪取後，請**永遠不要**讓原來扮演該角色的網域控制站，再與現有的網域控制站連線、溝通，以免有不可預期的後果發生，例如若發生同時有兩台 **RID 操作主機**的狀況，則它們可能會發放相同的 RID 給其他網域控制站，造成物件 SID 相同的衝突狀況。建議原來扮演該角色的網域控制站，在未連接到網路的狀況下，將其硬碟格式化或重新安裝作業系統。

操作主機停擺所造成的影響

有的操作主機故障時，短時間內就會對網路造成明顯的影響，然而有的卻不會，因此請參考以下說明來決定是否要儘快奪取操作主機角色。

由於新操作主機是根據其內的 AD DS 資料庫來運作，因此為了減少資料遺失，請在執行奪取步驟之前等一段足夠的時間（至少等所有網域控制站之間完成一次 AD DS 複寫所需的時間），讓這台即將成為新操作主機的網域控制站，能夠完整的接收到從其他網域控制站複寫來的最新異動資料。

一旦奪取操作主機角色後，請不要再啟動原扮演操作主機角色的網域控制站，以免有不可預期的後果發生，因而影響到 AD DS 的運作。

「架構操作主機」停擺時

由於使用者並不會直接與**架構操作主機**溝通，因此若**架構操作主機**暫時無法提供服務的話，對使用者並沒有影響；而對系統管理員來說，除非他們需要存取架構內的資料，例如安裝會修改架構的應用程式（例如 Microsoft Exchange Server），否則也暫時不需要使用到**架構操作主機**。所以一般來說等**架構操作主機**修復後重新上線即可，不需要執行奪取的步驟。

若**架構操作主機**停擺的時間太久，以致於影響到系統運作時，則您應該奪取操作主機角色，以便改由另外一台網域控制站來扮演。

「網域命名操作主機」停擺時

網域命名操作主機暫時無法提供服務的話，對網路使用者並沒有影響，而對系統管理員來說，除非他們要新增或移除網域，否則也暫時不需要使用到**網域命名操作主機**，所以一般來說等**網域命名操作主機**修復後重新上線即可，不需要執行奪取步驟。

若**網域命名操作主機**停擺的時間太久，以致於影響到系統運作時，則您應該奪取操作主機角色，改由另外一台網域控制站來扮演。

「RID 操作主機」停擺時

RID 操作主機暫時無法提供服務，對網路使用者並沒有影響，而對系統管理員來說，除非他們要在網域內新增物件，同時他們所連接的網域控制站之前所索取的 RID 已經用完，否則也暫時不需要使用到 **RID 操作主機**，故一般來說可以不需要執行奪取的步驟。

若 **RID 操作主機**停擺的時間太久，以致於影響到系統運作時，則您應該奪取操作主機角色，改由另外一台網域控制站來扮演。

「PDC 模擬器操作主機」停擺時

由於 **PDC 模擬器操作主機**無法提供服務時，網路使用者可能會比較快察覺到，例如密碼複製延遲問題，造成用戶端無法使用新密碼來登入 （參考章節 10-1 關於 **PDC 模擬器操作主機**的說明），此時應該盡快修復 **PDC 模擬器操作主機**，若無法在短期內修復的話，則需要儘快執行奪取步驟。

「基礎結構操作主機」停擺時

基礎結構操作主機暫時無法提供服務的話，對網路使用者並沒有影響，而對系統管理員來說，除非他們最近搬移大量帳戶或改變大量帳戶的名稱，否則也不會察覺到**基礎結構操作主機**已經停擺，所以暫時可以不需要執行奪取的步驟。

若**基礎結構操作主機**停擺的時間太久，以致於影響到系統運作時，則應該奪取操作主機角色，改由另外一台網域控制站來扮演。

奪取操作主機角色實例演練

我們利用以下範例來解說如何奪取操作主機角色,以便讓網域能夠繼續正常運作。

 只有在無法利用**轉移**方法的情況下,才使用**奪取**方法。您必須是隸屬於適當的群組才可以執行**奪取**的動作(參見表 10-4-1)。

假設圖 10-5-1 中只有一個網域,其中除了 **PDC 模擬器操作主機**是由 dc2.sayms.local 所扮演之外,其他 4 個操作主機都是由 dc1.sayms.local 所扮演。現在假設 dc2.sayms.local 這台網域控制站故障永遠無法使用了,因此您需要奪取 **PDC 模擬器操作主機**角色,改由另外一台網域控制站 dc1.sayms.local 來扮演。

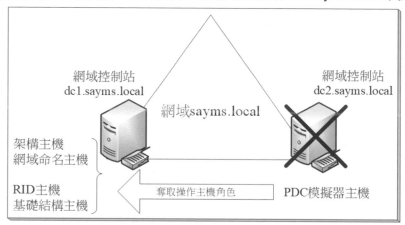

圖 10-5-1

點擊左下角**開始**圖示⊞❍Windows PowerShell,然後跟前面轉移角色一樣使用指令 **Move-ADDirectoryServerOperationMasterRole**,不過要加**-Force** 參數,例如以下指令會奪取 **PDC 模擬器操作主機**,並改由 dc1.sayms.local 來扮演:

Move-ADDirectoryServerOperationMasterRole -Identity "DC1"
-OperationMasterRole PDCEmulator -Force

圖 10-5-2

11

AD DS 的維護

為了維持網域環境的正常運作，因此應該定期備份 AD DS（Active Directory 網域服務）的相關資料。同時為了保持 AD DS 的運作效能，因此也應該充分瞭解 AD DS 資料庫。

11-1 系統狀態概觀

Windows Server 伺服器的系統狀態（system state）內所包含的資料，視伺服器所安裝的角色種類而有所不同，例如可能包含以下的資料：

▶ 登錄值

▶ COM+ 類別註冊資料庫（Class Registration database）

▶ 啟動檔案（boot files）

▶ Active Directory 憑證服務（AD CS）資料庫

▶ AD DS 資料庫（Ntds.dit）

▶ SYSVOL 資料夾

▶ 叢集服務資訊

▶ Microsoft Internet Information Services（IIS）　metadirectory

▶ 受 Windows Resource Protection 保護的系統檔案

AD DS 資料庫

AD DS 內的元件主要分為 AD DS 資料庫檔案與 SYSVOL 資料夾，其中 AD DS 資料庫檔案預設是位於 *%systemroot%*\NTDS 資料夾內（ *%systemroot%* 一般是 C:\Windows），如圖 11-1-1 所示。

其中 **ntds.dit** 是 AD DS 資料庫檔案，它儲存著網域的 AD DS 物件；ebd、edb00001、edb00002（副檔名是.log，預設會被隱藏）是 AD DS 異動記錄檔，當 AD DS 資料庫損毀時，可利用異動記錄檔來修復 AD DS 資料庫；**edbres00001.jrs** 與 **edbres00002.jrs** 是異動記錄的備用檔案，若發生硬碟空間不夠的情況時，系統會使用這兩個檔案；**edb.chk** 是**檢查點**（checkpoint）檔案，用來輔助修復 AD DS 資料庫。

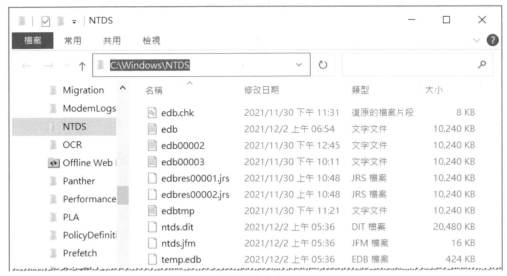

圖 11-1-1

SYSVOL 資料夾

SYSVOL 資料夾是位於%*systemroot*%內（如圖 11-1-2 所示），此資料夾內儲存著以下的資料：指令檔（scripts）、**NETLOGON** 共用資料夾、**SYSVOL** 共用資料夾與群組原則相關設定。

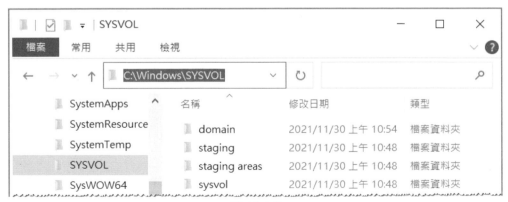

圖 11-1-2

11-2 備份 AD DS

您應該定期備份網域控制站的系統狀態，以便當網域控制站的 AD DS 損毀時，可以透過備份資料來復原網域控制站。

安裝 Windows Server Backup 功能

首先您需要新增 Windows Server Backup 功能：【開啟伺服器管理員⊃點擊儀表板處的**新增角色及功能**⊃持續按 下一步 鈕一直到出現如圖 11-2-1 所示的畫面時勾選 Windows Server Backup⊃按 下一步 鈕、安裝 鈕】。

圖 11-2-1

備份系統狀態

我們將透過備份**系統狀態**的方式來備份 AD DS，系統狀態的檔案是位於安裝 Windows 系統的磁碟內，一般是 C:磁碟，我們將此磁碟稱為備份的**來源磁碟**，然而備份**目的地磁碟**預設是不可以包含來源磁碟，所以您無法將系統狀態備份到來源磁碟 C:，因此您需要將其備份到另外一個磁碟、DVD 或其他電腦內的共用資料夾。您必須隸屬於 Administrators 或 Backup Operators 群組才有權利執行備份系統狀態的工作，而且必須有權限將資料寫入目的地磁碟或共用資料夾。

若要開放可以備份到來源磁碟的話，請在以下登錄路徑新增一筆名稱為 AllowSSBToAnyVolume 的數值，其類型為 DWORD：

HKLM\SYSTEM\CurrentControlSet\Services\wbengine\SystemStateBackup

其值為 1 表示開放，為 0 表示禁止。建議不要開放，否則可能會備份失敗，而且需要使用比較多的磁碟空間。

以下假設我們要將系統狀態資料備份到網路共用資料夾\\dc1\backup 內（請先在
dc1 電腦上建立好此共用資料夾）：

STEP **1** 請開啟伺服器管理員⊃點擊右上角的工具⊃Windows Server Backup⊃如
圖 11-2-2 所示點擊一次性備份…。

圖 11-2-2

STEP **2** 如圖 11-2-3 所示選擇預設的**不同選項**後按下一步鈕

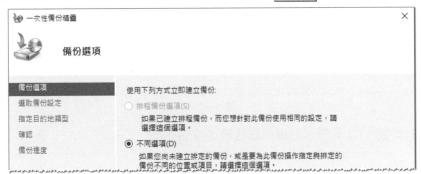

圖 11-2-3

STEP **3** 在圖 11-2-4 中選擇**自訂**後按下一步鈕。

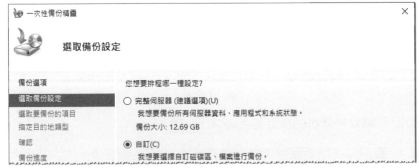

圖 11-2-4

📝 也可以透過**完整伺服器**來備份整台網域控制站內的所有資料，它包含系統狀態。

STEP 4 如圖 11-2-5 所示按 新增項目 鈕。

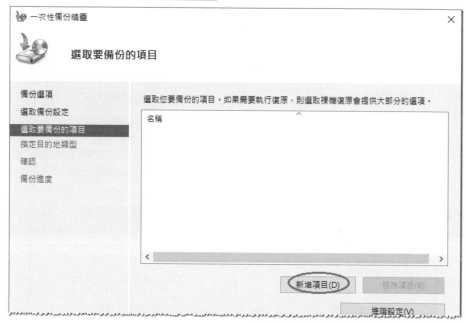

一次性備份精靈 ✕

選取要備份的項目

備份選項
選取備份設定
選取要備份的項目
指定目的地類型
確認
備份進度

選取您要備份的項目。如果需要執行復原，則選取裸機復原會提供大部分的選項。

名稱

新增項目(D)　　移除項目(R)

進階設定(V)

圖 11-2-5

STEP 5 如圖 11-2-6 所示勾選**系統狀態**後按 確定 鈕。

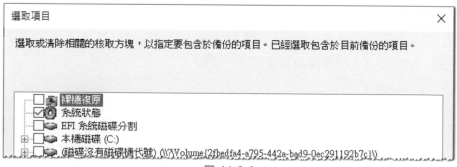

選取項目 ✕

選取或清除相關的核取方塊，以指定要包含於備份的項目。已經選取包含於目前備份的項目。

☐ 裸機復原
☑ 系統狀態
☐ EFI 系統磁碟分割
☐ 本機磁碟 (C:)
☐ (磁碟沒有磁碟機代號) (\\?\Volume{2fbedfa4-a795-442a-bad9-0ec291192b7c}\)

圖 11-2-6

STEP 6 回到**選取要備份的項目**畫面後按 下一步 鈕。

STEP 7 如圖 11-2-7 所示選擇**遠端共用資料夾**按 下一步 鈕後。

圖 11-2-7

STEP **8** 如圖 11-2-8 所示在**位置**處輸入\\dc1\backup 後按 下一步 鈕。

圖 11-2-8

STEP **9** 在**確認**畫面中按 備份 鈕。

11-3 復原 AD DS

在系統狀態備份完成後，若之後 AD DS 資料損毀的話，您就可以透過執行**非授權還原**（nonauthoritative restore）的程序來修復 AD DS。請進入**目錄服務修復模式**（Directory Services Restore Mode，DSRM，或譯為**目錄服務還原模式**），然後利用之前的備份來執行**非授權還原**的工作。

 若系統無法啟動的話，則應該執行完整伺服器的復原程序，而不是**非授權還原**程序。

進入「目錄服務修復模式」的方法

以下假設是在網域控制站 dc2 上操作：點擊左下角開始圖示⊞➲Windows PowerShell➲執行以下指令（如圖 11-3-1）：

bcdedit --% /set {globalsettings} advancedoptions true

圖 11-3-1

請重新啟動電腦，之後將出現如圖 11-3-2 的**進階開機選項**畫面，請選擇**目錄服務修復模式**後按 Enter 鍵，之後就會出現**目錄服務修復模式**（目錄服務還原模式）的登入畫面（後述）。

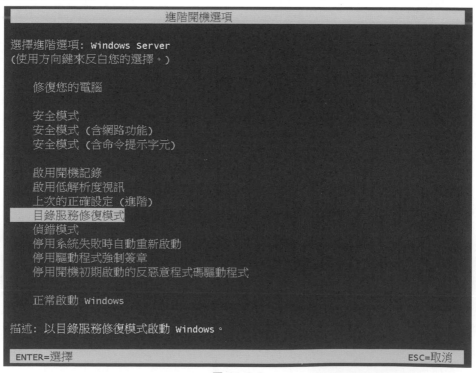

圖 11-3-2

1. 若希望改回以後啟動時不要再顯示此畫面的話,請執行前述 bcdedit 程式,但是將最後的 true 改為 false。

2. 也可以不用執行任何程式,直接在網域控制站上透過重新開機、完成自我測試後、系統啟動初期立刻按 F8 鍵的方式來顯示圖 11-3-2 的**進階開機選項**畫面,但是要抓準按 F8 鍵的時機。

執行 AD DS 的「非授權還原」

接下來需要利用**目錄服務修復模式**的系統管理員帳戶與密碼登入,並執行 AD DS 的標準復原程序,也就是**非授權還原**。以下假設之前製作的系統狀態備份是位於網路共用資料夾\\dc1\backup 內。

STEP **1** 在前面的圖 11-3-2 中選擇**目錄服務修復模式**後,請接著在圖 11-3-3 的登入畫面中輸入**目錄服務修復模式**的系統管理員的帳戶與密碼來登入,其中使用者名稱可輸入**.\Administrator** 或***電腦名稱***\Administrator。

圖 11-3-3

STEP **2**　開啟伺服器管理員⮕點擊右上角的工具⮕Windows Server Backup⮕點擊
　　　　圖 11-3-4 左方**本機備份**⮕點擊右方的**復原…**。

圖 11-3-4

STEP **3**　如圖 11-3-5 所示點選**儲存在其他位置的備份**後按下一步鈕。

圖 11-3-5

STEP **4**　如圖 11-3-6 所示點選**遠端共用資料夾**後按下一步鈕。

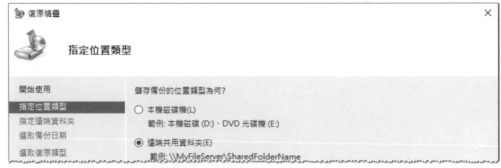

圖 11-3-6

STEP 5 如圖 11-3-7 所示輸入共用資料夾路徑\\dc1\backup 後按 下一步 鈕。

圖 11-3-7

STEP 6 在圖 11-3-8 中點選備份的日期與時間後按 下一步 鈕。

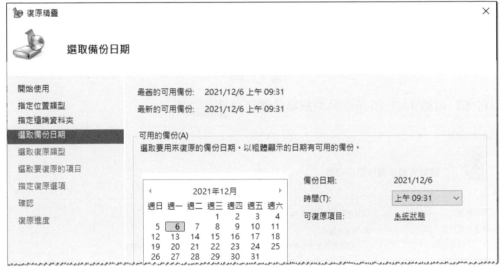

圖 11-3-8

STEP **7**　如圖 11-3-9 所示選擇復原**系統狀態**後按 下一步 鈕。

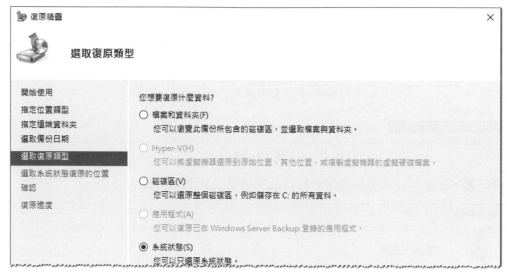

圖 11-3-9

STEP **8**　如圖 11-3-10 所示點選**原始位置**後按 下一步 鈕。

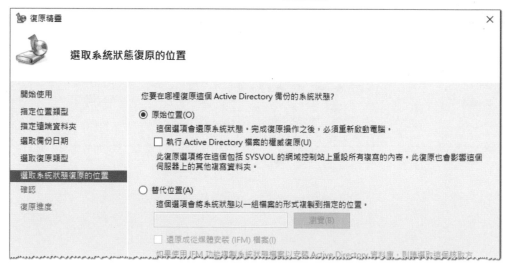

圖 11-3-10

STEP **9** 在圖 11-3-11 中按 確定 鈕。

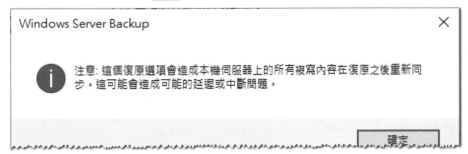

圖 11-3-11

STEP **10** 參考圖 11-3-12 中的說明後按 確定 鈕。

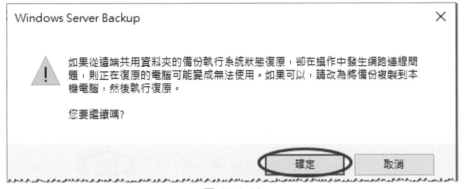

圖 11-3-12

STEP **11** 如圖 11-3-13 所示按 復原 鈕。

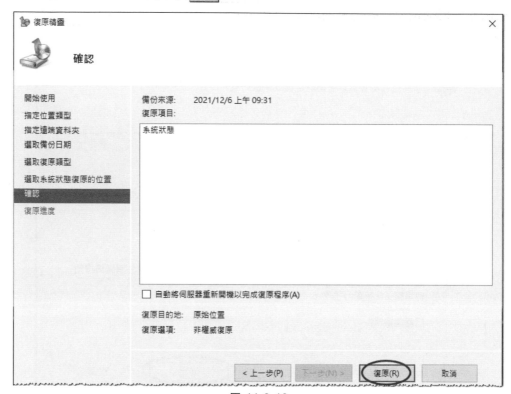

圖 11-3-13

STEP **12** 在圖 11-3-14 中按 是（Y） 鈕。

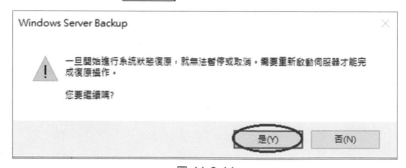

圖 11-3-14

STEP **13** 完成復原後，請依照畫面指示重新啟動電腦。

針對被刪除的 AD DS 物件執行「授權還原」

若網域內只有一台網域控制站,則只需要執行**非授權還原**即可,但是若網域內有多台的網域控制站的話,則可能還需搭配**授權還原**。

例如網域內有兩台網域控制站 DC1 與 DC2,而且您曾經備份網域控制站 DC2 的系統狀態,可是今天卻不小心利用 **Active Directory** 管理中心主控台將使用者帳戶**王喬治**刪除,之後這個異動資料會透過 AD DS 複寫機制被複寫到網域控制站 DC1,因此在網域控制站 DC1 內的**王喬治**帳戶也會被刪除。

> 當您將使用者帳戶刪除後,此帳戶並不會立刻從 AD DS 資料庫內移除,而是被搬移到一個名稱為 Deleted Objects 的容區內,同時這個使用者帳戶的版本號碼會被加 1。系統預設是 180 天後才會將其從 AD DS 資料庫內移除。

若要救回被不小心刪除的**王喬治**帳戶,您可能會在網域控制站 DC2 上利用標準的**非授權還原**來將之前已經備份的舊**王喬治**帳戶復原,可是雖然在網域控制站 DC2 內的**王喬治**帳戶已被復原了,但是在網域控制站 DC1 內的**王喬治**卻是被標記為**已刪除**的帳戶,請問下一次 DC1 與 DC2 之間執行 Active Directory 複寫程序時,將會有什麼樣的結果呢?

答案是在 DC2 內剛被復原的**王喬治**帳戶會被刪除,因為對系統來說,DC1 內被標記為**已刪除**的**王喬治**的版本號碼較高,而 DC2 內剛復原的**王喬治**是舊的資料,其版本號碼較低。在第 9 章曾經介紹過兩個物件有衝突時,系統會以**戳記**(stamp)來做為解決衝突的依據,因此版本號碼較高的物件會覆蓋掉版本號碼較低的物件。

若要避免上述現象發生的話,則您需要另外再執行**授權還原(權威復原)**。當您在 DC2 上針對**王喬治**帳戶另外執行過**授權還原**後,這個被復原的舊**王喬治**帳戶的版本號碼將被增加,而且是從備份當天開始到執行**授權還原**為止,每天增加 100,000,因此當 DC1 與 DC2 開始執行複寫工作時,由於位於 DC2 的舊**王喬治**帳戶的版本號碼會比較高,所以這個舊**王喬治**會被複寫到 DC1,將 DC1 內被標記為**已刪除**的**王喬治**覆蓋掉,也就是說舊**王喬治**被復原了。

以下練習假設上述使用者帳戶**王喬治**是建立在網域 sayms.local 的組織單位**業務部**內，我們需要先執行**非授權還原**，然後再利用 **ntdsutil** 指令來針對使用者帳戶**王喬治**執行**授權還原**。您可以依照以下的順序來練習：

▶ 在網域控制站 DC2 建立組織單位**業務部**、在**業務部**內建立使用者帳戶**王喬治**（George）

▶ 等組織單位**業務部**、使用者帳戶**王喬治**帳戶被複寫到網域控制站 DC1

▶ 在網域控制站 DC2 備份**系統狀態**

▶ 在網域控制站 DC2 上將使用者帳戶**王喬治**刪除（此帳戶會被搬移到 **Deleted Objects** 容區內）

▶ 等這個刪除資訊被複寫到網域控制站 DC1，也就是等 DC1 內的**王喬治**也被刪除（預設是等 15 秒）

▶ 在 DC2 上先執行**非授權還原**，然後再執行**授權還原**，它便會將被刪除的**王喬治**帳戶復原

以下僅說明最後一個步驟，也就是先執行**非授權還原**，然後再執行**授權還原**。

STEP **1**　請到 DC2 執行**非授權還原**步驟，也就是前面第 11-9 頁的 **執行 AD DS 的「非授權還原」**STEP **1** 到STEP **12**，注意不要執行STEP **13**，也就是完成復原後，**不要重新啟動電腦**（參見**錯誤! 找不到參照來源。**）。

圖 11-3-15

STEP **2**　繼續在 **Windows PowerShell** 視窗下執行以下指令（完整的操作畫面可參考圖 11-3-17）：

ntdsutil

STEP **3**　在 **ntdsutil**：提示字元下執行以下指令：

activate instance ntds

表示要將網域控制站的 AD DS 資料庫設定為使用中。

STEP **4**　在 **ntdsutil**：提示字元下執行以下指令：

authoritative restore

STEP **5** 在 **authoritative restore**：提示字元下，針對網域 sayms.local 的組織單位
業務部內的使用者王喬治執行**授權還原**，其指令如下所示：

restore object CN=王喬治,OU=業務部,DC=sayms,DC=local

> 若要針對整個 AD DS 資料庫執行**授權還原**的話，請執行 restore database 指
> 令；若要針對組織單位**業務部**執行**授權還原**的話，請執行以下指令（可輸入? 來
> 查詢指令的語法）：
>
> restore subtree OU=業務部,DC=sayms,DC=local

STEP **6** 在錯誤! 找不到參照來源。中按是（Y）鈕
（畫面中翻譯為**權威復原**）。

圖 11-3-16

STEP **7** 圖 11-3-17 為前面幾個步驟的完整操作過程。

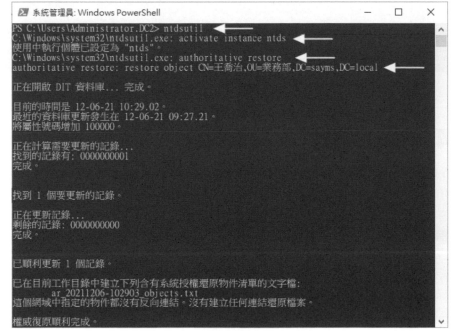

圖 11-3-17

STEP **8**　在 **authoritative restore**：提示字元下，執行 **quit** 指令。

STEP **9**　在 **ntdsutil**：提示字元下，執行 **quit** 指令。

STEP **10**　執行以下指令後，以一般模式重新啟動系統。

　　　bcdedit --% /set {globalsettings} advancedoptions false

STEP **11**　等網域控制站之間的 AD DS 自動同步完成或利用 **Active Directory** 站台
　　　及服務手動同步。

完成同步工作後，可利用 **Active Directory** 管理中心來驗證組織單位業務部內的
使用者帳戶王喬治已經被復原，而您也可以透過以下指令來驗證王喬治帳戶的屬
性版本號碼確實被增加了 100,000，如圖 11-3-18 中的版本欄位所示。

repadmin /showmeta CN=王喬治,OU=業務部,DC=sayms,DC=local

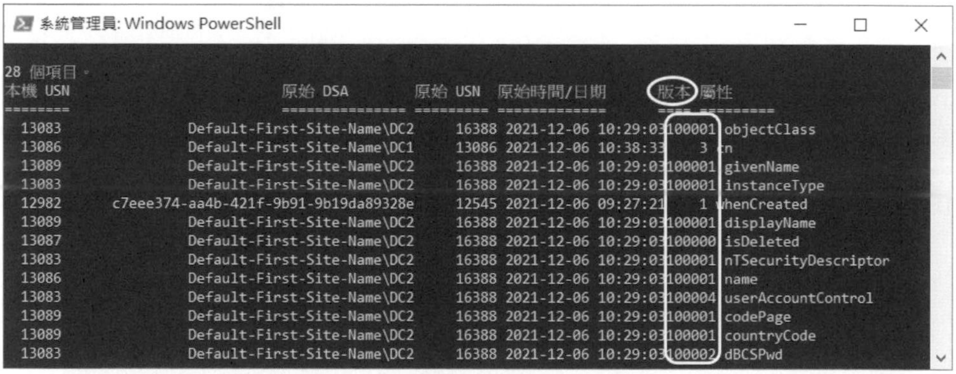

圖 11-3-18

11-4 AD DS 資料庫的重整

AD DS 資料庫與異動記錄檔的儲存地點在%*systemroot*%\NTDS 資料夾內（一般是
C:\Windows），一段時間以後，可能需要重整 AD DS 資料庫來提高運作效率。

可重新啟動的 AD DS（Restartable AD DS）

若要進行 AD DS 資料庫維護工作的話，例如資料庫離線重整等，可以選擇重新啟
動電腦，然後進入目錄服務修復模式內來執行這些維護工作。但若這台網域控制站
也同時提供其他網路服務的話，例如它同時也是 DHCP 伺服器，則重新啟動電腦
將造成這些服務會暫時停止對用戶端服務。

除了進入**目錄服務修復模式**之外，系統還提供**可重新啟動的 AD DS** 功能，此時只需將 AD DS 服務停止，就可執行 AD DS 資料庫的維護工作，不需要重新啟動電腦來進入**目錄服務修復模式**，如此不但可讓 AD DS 資料庫的維護工作更容易、更快完成，且其他服務也不會被中斷。完成維護工作後再重新啟動 AD DS 服務即可。

在 AD DS 服務停止的情況下，若還有其他網域控制站在線上的話，則您仍然可以在這台 AD DS 服務已經停止的網域控制站上利用網域使用者帳戶來登入。

重整 AD DS 資料庫

AD DS 資料庫的重整動作（defragmentation），會將資料庫內的資料排列更整齊，讓資料的讀取更快速，可以提升 AD DS 運作效率。AD DS 資料庫的重整分為：

▶ **線上重整**：每一台網域控制站每隔 12 小時會自動執行所謂的**垃圾收集程序**（garbage collection process），它會重整 AD DS 資料庫。**線上重整**並無法減少 AD DS 資料庫檔案（ntds.dit）的大小，而只是將資料有效率的重新整理、排列。由於此時 AD DS 還在運作中，因此這個重整動作被稱為**線上重整**。

另外我們曾經說過一個被刪除的物件，並不會立刻被從 AD DS 資料庫內移除，而是被搬移到一個名稱為 **Deleted Objects** 的容區內，這個物件在 180 天以後才會被自動清除，而這個清除動作也是由**垃圾收集程序**所負責。雖然物件已被清除，不過騰出的空間並不會還給作業系統，也就是資料庫檔案的大小並不會減少。但是當您建立新物件時，該物件就可以使用騰出的可用空間。

▶ **離線重整**：離線重整需在 AD DS 服務停止或**目錄服務修復模式**內手動進行，離線重整會建立一個全新的、整齊的資料庫檔案，並會將已刪除的物件所佔用空間還給作業系統，因此可騰出硬碟空間給作業系統或其他應用程式來使用。

在一個內含多個網域的樹系中，若有一台網域控制站曾經兼具**通用類別目錄伺服器**角色，但現在已經不再是**通用類別目錄伺服器**的話，則這台網域控制站經過**離線重整**後，新的 AD DS 資料庫檔案會比原來的檔案小很多，也就是說可以騰出很多的硬碟空間給作業系統。

以下將介紹**離線重整**的步驟，不過我們不採用進入**目錄服務修復模式**的方式，而是採用將 AD DS 服務停止的方式來執行**離線重整**工作。您必須至少是隸屬於 Administrators 群組的成員。以下假設原資料庫檔案是位於 C:\Windows\NTDS 資料夾，而我們要將重整後的新檔案放到 C:\NTDSTemp 資料夾。

STEP **1**　點擊左下角**開始圖示**⊞➲點擊 **Windows PowerShell**。

STEP **2**　執行 **net stop ntds** 指令、輸入 **Y** 後按 Enter 鍵來停止 AD DS 服務（它也會將其他相關服務一起停止）。

STEP **3**　在 **Windows PowerShell** 提示字元下執行以下指令（參考圖 11-4-1）：
　　　　ntdsutil

STEP **4**　在 **ntdsutil：**提示字元下執行以下指令：
　　　　activate instance ntds

　　　　表示要將網域控制站的 AD DS 資料庫設定為使用中。

STEP **5**　在 **ntdsutil：**提示字元下執行以下指令：
　　　　files

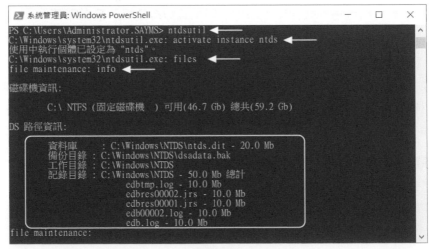

圖 11-4-1

STEP **6**　在 **file maintenance：**提示字元下執行以下指令：

　　　　info

　　　　它可以檢視 AD DS 資料庫與異動記錄檔目前的儲存地點，由圖 11-4-1 下方可知道它們目前都是位於 C:\Windows\NTDS 資料夾內。

STEP **7** 在 **file maintenance**：提示字元下，如圖 11-4-2 所示執行以下指令，以便
重整資料庫檔，並將所產生的新資料庫檔案放到 E:\NTDSTTemp 資料夾
內（新檔案的名稱還是 **ntds.dit**）：

compact to C:\NTDSTemp

1. 若路徑中有空白字元的話，請在前後加上雙引號，例如 "C:\New Folder"。
2. 若要將新檔案放到網路磁碟機的話，例如 K:，請使用 compact to K:\ 。

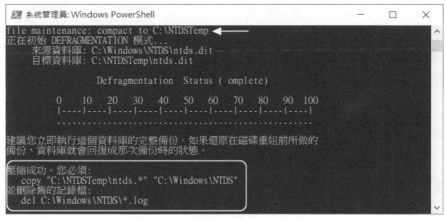

圖 11-4-2

STEP **8** 暫時不要離開 **ntdsutil** 程式、請開啟**檔案總管**後執行以下幾個步驟：

- 將原資料庫檔案 C:\Windows\NTDS\ntds.dit 備份起來，以備不時之需

- 將 C:\NTDSTemp\ntds.* 拷貝到 C：\Windows\NTDS 資料夾，並覆蓋
原資料庫檔

- 將原異動記錄檔 C:\Windows\NTDS*.log 刪除

STEP **9** 繼續在 **ntdsutil** 程式的 **file maintenance**：提示字元下，如圖 11-4-3 所示
執行以下指令，以便執行資料庫的完整性檢查：

integrity

由圖下方所顯示的 Integrity check successful 可知完整性檢查成功。

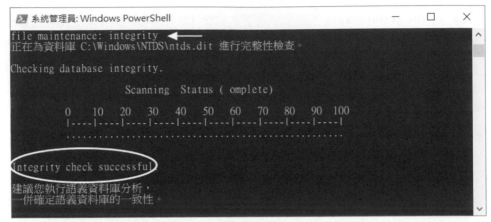

圖 11-4-3

STEP **10** 在 **file maintenance**：提示字元下執行以下指令：

quit

STEP **11** 在 **ntdsutil**：提示字元下執行以下指令：

quit

STEP **12** 回到 **Windows PowerShell** 提示字元下執行以下指令，以便重新啟動 AD DS 服務：

net start ntds

若無法啟動 AD DS 服務的話，請試著採用以下途徑來解決問題：

▶ 利用**事件檢視器**來查看**目錄服務**記錄檔，若有事件識別碼為 1046 或 1168 的事件記錄的話，請利用備份來復原 AD DS。

▶ 再執行資料庫完整性檢查（integrity），若檢查失敗的話，請將之前備份的資料庫檔案 ntds.dit 複寫回原資料庫儲存地點，然後重複資料庫重整動作，若這個動作中的資料庫完整性檢查還是失敗的話，請執行語義資料庫分析工作（在 **ntdsutil**：提示字元下輸入 semantic database analysis 按 Enter 鍵、執行 go fixup 指令），若失敗的話，請執行修復資料庫的動作（在 **file maintenance**：提示字元下執行 recover 指令）。

若要搬移 AD DS 資料庫的話，可以在進入 file maintenance：提示字元下執行 move db to *新目的地資料夾*；若要搬移異動紀錄檔的話，可在 file maintenance：提示字元下執行 move logs to *新目的地資料夾*。

11-5 重設「目錄服務修復模式」的系統管理員密碼

若**目錄服務修復模式**的系統管理員密碼忘了，以致於無法進入**目錄服務修復模式**時該怎麼辦呢？此時您可以在一般模式下，利用 **ntdsutil** 程式來重設**目錄服務修復模式**的系統管理員密碼，其步驟如下所示：

STEP **1** 請到網域內的任何一台成員電腦上利用網域系統管理員帳戶登入。

STEP **2** 點擊左下角開始圖示⊞ ➲ 點擊 **Windows PowerShell**，然後執行以下指令（完整的操作畫面請見圖 11-5-1）：

ntdsutil

STEP **3** 在 **ntdsutil**：提示字元下執行以下指令：

set DSRM password

STEP **4** 在**重設 DSRM 系統管理員密碼**：提示字元下執行以下指令：

reset password on server dc2.sayms.local

以上指令假設要重設網域控制站 dc2.sayms.local 的**目錄服務修復模式**的系統管理員密碼。

要被重設密碼的網域控制站，其 AD DS 服務必須啟動中。

STEP **5** 輸入與確認新密碼。

STEP **6** 連續輸入 **quit** 指令以便離開 **ntdsutil** 程式。圖 11-5-1 為以上幾個主要步驟的操作畫面。

圖 11-5-1

11-6 變更「可重新啟動的 AD DS」的登入設定

在 AD DS 服務停止的情況下，只要還有其他網域控制站在線上，則您仍然可以在這台 AD DS 服務已經停止的網域控制站上利用網域使用者帳戶來登入。但若沒有其他網域控制站在線上的話，可能會造成困擾，例如：

1. 您在網域控制站上利用網域系統管理員的身分登入

2. 將 AD DS 服務停止

3. 一段時間未操作此電腦，因而螢幕保護程式被啟動，且需輸入密碼才能解鎖

此時若您要繼續使用這台網域控制站的話，就需輸入原帳戶（網域系統管理員）的密碼來解鎖，不過因為 AD DS 服務已經停止，而且網路上也沒有其他網域控制站在線上，因此無法驗證密碼，也就無法解鎖。若您事先變更預設登入設定的話，就可以在這個時候利用**目錄服務修復模式**（DSRM）的系統管理員（**DSRM 系統管理員**）帳戶來解除鎖定。變更登入設定的方法為：執行登錄編輯程式 REGEDIT.EXE，然後修改或新增以下的登錄值：

HKEY_LOCAL_MACHINE\System\CurrentControlSet\Control\Lsa\DSRMAdminLogonBehavior

DSRMAdminLogonBehavior 的資料類型為 REG_DWORD，它用來決定在這台網域控制站以正常模式啟動、但 AD DS 服務停止的情況下，是否可以利用 **DSRM 系統管理員**登入：

▶ **0**：不可以登入。**DSRM 系統管理員**只可以登入到**目錄服務修復模式**（預設值）。

▶ **1**：**DSRM 系統管理員**可以在 AD DS 服務停止的情況下登入，不過 **DSRM 系統管理員**不受密碼原則設定的約束。在網域中只有一台網域控制站的情況之下，或某台網域控制站是在一個隔離的網路等狀況之下，此時或許您比較希望能夠將此參數改為這個設定值。

▶ **2**：在任何情況之下，也就是不論 AD DS 服務是否啟動、不論是否在**目錄服務修復模式**下，都可以使用 **DSRM 系統管理員**來登入。不建議您採用此方式，因為 **DSRM 系統管理員**不受密碼原則設定的約束。

11-7 Active Directory 資源回收筒

Active Directory 資源回收筒（Active Directory Recycle Bin）讓您可以快速救回被誤刪的物件。若要啟用 **Active Directory** 資源回收筒的話，樹系與網域功能等級需為 Windows Server 2008 R2（含）以上的等級，因此樹系中的所有網域控制站都必須是 Windows Server 2008 R2（含）以上。若樹系與網域功能等級尚未符合要求的話，請參考章節 2-4 的說明來提高功能等級。注意一旦啟用 **Active Directory 資源回收筒**後，就無法再停用，因此網域與樹系功能等級也都無法再被降級。啟用 **Active Directory** 資源回收筒與救回誤刪物件的演練步驟如下所示。

STEP **1** 開啟 **Active Directory** 管理中心➲點擊圖 11-7-1 左方網域名稱 sayms➲點擊右方的**啟用資源回收筒**（請先確認所有網域控制站都在線上）。

圖 11-7-1

STEP **2**　如圖 11-7-2 所示按 確定 鈕。

圖 11-7-2

STEP **3**　在圖 11-7-3 按 確定 鈕後按 F5 鍵重新整理畫面。

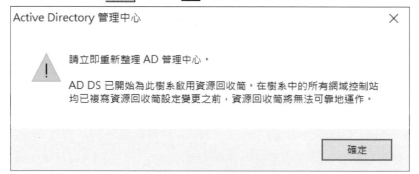

圖 11-7-3

若網域內有多台網域控制站或有多個網域的話，則需等設定值被複寫到所有的
網域控制站後，Active Directory 資源回收筒的功能才會完全正常。

STEP **4**　試著將某個組織單位（假設是**業務部**）刪除，但是要先將防止刪除的選項
移除：如圖 11-7-4 所示點選**業務部**、點擊右方的**內容**。

圖 11-7-4

STEP **5** 取消勾選圖 11-7-5 中選項後按 確定 鈕，然後對著組織單位**業務部**按右鍵
➔刪除➔按 2 次是（Y）鈕。

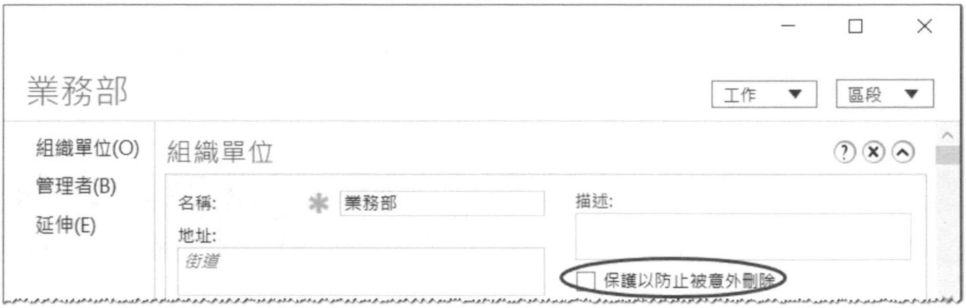

圖 11-7-5

STEP **6** 接下來要透過**資源回收筒**來救回組織單位**業務部**：雙擊圖 11-7-6 中的
Deleted Objects 容區。

圖 11-7-6

STEP **7** 在圖 11-7-7 中選擇欲救回的組織單位**業務部**後，點擊右邊的**還原**來將其還原到原始位置。

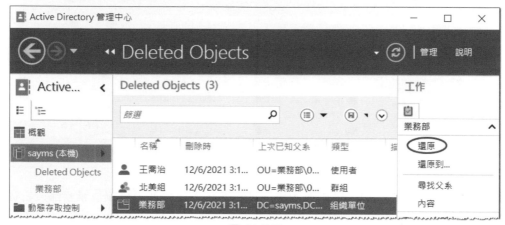

圖 11-7-7

STEP **8** 組織單位**業務部**還原完成後，接著繼續在圖 11-7-8 中選擇原本位於組織單位**業務部**內的使用者帳戶後點擊**還原**。

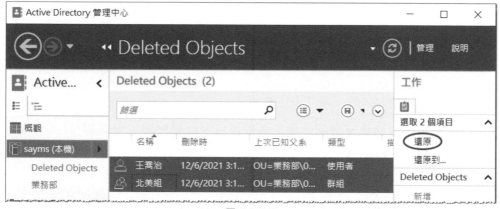

圖 11-7-8

STEP **9** 利用 **Active Directory** 管理中心來檢查組織單位**業務部**與使用者**王喬治**、群組**北美組**等是否已成功的被復原，而且這些被復原的物件也會被複寫到其他的網域控制站。

12

將資源發佈到 AD DS

將資源發佈（publish）到 Active Directory 網域服務（AD DS）後，網域使用者便能夠很方便的找到這些資源。可以被發佈的資源包含使用者帳戶、電腦帳戶、共用資料夾、共用印表機與網路服務等，其中有的是在建立物件時就會自動被發佈，例如使用者與電腦帳戶，而有的需要手動發佈，例如共用資料夾。

12-1 將共用資料夾發佈到 AD DS

將共用資料夾發佈到 **Active Directory 網域服務**（AD DS）後，網域使用者就可以透過 AD DS 很容易的來搜尋、存取此共用資料夾。需為 Domain Admins 或 Enterprise Admins 群組內的使用者，或被委派權利者，才可以發佈共用資料夾。

以下假設要將伺服器 DC1 內的共用資料夾 **C:\圖庫**，透過組織單位**業務部**來發佈。請先利用**檔案總管**將此資料夾設定為共用資料夾（可透過【對著資料夾按右鍵◗授與存取權給◗特定人員】的途徑），同時假設其共用名稱為**圖庫**。

利用「Active Directory 使用者和電腦」主控台

STEP **1**　開啟伺服器管理員◗點擊右上角工具◗Active Directory 使用者和電腦◗如圖 12-1-1 所示對著組織單位**業務部**按右鍵◗新增◗共用資料夾。

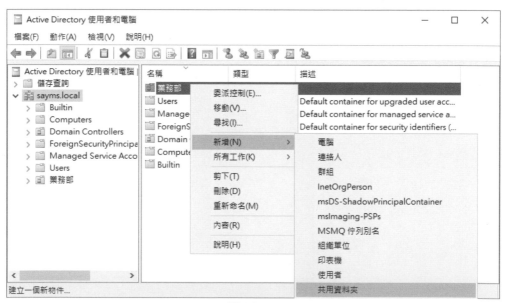

圖 12-1-1

STEP **2**　在圖 12-1-2 中的**名稱**處為此共用資料夾設定名稱、在**網路路徑**處輸入此共用資料夾所在的路徑**\\dc1\圖庫** 、按 確定 鈕。

圖 12-1-2

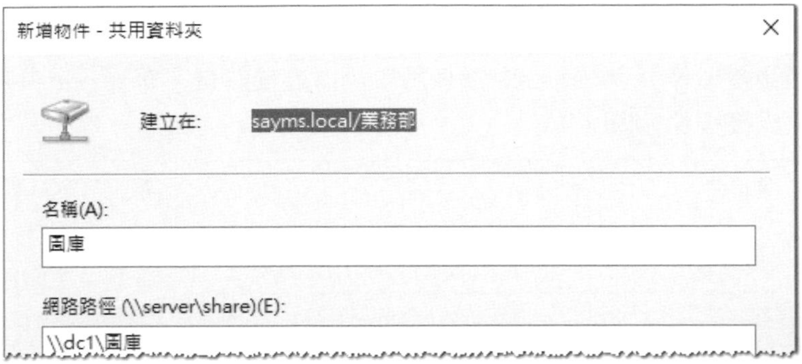

STEP **3** 在圖 12-1-3 中雙擊剛才所建立的物件圖庫。

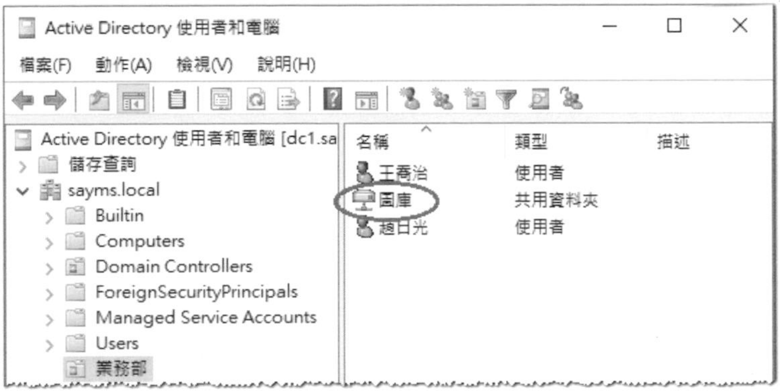

圖 12-1-3

STEP **4** 點擊圖 12-1-4 中的 關鍵字 鈕。

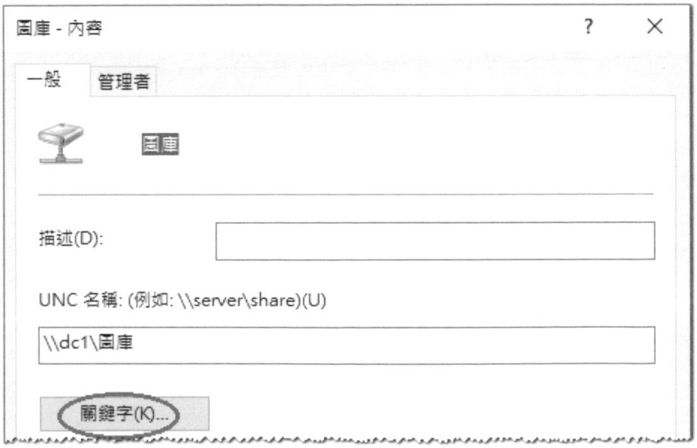

圖 12-1-4

STEP **5** 透過圖 12-1-5 來將與此資料夾有關的關鍵字（例如 **Facebook 表情符號、網路圖形**等）新增到此處，讓使用者可以透過關鍵字來尋找此共用資料夾。完成後按 確定 鈕。

圖 12-1-5

利用「電腦管理」主控台

STEP **1** 請到共用資料夾所在的電腦（DC1）上【開啟伺服器管理員 ⊃點擊右上角的工具 ⊃電腦管理】。

STEP **2** 如圖 12-1-6 所示【展開**系統工具** ⊃共用資料夾 ⊃共用 ⊃雙擊中間的共用資料夾**圖庫**】。

圖 12-1-6

STEP **3** 如圖 12-1-7 所示【點選 發佈 標籤➋勾選在 **Active Directory** 中發佈這個
共用➋按 確定 鈕】。您也可透過圖右下方 編輯 鈕來新增關鍵字。

圖 12-1-7

12-2 尋找 AD DS 內的資源

系統管理員或使用者可以透過多種途徑來尋找發佈在 AD DS 內的資源,例如他們
可以透過網路或 **Active Directory** 使用者和電腦主控台。

透過「網路」

以下分別說明如何在網域成員電腦內,透過網路來搜尋 AD DS 內的共用資料夾。

以 Windows 10、Windows 8.1 為例:【開啟 **檔案總管**➋如圖 12-2-1 所示先點擊左
下角 **網路**➋再點擊最上方的 **網路**➋點擊上方 搜尋 **Active Directory**➋在尋找處選擇
共用資料夾➋設定尋找的條件(例如圖中利用 **關鍵字**)➋按 立即尋找 鈕】。

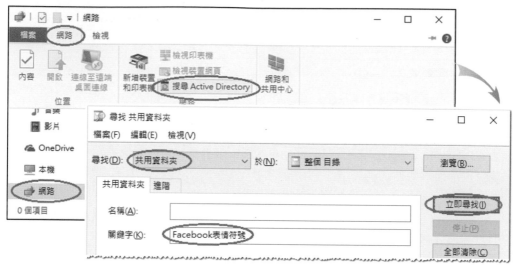

圖 12-2-1

如圖 12-2-2 所示為搜尋到的共用資料夾，您可以直接雙擊此共用資料夾來存取其內的檔案，或透過對著此共用資料夾按右鍵的方式來管理、存取此共用資料夾。

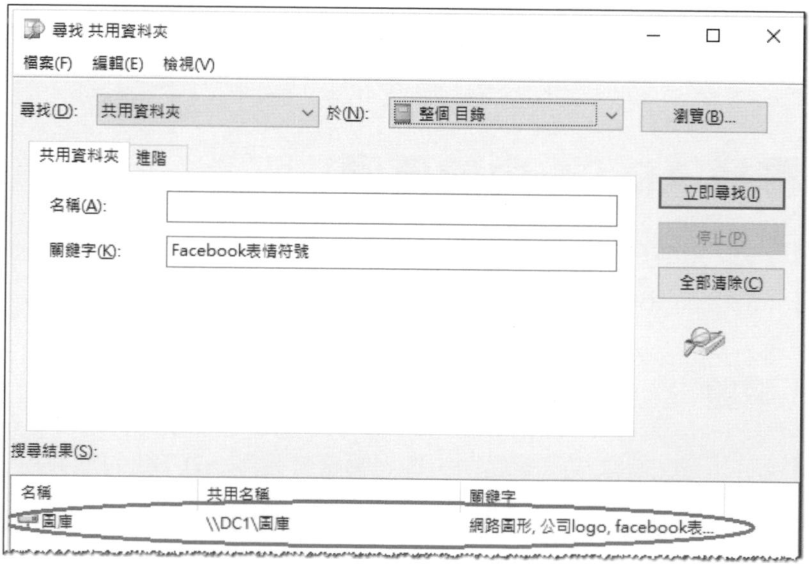

圖 12-2-2

透過「Active Directory 使用者和電腦」主控台

一般來說，只有系統管理員才會使用 **Active Directory** 使用者和電腦主控台。而這個主控台預設只存在於網域控制站的 **Windows 系統管理工具**內，其他成員電腦需另外安裝或新增，其相關說明請參考章節 2-8。

若想要透過 **Active Directory** 使用者和電腦主控台來尋找共用資料夾的話：【請如圖 12-2-3 所示對著網域名稱 sayms.local 按右鍵➲尋找➲在尋找處選擇共用資料夾➲設定尋找的條件（例如圖中利用關鍵字）➲按 立即尋找 鈕 】。

圖 12-2-3

12-3 將共用印表機發佈到 AD DS

當您將共用印表機發佈到 **Active Directory** 網域服務（AD DS）後，便可以讓網域使用者很容易的透過 AD DS 來搜尋、使用這台印表機。

發佈印表機

網域內的 Windows 成員電腦，有的預設會自動將共用印表機發佈到 AD DS，有的需要您手動發佈。首先請先參照以下的說明來找到印表機的設定視窗：

▶ **Windows Server 2022**、**Windows Server 2019**、**Windows Server 2016**、**Windows 10**：點擊左下角開始圖示⊞➲點擊設定圖示◙➲裝置➲印表機與掃描器➲點擊欲被共用的印表機➲點擊 管理 鈕➲點擊印表機內容

▶ **Windows 11**：點擊下方**開始**圖示▓▓➲點擊**設定**圖示⚙➲**藍牙與裝置**（可能需先點擊左上角的三條線圖示☰）➲**印表機與掃描器**➲點擊欲被共用的印表機➲點擊**印表機內容**

▶ **Windows Server 2012 R2、Windows Server 2012、Windows 8.1（8）**：按 Windows 鍵⊞+Ⓧ鍵➲**控制台**➲**硬體**（硬體和音效）➲**裝置和印表機**➲對著共用印表機按右鍵➲**印表機內容**

接下來如圖 12-3-1 所示（此為 Windows Server 2022 的畫面）點擊**共用**標籤➲勾選**列入目錄**➲按 確定 鈕。

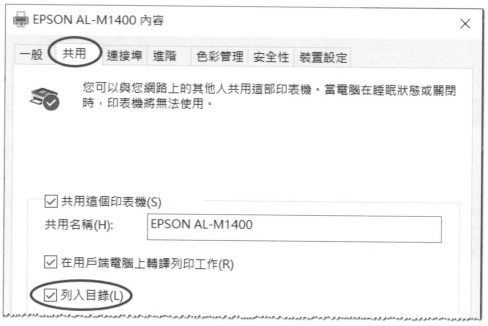

圖 12-3-1

檢視發佈到 AD DS 的共用印表機

您可以透過 **Active Directory 使用者和電腦**來檢視已被發佈到 AD DS 的共用印表機，不過需先如圖 12-3-2 所示【點選**檢視**功能表➲將**使用者、連絡人、群組和電腦做為容器**】。

圖 12-3-2

接著在 **Active Directory** 使用者和電腦中點選擁有印表機的電腦後就可以看到被發佈的印表機,如圖 12-3-3 所示,圖中的印表機物件名稱是由電腦名稱與印表機名稱所組成,您可以自行變更此名稱。

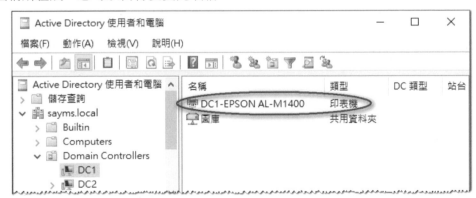

圖 12-3-3

透過 AD DS 尋找共用印表機

系統管理員或使用者利用 AD DS 來尋找印表機的方法，與尋找共用資料夾的方法類似，請參考前面章節 12-2 尋找 **AD DS** 內的資源 的說明。

利用「印表機位置」來尋找印表機

若 AD DS 內擁有多個站台，且每個站台內都有許多已被公佈到 AD DS 的共用印表機的話，則透過**印表機位置**可讓使用者來找尋適合其使用的共用印表機。

一般的「印表機位置」尋找功能

若您替每一台印表機都設定**位置**的話，則使用者可以透過**位置**來尋找位於指定位置的印表機，例如圖 12-3-4 中的印表機位置被設定為**第 1 棟大樓**，則使用者可以如圖 12-3-5 所示利用**位置**來尋找位於**第 1 棟大樓**的印表機。

圖 12-3-4

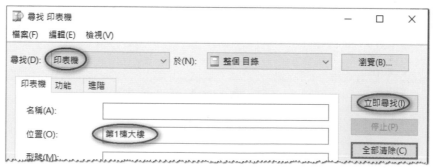

圖 12-3-5

建議在印表機的**位置**處的文字採用類似台北/**第 1 棟大樓**、台北/**第 2 棟大樓**的格式，它讓使用者在尋找印表機更為方便、有彈性：

▶ 若使用者要尋找位於台北/第 1 棟大樓內的印表機時,可以在**位置**處輸入台北/
第 1 棟大樓。

▶ 若使用者需要同時找尋位於台北/第 1 棟大樓與台北/第 2 棟大樓的印表機時,
他只需要在**位置**處輸入台北即可,系統會同時列出位於台北/第 1 棟大樓與台北
/第 2 棟大樓的印表機。

進階的「印表機位置」尋找功能

使用者在利用前面圖 12-3-5 中的**位置**欄位來尋找印表機時,必須自行輸入台北/第
1 棟大樓這些文字,如果我們事先做適當設定的話,就可以讓系統自動為使用者在
位置欄位處填入台北/第 1 棟大樓,讓使用者更方便來找尋適合的印表機。

要達到上述目的的話,您就必須替每一個 AD DS 站台設定**位置**,同時也替每一台
印表機設定**位置**,我們以圖 12-3-6 為例來說明,圖中:

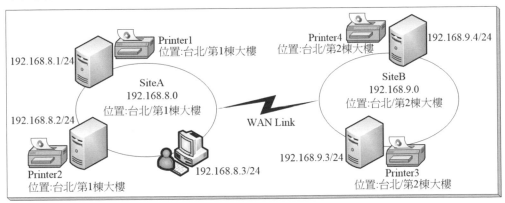

圖 12-3-6

▶ 站台 SiteA 的位置被設為台北/第 1 棟大樓,同時這個站台內的每一台印表機
(Printer1 與 Printer2)的位置也被設為台北/第 1 棟大樓。

▶ 站台 SiteB 的位置被設為台北/第 2 棟大樓,同時這個站台內的每一台印表機
(Printer3 與 Printer4)的位置也都被設為台北/第 2 棟大樓。

▶ 由於站台 SiteA 內使用者的電腦(IP 位址 192.168.8.3/24)是位於 SiteA 內,而
SiteA 的位置為台北/第 1 棟大樓,因此當此使用者在尋找印表機時,系統便會

自動在尋找印表機的畫面中的**位置**欄位填入**台北/第 1 棟大樓**，不需要使用者自行輸入，讓使用者在尋找印表機時更為方便。

以上功能被稱為**印表機位置追蹤**（printer location tracking），而這個功能的設定分為以下四大步驟：

1. **利用群組原則啟用「印表機位置追蹤」功能**：您可以針對整個網域內的所有電腦或某個組織單位內的電腦來啟用這個功能：【**電腦設定ⓔ原則ⓔ系統管理範本ⓔ印表機ⓔ**如圖 12-3-7 所示啟用**預先顯示印表機搜尋位置文字**】，圖中是利用 Default Domain Policy GPO 來針對網域內的所有電腦來設定。

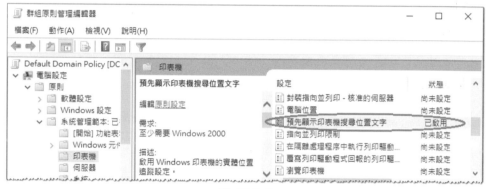

圖 12-3-7

2. 利用「**Active Directory** 站台及服務」建立 **IP** 子網路：例如圖 12-3-8 中建立了 192.168.8.0 與 192.168.9.0 兩個 IP 子網路，它們分別被歸納在 SiteA 與 SiteB 內。

圖 12-3-8

3. 設定每一個 **IP** 子網路的位置：如圖 12-3-9 所示【點擊 192.168.8.0 子網路➜點擊上方的內容圖示➜點選位置標籤➜在位置處輸入台北/第 **1** 棟大樓】。繼續將第 2 個子網路 192.168.9.0 的位置設定為台北/第 **2** 棟大樓。

圖 12-3-9

4. 設定每一台電腦上的印表機的位置：如圖 12-3-10 所示在印表機內容的位置處輸入其位置字串（以 Windows Server 2022 為例），圖中為 SiteA 內某一台印表機的位置。您也可以按 瀏覽 鈕來選擇位置，不過第 1 個步驟中的群組原則設定需已套用到此電腦後，才會出現 瀏覽 鈕。

圖 12-3-10

也可以透過 Windows Server 2022 的列印管理主控台來集中設定每一台印表機的位置，而您可以透過安裝列印和文件服務工具功能的方式來擁有列印管理主控台。安裝完成後，可透過【開啟伺服器管理員➜點擊右上角工具➜列印管理】來使用此主控台。

完成以上設定後，用戶端使用者在尋找印表機時，系統就會自動為使用者在**位置**處填入正確的位置字串，如圖 12-3-11 所示。

圖 12-3-11

自動信任根 CA

13

在 PKI（Public Key Infrastructure，公開金鑰基礎結構）的架構下，企業可以透過向 CA（Certification Authority，憑證授權單位）所申請到的憑證，來確保資料在網路上傳送的安全性，然而使用者的電腦需要信任發放憑證的 CA。本章將介紹如何透過 AD DS 的群組原則，來讓網域內的電腦自動信任指定的**根 CA**（root CA）。

13-1 自動信任 CA 的設定準則

13-2 自動信任內部的獨立 CA

13-3 自動信任外部的 CA

13-1 自動信任 CA 的設定準則

您可以透過 AD DS 群組原則（group policy），來讓網域內所有電腦都自動信任指定的根 CA，也就是自動將這些根 CA 的憑證發送、安裝到網域內所有電腦：

▶ 若是企業根 CA（enterprise root CA），則您不需要另外設定群組原則，因為 AD DS 會自動將企業根 CA 的憑證發送到網域內所有電腦，也就是說網域內所有電腦都會自動信任企業根 CA。

▶ 若是安裝在成員伺服器上的獨立根 CA（stand-alone root CA），而且是由網域系統管理員所安裝的，則也不需要另外設定群組原則，因為 AD DS 也會自動將此獨立根 CA 的憑證發送到網域內所有電腦。

▶ 若是安裝在獨立伺服器的獨立根 CA、或是安裝在成員伺服器上的獨立根 CA 但執行安裝工作的使用者不具備存取 AD DS 的權利，則需要另外透過**受信任的根憑證授權單位原則**（trusted root certificate authority policy），來將此獨立根 CA 的憑證自動發送到網域內所有電腦。

▶ 若不是架設在公司內部的獨立根 CA，而是外界的獨立根 CA，則需要另外透過**企業信任原則**（enterprise trust policy），來將此獨立根 CA 的憑證自動發送到網域內所有電腦。

> 1. Windows 電腦只要信任了根 CA，它們預設就會自動信任根 CA 之下所有的次級 CA（subordinate CA）。
> 2. 憑證觀念與實作的部分內容，可參閱 **Windows Server 2022 系統與網站建置實務** 這本書的第 16 章。

我們將針對後面兩種情況，說明如何利用**受信任的根憑證授權單位原則**與**企業信任原則**，來讓網域內的電腦自動信任我們所指定的獨立根 CA。

13-2 自動信任內部的獨立 CA

若公司內部的獨立根 CA 是利用 Windows Server 的 **Active Directory 憑證服務**所架設的，而且是安裝在獨立伺服器，或是安裝在成員伺服器但執行安裝工作的使用者不具備存取 AD DS 權利的話，則您需要透過**受信任的根憑證授權單位原則**來將此獨立根 CA 的憑證，自動發送到網域內的電腦，也就是讓網域內的電腦都自動信任此獨立根 CA。我們將利用以下兩大步驟來練習將名稱為 **Server1 Standalone Root CA** 的獨立根 CA 的憑證，自動發送到網域內的所有電腦：

▶ 下載獨立根 CA 的憑證並存檔

▶ 將獨立根 CA 的憑證匯入到受信任的根憑證授權單位原則

下載獨立根 CA 的憑證並存檔

STEP **1** 請到任何一台電腦上執行網頁瀏覽器，並輸入以下的 URL 路徑：

http://CA 的主機名稱、電腦名稱或 IP 位址/certsrv

以下利用 IP 位址來舉例，並假設 CA 的 IP 位址為 192.168.8.31。

STEP **2** 在圖 13-2-1 中點擊**下載 CA 憑證、憑證鏈結或 CRL**。

圖 13-2-1

STEP **3**　在圖 13-2-2 中點擊下載 **CA** 憑證或下載 **CA** 憑證鏈結。

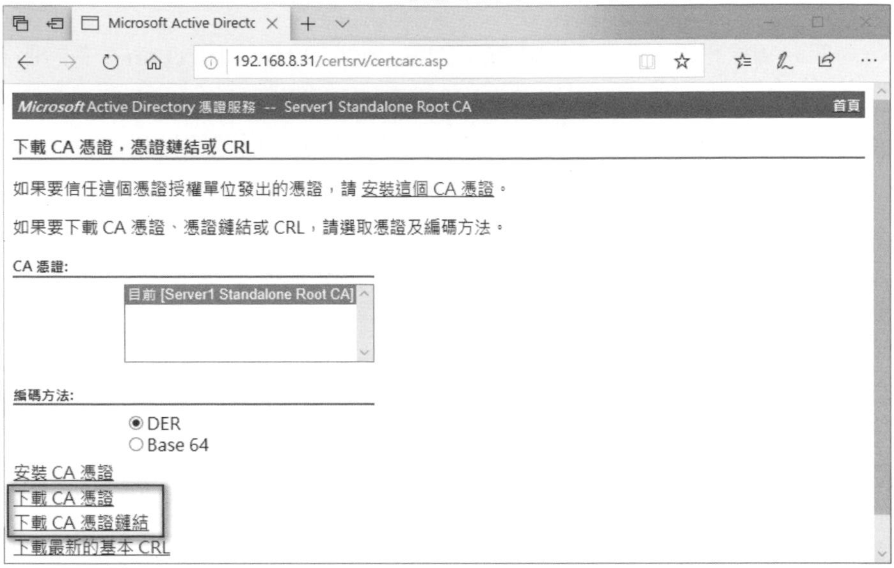

圖 13-2-2

STEP **4**　請透過接下來的畫面將下載的 CA 憑證存檔：

- 若之前是選擇下載 **CA** 憑證，則檔名預設是 certnew.cer（內含憑證）。

- 若之前是選擇下載 **CA** 憑證鏈結，則檔名預設是 certnew.p7b（內含憑證與憑證路徑）。

> 若您的電腦的**根憑證存放區**（root store）內已經有該 CA 的憑證，也就是此電腦已經信任該 CA 的話，則您可以利用另外一種方式來將 CA 的憑證存檔：【點擊下方**檔案總管**圖示➲對著左下方的**網路**按右鍵➲內容➲點擊左下角**網際網路選項**➲點選**內容**標籤➲按**憑證**鈕➲如圖 13-2-3 所示點選**受信任的根憑證授權單位**標籤➲點選 CA 的憑證➲按**匯出**鈕】。

圖 13-2-3

將 CA 憑證匯入到「受信任的根憑證授權單位原則」

假設要讓網域內所有電腦都自動信任前述的獨立根 CA：**Server1 Standalone Root CA**，而且要透過 Default Domain Policy GPO 來設定。

 若您僅是要讓某個組織單位內的電腦來信任前述獨立根 CA 的話，請透過該組織單位的 GPO 來設定。

STEP **1** 到網域控制站上【開啟**伺服器管理員**⊃點擊右上角**工具**⊃**群組原則管理**⊃如圖 13-2-4 所示展開到網域 sayms.local⊃對著 Default Domain Policy 按右鍵⊃編輯】。

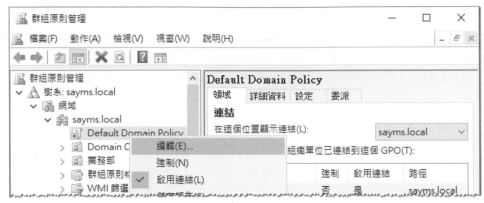

圖 13-2-4

STEP **2**　如圖 13-2-5 所示【展開電腦設定⮕原則⮕Windows 設定⮕安全性設定⮕公
開金鑰原則⮕對著受信任的根憑證授權單位按右鍵⮕匯入 】。

圖 13-2-5

STEP **3**　出現**歡迎使用憑證匯入精靈**畫面時按 下一步 鈕。

STEP **4**　在圖 13-2-6 中選擇之前下載的 CA 憑證檔案後按 下一步 鈕，圖中我們選
擇內含憑證與憑證路徑的.p7b 檔。

圖 13-2-6

STEP **5** 在圖 13-2-7 中按 下一步 鈕。

圖 13-2-7

STEP **6** 出現完成憑證匯入精靈畫面時按 完成 鈕。

STEP **7**　圖 13-2-8 為完成後的畫面。

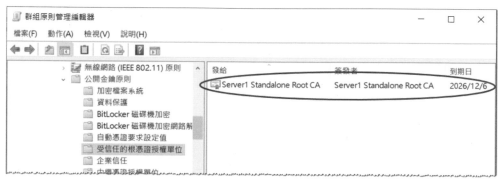

圖 13-2-8

網域內所有電腦在套用這個原則後，就會自動信任上述的獨立根 CA。您也可以在每一台成員電腦上執行 **gpupdate** 指令來快速套用此原則。您可以透過以下途徑來檢查這些電腦是否已經信任這台名稱為 **Server1 Standalone Root CA** 的獨立根 CA：【點擊下方**檔案總管**圖示➲對著左下方的**網路**按右鍵➲內容➲點擊左下角**網際網路選項**➲點擊內容標籤➲按**憑證**鈕➲如圖 13-2-9 所示點擊受信任的根憑證授權單位標籤】，由圖中可知此電腦（假設是 Windows 11）已經信任此獨立根 CA。

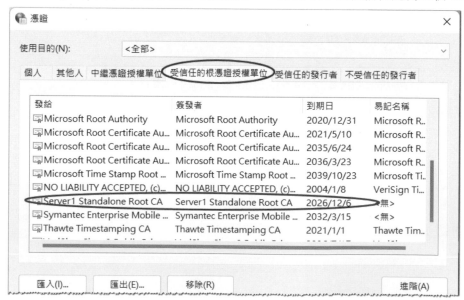

圖 13-2-9

13-3 自動信任外部的 CA

您可以讓網域內所有電腦都自動信任位於外部的根 CA，其方法是先建立**憑證信任清單**（certificate trust list，CTL），然後透過**企業信任原則**來將**憑證信任清單**內所有根CA的憑證發送到網域內所有電腦，讓網域內所有電腦都自動信任這些根CA。

雖然外界的根 CA 可以發放各種不同用途的憑證，例如用來保護電子郵件的憑證、伺服器驗證的憑證等，可是有時候您只希望信任此根 CA 所發放的憑證只能夠用在單一用途上，例如伺服器驗證，其他用途一概拒絕信任，這些設定也是一併透過**憑證信任清單**來完成。

以下將建立一個**憑證信任清單**來讓網域內所有電腦都自動信任名稱為 External Standalone Root CA 的獨立根 CA，不過只信任其用在**伺服器驗證**的單一用途上。

首先需取得此獨立根 CA 的憑證，另外因為**憑證信任清單**必須經過簽章，故還需申請一個可以用來將**憑證信任清單**簽章的憑證。我們將透過以下三大步驟來練習：

▶ 下載獨立根 CA 的憑證並存檔

▶ 申請可以將**憑證信任清單**簽章的憑證

▶ 建立**憑證信任清單**（CTL）

下載獨立根 CA 的憑證並存檔

假設獨立根 CA 的名稱為 External Standalone Root CA，我們要下載此獨立根憑證並存檔，檔案名稱假設是 ExtCertnew.p7b：

▶ 若這台獨立根 CA 是利用 Windows Server 的 **Active Directory** 憑證服務所架設的，則其操作方法與前一節**下載獨立根 CA 的憑證並存檔**（第 13-3 頁）相同，請前往參考。

▶ 若這台根 CA 是利用其他軟體所架設，則請參考該軟體的文件來操作。

申請可以將「憑證信任清單」簽章的憑證

由於**憑證信任清單**需經過簽章，因此需申請一個可以將**憑證信任清單**簽章的憑證。假設我們是要向名稱為 Sayms Enterprise Root CA 的企業根 CA 申請此憑證。

STEP **1**　請到網域控制站上登入，然後按 Windows 鍵▦+R鍵⮑執行 certmgr.msc
後按確定鈕。

STEP **2**　如圖 13-3-1 所示對著**個人**按右鍵⮑**所有工作**⮑**要求新憑證**。

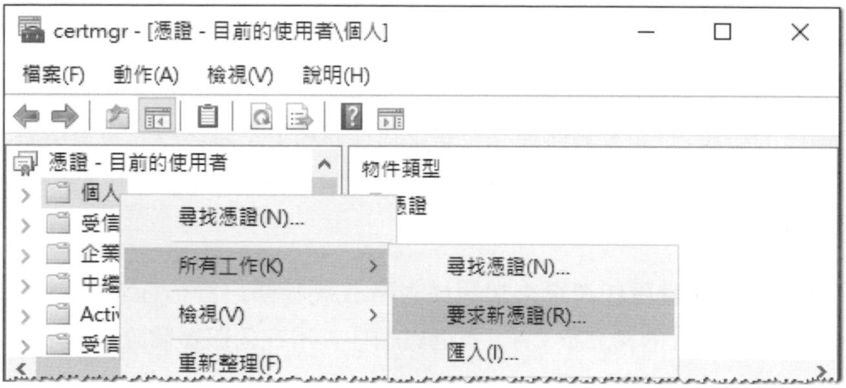

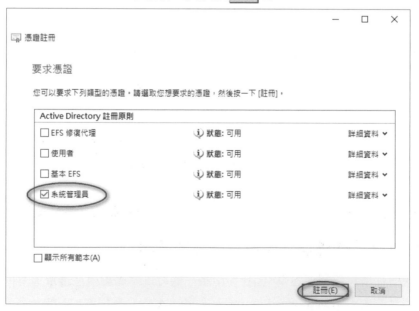

圖 13-3-1

STEP **3**　出現**在您開始前**畫面時按下一步鈕。

STEP **4**　出現**選取憑證註冊原則**畫面時按下一步鈕。

STEP **5**　在圖 13-3-2 中勾選**系統管理員**後按註冊鈕。

圖 13-3-2

STEP **6** 出現憑證安裝結果畫面時按 完成 鈕。

建立「憑證信任清單（CTL）」

以下所要建立的憑證信任清單（CTL）內包含名稱為 **External Standalone Root CA** 的外部獨立根 CA 的憑證，也就是要讓網域內所有電腦都自動信任此獨立根 CA，而我們將透過 Default Domain Policy GPO 來設定。

STEP **1** 接著【開啟伺服器管理員➲點擊右上角工具➲群組原則管理➲如圖 13-3-3 所示展開到網域 sayms.local➲對著 Default Domain Policy 按右鍵➲編輯】。

圖 13-3-3

STEP **2** 請展開電腦設定➲原則➲Windows 設定➲安全性設定➲公開金鑰原則➲如 圖 13-3-4 所示對著企業信任按右鍵➲新增➲憑證信任清單。

圖 13-3-4

STEP **3** 出現歡迎使用憑證信任清單精靈畫面時按 下一步 鈕。

STEP **4**　在圖 13-3-5 中勾選 CTL 的用途（伺服器驗證）後按 下一步 鈕。

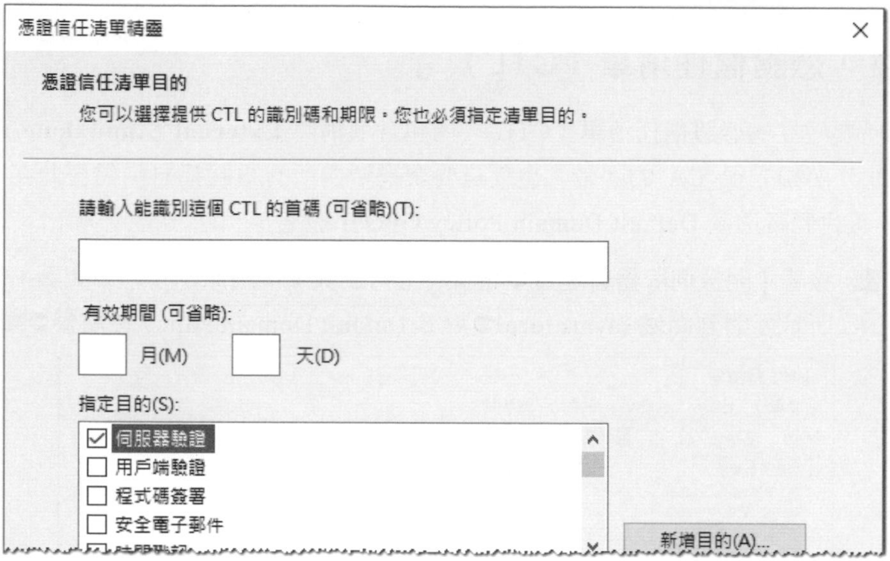

憑證信任清單精靈　　　　　　　　　　　　　　　　　　　　　　×

憑證信任清單目的
　　您可以選擇提供 CTL 的識別碼和期限。您也必須指定清單目的。

　　請輸入能識別這個 CTL 的首碼 (可省略)(T):

　　有效期間 (可省略):

　　　　月(M)　　　　天(D)

　　指定目的(S):

☑ 伺服器驗證
☐ 用戶端驗證
☐ 程式碼簽署
☐ 安全電子郵件

新增目的(A)...

圖 13-3-5

STEP **5**　在圖 13-3-6 中選擇從檔案新增。

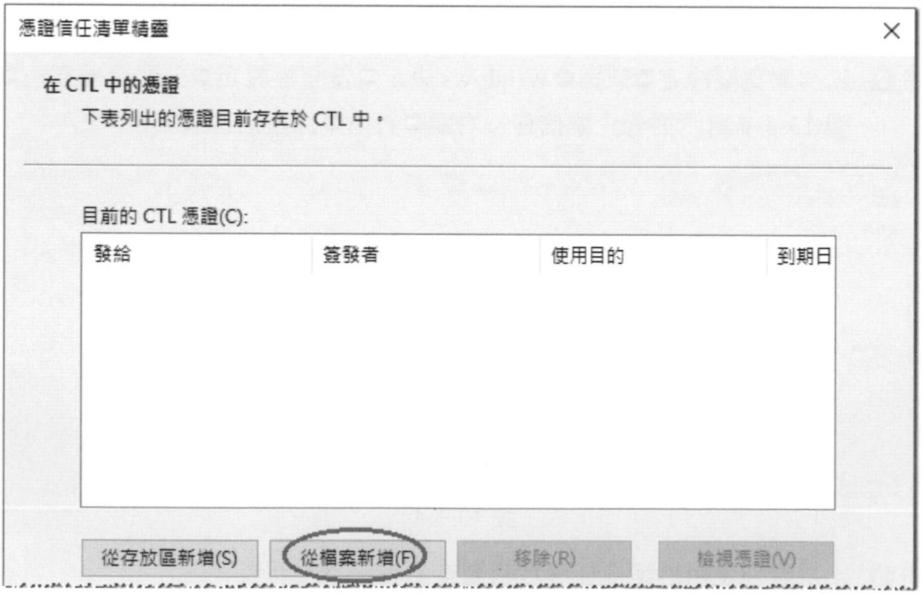

憑證信任清單精靈　　　　　　　　　　　　　　　　　　　　　　×

在 CTL 中的憑證
　　下表列出的憑證目前存在於 CTL 中。

　　目前的 CTL 憑證(C):

發給	簽發者	使用目的	到期日

從存放區新增(S)　　從檔案新增(F)　　移除(R)　　檢視憑證(V)

圖 13-3-6

STEP **6** 圖 13-3-7 中選擇外部獨立根 CA（External Standalone Root CA）的憑證
檔後按 開啟 。

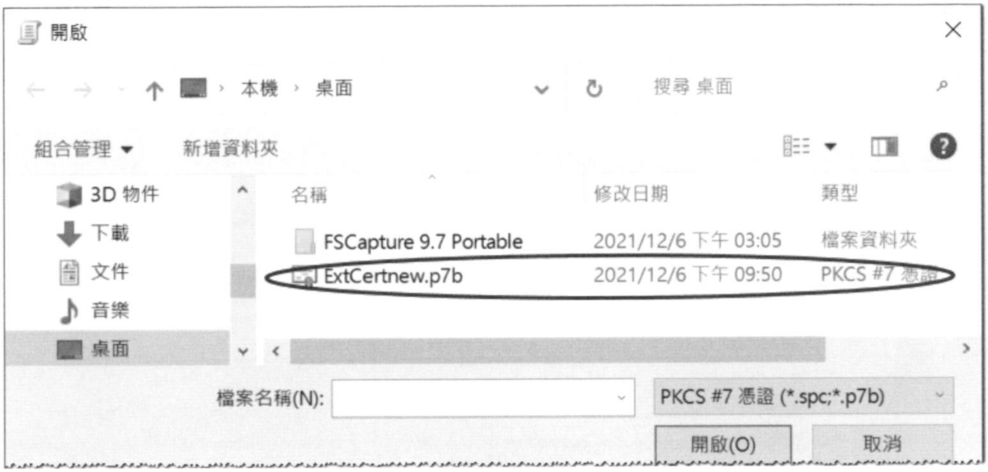

圖 13-3-7

STEP **7** 回到圖 13-3-8 的畫面時按 下一步 鈕。

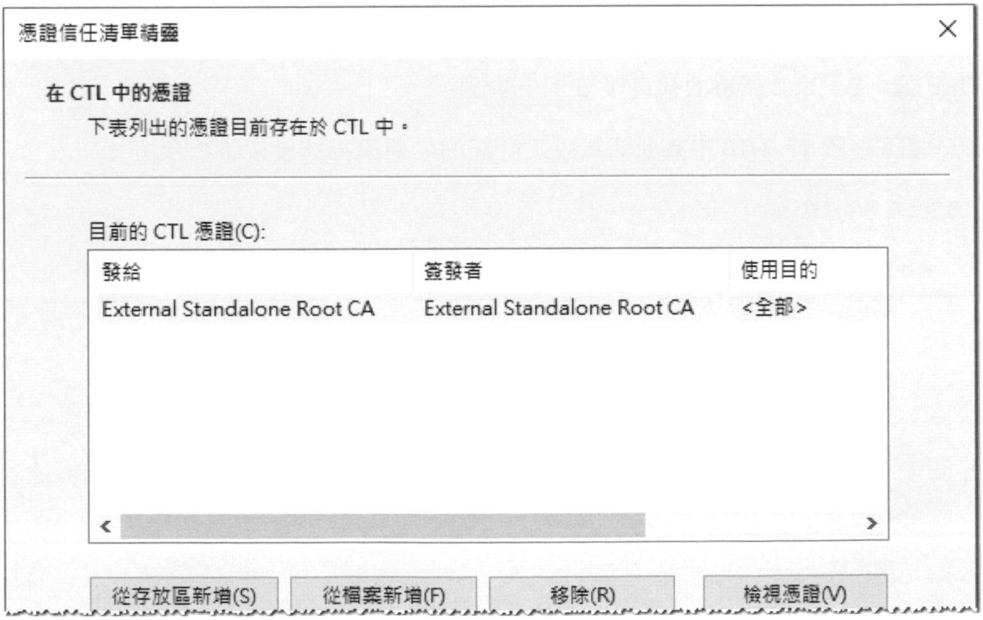

圖 13-3-8

STEP **8**　在圖 13-3-9 中【點擊 從存放區選取 鈕➜選擇我們在前面申請用來將 CTL
　　　　簽章的憑證➜按 確定 鈕】。

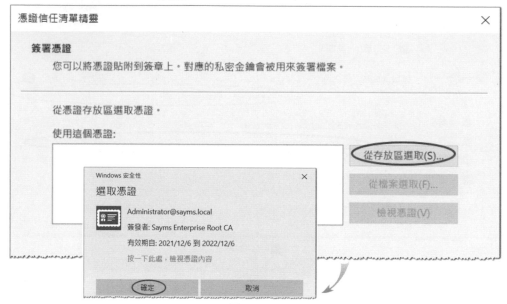

圖 13-3-9

STEP **9**　接下來 2 個畫面都直接按 下一步 鈕。

STEP **10**　在圖 13-3-10 中為此清單設定好記的名稱與描述後按 下一步 鈕。

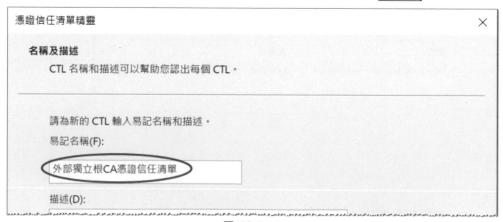

圖 13-3-10

STEP **11** 出現**完成憑證信任清單精靈**畫面時按 完成 鈕、按 確定 鈕。

STEP **12** 圖 13-3-11 為完成後的畫面。

圖 13-3-11

網域內所有電腦在套用這個原則後，就會自動信任上述的外部獨立根 CA。您也可以在每一台成員電腦上執行 **gpupdate** 指令來快速套用此原則，您可以在這些電腦上透過**憑證**管理主控台（按 Windows 鍵 ⊞+ R 鍵➲輸入 **mmc** 後按 確定 鈕➲點選 **檔案**功能表➲新增/移除嵌入式管理單元➲從清單中選擇**憑證**後按 新增 鈕➲選擇**電腦帳戶**後依序按 下一步 鈕、 完成 鈕、 確定 鈕）來檢查它們是否已經取得這個憑證信任清單，如圖 13-3-12 所示為已經成功取得此清單的畫面。

圖 13-3-12

您也可以將此 CTL 匯出存檔，其途徑為【對著此 CTL 按右鍵➲所有工作➲匯出】，以後有需要時可以再透過【對著**企業信任**按右鍵➲匯入】的途徑來將其匯入。

14

利用 WSUS 部署
更新程式

WSUS（Windows Server Update Services）可讓您將 Microsoft 產品的最新更新
程式部署到企業內部電腦。

14-1 WSUS 概觀

為了讓使用者的 Windows 系統與其他 Microsoft 產品能夠更安全、更穩定、功能更強,因此 Microsoft 會不定期在網站上釋出最新的**更新程式**(例如 Update、Service Pack 等)供使用者下載與安裝,然而使用者無論是透過手動或自動更新,都可能會有以下的缺點:

▶ **影響網路效率**:若企業內部每一台電腦都自行上網更新的話,將會增加對外網路的負擔、影響對外連線的網路效率。

▶ **與現有軟體相互干擾**:若企業內部所使用的軟體與更新程式有衝突的話,則使用者逕自下載與安裝更新程式可能會影響該軟體或更新程式的正常運作。

WSUS(Windows Server Update Services)是一個可以解決上述問題的產品,例如圖 14-1-1 中企業內部可以透過 WSUS 伺服器來集中從 Microsoft Update 網站下載更新程式,並在完成這些更新程式的測試工作、確定對企業內部電腦無不良影響後,再透過網管人員的核准程序(approve)將這些更新程式部署到用戶端的電腦上。

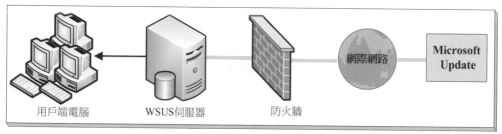

圖 14-1-1

14-2 WSUS 的系統需求

圖 14-1-1 的基本 WSUS 架構中,WSUS 伺服器與用戶端電腦都需滿足適當的條件後,才可以享有 WSUS 的好處。您可以在 Windows Server 2022 內透過新增角色的方式來安裝 WSUS。安裝 WSUS 之前,建議先安裝好以下元件:

▶ **Microsoft Report Viewer Redistributable 2012**:WSUS 伺服器需要透過它來製作各種不同的報告,例如更新程式狀態報告、用戶端電腦狀態報告與同步處理結果報告等。

▶ **Microsoft System CLR Types for SQL Server 2012**：安裝 Microsoft Report Viewer Redistributable 2012 前需要先安裝 Microsoft System CLR Types for SQL Server 2012。

WSUS 伺服器的系統磁碟分割區（system partition）與安裝 WSUS 的磁碟分割區的檔案系統都必須是 NTFS。

你可以利用 WSUS 伺服器內建的 **Windows Server Update Services** 管理主控台（**WSUS 管理主控台**）來執行 WSUS 伺服器的管理工作。您也可以在其他電腦上來管理 WSUS 伺服器，不過需要在這些電腦上安裝「Windows Server Update Services 管理主控台」，以 Windows Server 2022、Windows 11 與 Windows 10 來說：

▶ Windows Server 2022（Windows Server 2019/2016 等）：可以透過伺服器管理員的**新增角色及功能**來安裝。請選擇**功能**中的【遠端伺服器管理工具➲角色管理工具➲Windows Server Update Services 工具】。

▶ Windows 11：請先確認可以連上網際網路，然後【點擊下方**開始**圖示██➲點擊**設定**圖示➲點擊**應用程式**處的**選用功能**（可能需先點擊左上角的三條線圖示☰）➲點擊**新增選用功能**處的**檢視功能**➲勾選 **RSAT：Windows Server Update Services** 工具➲按 下一步 鈕➲按 安裝 鈕】。

▶ Windows 10 1809（含）之後的版本：請先確認可以連上網際網路，然後【點擊左下角**開始**圖示➲點擊**設定**圖示➲點擊**應用程式**➲點擊**選用功能**➲點擊**新增功能**➲點擊 **RSAT：Windows Server Update Services** 工具➲按 安裝 鈕】。

▶ Windows 10 1809 之前的版本：請到微軟網站下載與安裝 **Windows 10** 的遠端伺服器管理工具（Remote Server Administration Tools for Windows 10）。

若出現以下的錯誤訊息：

Windows 無法存取指定的裝置、路徑或檔案。您可能沒有適當的權限，所以無法存取項目

此時可執行 gpedit.msc，然後修改以下原則來解決問題：【電腦設定❏Windows 設定❏安全性設定❏本機原則❏安全性選項❏使用者帳戶控制：內建的 Administrator 帳戶的管理員核准模式原則啟用後重新啟動電腦】。

也可以不修改原則，改直接透過【對著左下角開始圖示⊞按右鍵❏執行❏輸入 control 後按 確定 鈕❏點擊硬體和音效下的檢視裝置和印表機】途徑。

安裝完成後，Windows Server 2022、Windows 10 等可透過【點擊左下角開始圖示 ⊞❏Windows 系統管理工具❏Windows Server Update Services】的途徑來執行。

Windows 11 可透過【點擊下方開始圖示██❏點擊右上方的所有應用程式❏Windows 工具❏Windows Server Update Services】的途徑來執行。

除此之外，這些電腦還必須安裝 Microsoft System CLR Types for SQL Server 2012 與 Microsoft Report Viewer Redistributable 2012（後述）。

14-3　WSUS 的特性與運作方式

本節將先解說 WSUS 的基本特性與運作方式來讓您更容易的建置 WSUS 環境。

利用電腦群組來部署更新程式

若能夠將企業內部用戶端電腦適當分組，就可以讓您更容易與明確的將更新程式部署到指定的電腦。系統預設內建兩個電腦群組：所有電腦與尚未指派的電腦，用戶端電腦在第 1 次與 WSUS 伺服器接觸時，系統預設會將該電腦同時加入到這兩個群組內。您可以再新增更多的電腦群組，例如圖 14-3-1 中的業務部電腦群組，然後將電腦從尚未指派的電腦群組內搬移到新群組內。另外因為 WSUS 伺服器從 Microsoft Update 網站所下載的更新程式，最好經過測試後，再將其部署到用戶端電腦，因此圖中還建立了一個測試電腦群組，我們應該先將更新程式部署到測試電

腦群組內的電腦，待測試無誤、確定對企業內部電腦無不良影響後，再將其部署到其他群組內的電腦。

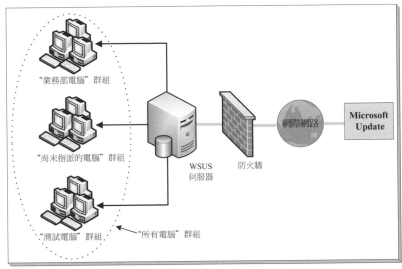

圖 14-3-1

WSUS 伺服器的架構

您也可以建立更複雜的 WSUS 伺服器架構，也就是建立多台 WSUS 伺服器，並設定讓其中一台 WSUS 伺服器（稱為主伺服器）從 Microsoft Update 網站來取得更新程式，但是其他伺服器並不直接連接 Microsoft Update 網站，而是從上游的主伺服器來取得更新程式，例如圖 14-3-2 中的上游 WSUS 伺服器就是主伺服器，而下游伺服器會從上游的主伺服器取得更新程式。

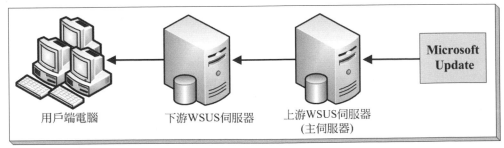

圖 14-3-2

這種將 WSUS 伺服器透過上下游方式串接在一起的運作模式有以下兩種：

▶ **自治模式**：下游伺服器會從上游伺服器來取得更新程式，但是並不包含更新程式的核准狀態、電腦群組資訊，因此下游伺服器必須自行決定是否要核准這些更新程式與自行建立所需的電腦群組。

▶ **複本模式**：下游伺服器會從上游伺服器來取得更新程式、更新程式的核准狀態與電腦群組資訊，所有可以在上游伺服器管理的項目均無法在下游伺服器自行管理，例如不能夠自行改變更新程式的核准狀態等。

注意上述電腦群組資訊只有電腦群組本身而已，並不包含電腦群組的成員，您必須自行在下游伺服器來管理群組成員，而用戶端電腦在第 1 次與下游 WSUS 伺服器接觸時，這些電腦預設會被同時加入到**所有電腦**與尚未指派的**電腦**群組內。

您可以根據公司網路環境的需要來採用這種上下游 WSUS 伺服器串接的方式，例如只需要從上游伺服器下載一次更新程式，然後將它分配給其他下游伺服器，以便降低網際網路連線的負擔；又例如對擁有大量用戶端電腦的大公司來說，只用一台 WSUS 伺服器來管理這些用戶端電腦的話，負擔較重，此時透過上下游伺服器來分散管理是較佳的方式；再例如若能夠將更新程式放到比較接近用戶端電腦的下游伺服器的話，可以讓用戶端電腦更快速取得所需的更新程式。

採用上下游 WSUS 伺服器串接架構的話，您還需要考慮到不同語言的更新程式，舉例來說，若上游 WSUS 伺服器是架設在總公司，總公司需要的語言是繁體中文，而下游伺服器是架設在分公司，分公司需要的語言是英文，雖然總公司僅需要繁體中文的更新程式，但您必須在總公司的上游伺服器選擇從 Microsoft Update 網站同時下載繁體中文與英文版的更新程式。換句話說，連接 Microsoft Update 網站的上游 WSUS 伺服器（主伺服器），必須下載所有下游伺服器所需要的所有語言的更新程式，否則下游伺服器將無法取得所需語言的更新程式。

這種上下游 WSUS 伺服器串接的方式，建議最好不要超過 3 層（雖然理論上並沒有層數限制），因為每增加一層，就會增加延遲時間，因而拉長將更新程式傳遞到每一台電腦的時間。

選擇資料庫與儲存更新程式的地點

您可以利用 Windows Server 2022 的內建資料庫或 Microsoft SQL Server 2008 R2 SP1（或新版）來建置資料庫。每一台 WSUS 伺服器都有自己獨立的一個資料庫，這個資料庫是用來儲存以下的資訊：

▶ WSUS 伺服器的設定資訊

▶ 描述每一個更新程式的 metadata，它包含著以下資料：

- **更新程式的屬性**：例如更新程式的名稱、描述、相關文章編號（的 Knowledge Base 編號）等
- **適用規則**：用來判斷更新程式是否適用於某台電腦
- **安裝資訊**：例如安裝時所需的指令行參數（command-line options）

▶ 用戶端電腦與更新程式之間的關係

然而上述資料庫並不會儲存更新程式檔案本身，您必須另外再選擇更新程式檔案的儲存地點，而您可以有以下兩種選擇：

▶ **儲存在 WSUS 伺服器的本機硬碟內**：此時 WSUS 伺服器會從 Microsoft Update 網站（或上游伺服器）下載更新程式，並將其儲存到本機硬碟內。此種方式讓用戶端可以直接從 WSUS 伺服器來取得更新程式，不需要到 Microsoft Update 網站下載，如此便可以節省網際網路連線的頻寬。

WSUS 伺服器的硬碟需有足夠空間來儲存更新程式檔案，建議 40 GB 以上的可用空間，不過實際需求要看 Microsoft 所釋出的更新程式數量、所下載的語言數量、產品的種類數量等因素而定。

▶ **儲存在 Microsoft Update 網站**：此時 WSUS 伺服器並不會從 Microsoft Update 網站來下載更新程式，換句話說，當您執行 WSUS 伺服器與 Microsoft Update 之間的同步工作時，WSUS 伺服器只會從 Microsoft Update 網站下載更新程式的 Metadata 資料，並不會下載更新程式本身。當您核准用戶端可以安裝某個更新程式後，用戶端是直接連接 Microsoft Update 網站來下載更新程式。

延緩下載更新程式

WSUS 允許您延緩（defer）下載更新程式檔案，也就是 WSUS 伺服器會先下載更新程式的 metadata，之後再下載更新程式檔案。更新程式檔案只有在您核准該更新程式後才會被下載，這種方式可以節省網路頻寬與 WSUS 伺服器的硬碟空間使用量。Microsoft 建議您採用延緩下載更新程式的方式，而它也是 WSUS 的預設值。

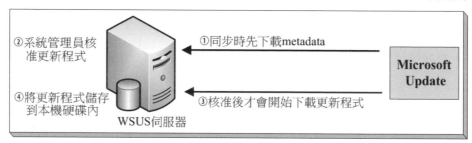

②系統管理員核准更新程式

④將更新程式儲存到本機硬碟內

WSUS伺服器

①同步時先下載metadata

③核准後才會開始下載更新程式

Microsoft Update

圖 14-3-3

使用「快速安裝檔案」

用戶端電腦要安裝更新程式時，此電腦內可能已經有該更新程式的舊版檔案，這個舊檔案與新更新程式之間的差異可能不大，若用戶端能夠只下載新版與舊版之間的差異，然後利用將差異合併到舊檔案的方式來更新的話，將可減少從 WSUS 伺服器下載的資料量、降低對企業內部網路的負擔。

不過採用這種方式的話，WSUS 伺服器從 Microsoft Update 網站所下載的檔案（稱為**快速安裝檔案**）會比較大，因為此檔案內需包含新更新程式與各舊版檔案之間的差異，因此 WSUS 伺服器在下載檔案時會比較佔用對外的網路頻寬。

例如假設更新程式檔案的原始大小為 100 MB，圖 14-3-4 上半部是未使用**快速安裝檔案**的情況，此時 WSUS 伺服器會從 Microsoft Update 網站下載這個大小為 100 MB 的檔案，用戶端從 WSUS 伺服器也是下載 100 MB 的資料量。圖下半部是使用**快速安裝檔案**的情況，此檔案變為較大的 200 MB（這是為了解釋方便的假設值），雖然 WSUS 伺服器需從 Microsoft Update 下載的檔案大小為 200MB，但是用戶端從 WSUS 伺服器僅需下載 30 MB 的資料量。系統預設並未使用**快速安裝檔案**。

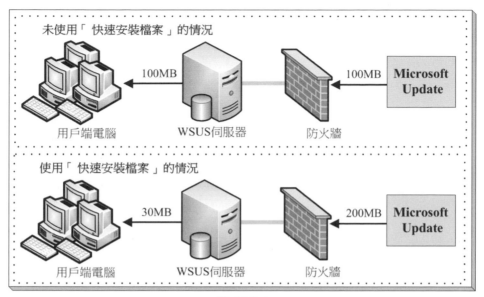

圖 14-3-4

14-4 安裝 WSUS 伺服器

建置 WSUS 並不需要 AD DS（Active Directory Domain Services）網域環境，但是為了利用群組原則來充分控管用戶端的自動更新設定，故建議在 AD DS 網域環境下來建置 WSUS。

我們將利用圖 14-4-1 的環境來說明。圖中安裝了一台 Windows Server 2022 網域控制站，電腦名稱為 DC，網域名稱為 sayms.local，它同時也是用來支援 AD DS 的 DNS 伺服器；WSUS 伺服器也是 Windows Server 2022 成員伺服器，電腦名稱為 WSUS；圖中另外架設了 2 台加入網域的用戶端電腦 Win11PC1、Win10PC1。請先準備好圖中的電腦、並設定其 TCP/IPv4 設定值（圖中採用 TCP/IPv4）、建置好 AD DS 網域、將其他電腦加入網域。

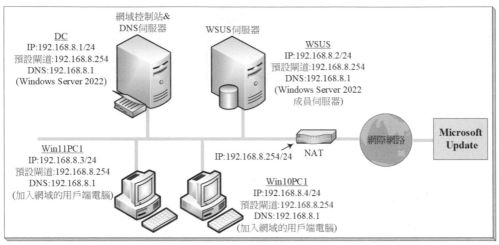

圖 14-4-1

另外為了能夠從 Microsoft Update 網站下載更新程式，因此請確認圖中的網路可以連上網際網路，圖中假設此網路是透過 NAT（Network Address Translation，例如 IP 分享器、寬頻路由器等）連上網際網路，且假設 NAT 區域網路端的 IP 位址為 192.168.8.254。

1. 若利用 Hyper-V 或 VMware 建置虛擬機器、且虛擬機器的虛擬硬碟是從同一個母碟複製的話，請務必在虛擬機器上執行 Sysprep.exe 並勾選**一般化**。
2. 請利用 Windows Update 將圖中 2 台 Windows Server 2022 更新到最新版：【點擊下方**開始**圖示⊞➜點擊**設定**圖示◙➜**更新與安全性**】，至於 Windows 11 與 Windows 10 可以暫時不用更新，這樣方便等一下可以練習透過 WSUS 來更新。

請到圖 14-4-1 中即將扮演 WSUS 伺服器的電腦（電腦名稱為 WSUS）上利用網域 sayms\Administrator 身份登入，然後透過以下步驟來安裝 WSUS。

STEP **1** 先到微軟網站下載 Microsoft System CLR Types for SQL Server 2012 SP4 它是內含在 Microsoft® SQL Server® 2012 SP4 Feature Pack，下載時請從其中選擇下載 SQLSysClrTypes.msi。接著還需下載 Microsoft Report Viewer 2012 Runtime。這兩個程式下載後，暫時都不需要安裝。

STEP **2** 開啟伺服器管理員、點擊儀表板處的**新增角色及功能**。

STEP **3** 持續按 下一步 鈕一直到出現圖 14-4-2 的畫面時勾選 **Windows Server Update Services**、按 新增功能 鈕、持續按 下一步 鈕…。

新增角色及功能精靈 — ☐ ✕

選取伺服器角色

目的地伺服器
wsus.sayms.local

在您開始前
安裝類型
伺服器選取項目
伺服器角色
功能
WSUS
　角色服務
　內容
網頁伺服器角色 (IIS)

選取一或多個要安裝在選取之伺服器上的角色。

角色

☐ Active Directory Federation Services
☐ Active Directory Rights Management Services
☐ Active Directory 網域服務
☐ Active Directory 輕量型目錄服務
☐ Active Directory 憑證服務
☐ DHCP 伺服器
☐ DNS 伺服器
☐ Hyper-V
☐ Windows Deployment Services
☑ Windows Server Update Services
☐ 大量啟用服務

描述

Windows Server Update Services 可讓網路系統管理員指定應該安裝的 Microsoft 更新、為不同的更新集建立個別的電腦群組,以及取得有關電腦相容等級和必須安裝之更新的報告。

圖 14-4-2

STEP **4** 如圖 14-4-3 所示採用預設選項後按 下一步 鈕。圖中選擇內建資料庫（Windows Internal Database,WID）,若要使用 SQL 資料庫的話,請改勾選 SQL Server Connectivity。

新增角色及功能精靈 — ☐ ✕

選取角色服務

目的地伺服器
wsus.sayms.local

在您開始前
安裝類型
伺服器選取項目
伺服器角色
功能
WSUS
　角色服務

選取要針對 Windows Server Update Services 安裝的角色服務。

角色服務

☑ WID Connectivity
☑ WSUS 服務
☐ SQL Server Connectivity

描述

將 WSUS 所使用的資料庫安裝至 WID。

圖 14-4-3

STEP **5** 在圖 14-4-4 中選擇下載後的更新程式的儲存地點，例如我們選擇了本機
的 C:\WSUS。

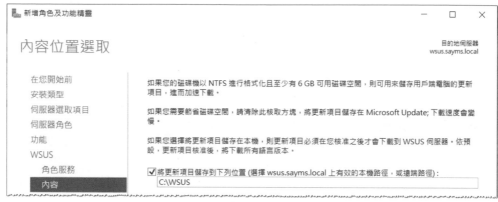

圖 14-4-4

STEP **6** 持續按 下一步 鈕一直到出現**確認安裝選項**畫面時按 安裝 鈕。

STEP **7** 安裝完成後點擊圖 14-4-5 中所示來啟動後續的安裝工作，然後按 關閉 鈕
（若已經先關閉此視窗的話，可透過點擊儀表板右上方的旗幟來設定）。

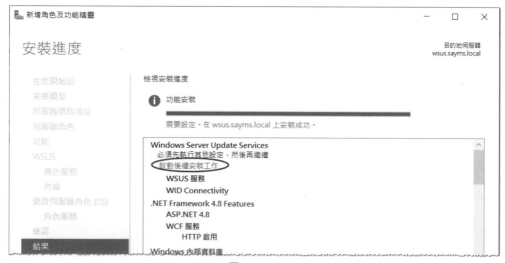

圖 14-4-5

您可以透過點擊**伺服器管理員**儀表板右上方的旗幟符號來查看後續的安
裝進度，如圖 14-4-6 所示。

圖 14-4-6

STEP **8** 安裝完成後,接著請安裝由微軟網站下載的 Microsoft System CLR Types
for SQL Server 2012 SP4(SQLSysClrTypes.msi)。完成後繼續安裝
Microsoft Report Viewer 2012 Runtime,若未先安裝 Microsoft System
CLR Types for SQL Server 2012 的話,則會顯示如圖 14-4-7 所示的警示
訊息。

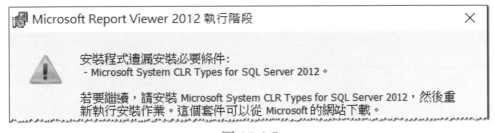

圖 14-4-7

STEP **9** 開啟伺服器管理員 ➲ 點擊右上角工具 ➲ Windows Server Update Services,
它會開始執行 WSUS Server Configuration Wizard(伺服器組態精靈)(寫
此書時,WSUS 僅有英文畫面)。

STEP **10** 出現 Before You Begin 畫面時按 Next 鈕。

也可以稍待再透過 WSUS **管理主控台**內的 Options 選項來執行 WSUS Server Configuration Wizard。

STEP **11** 出現 Join the Microsoft Update Improvement Program 畫面時，請自行決定是否要參與此方案後按 Next 鈕。

STEP **12** 在圖 14-4-8 中我們選擇讓 WSUS 伺服器與 Microsoft Update 同步，也就是讓伺服器直接從 Microsoft Update 網站下載更新程式與 Metadata 等。

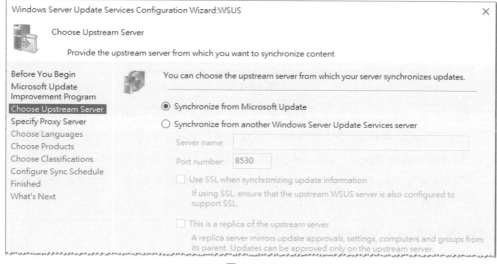

圖 14-4-8

STEP **13** 若 WSUS 伺服器需要透過企業內部的 Proxy 伺服器（代理伺服器）來連接網際網路的話，請在圖 14-4-9 中輸入 Proxy 伺服器的相關資訊，包含伺服器名稱、連接埠，若需要驗證身份的話，請再輸入使用者帳戶與密碼等資料。完成後按 Next 鈕。

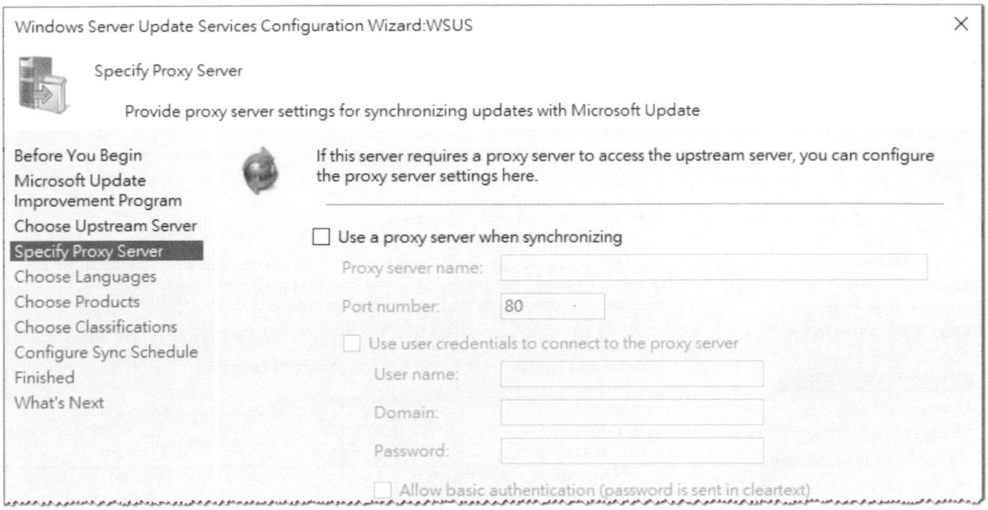

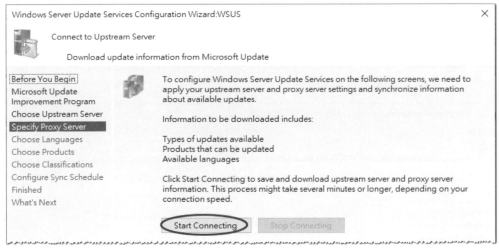

圖 14-4-9

STEP **14** 點擊圖 14-4-10 中的 Start Connecting 鈕來從 Windows Update 網站（或上游伺服器）取得更新程式的相關資訊，需花點時間。完成後按 Next 鈕。

圖 14-4-10

STEP **15** 在圖 14-4-11 中選擇所需更新程式的語言後按 Next 鈕（圖中我們選擇了下載繁體中文的版本）。

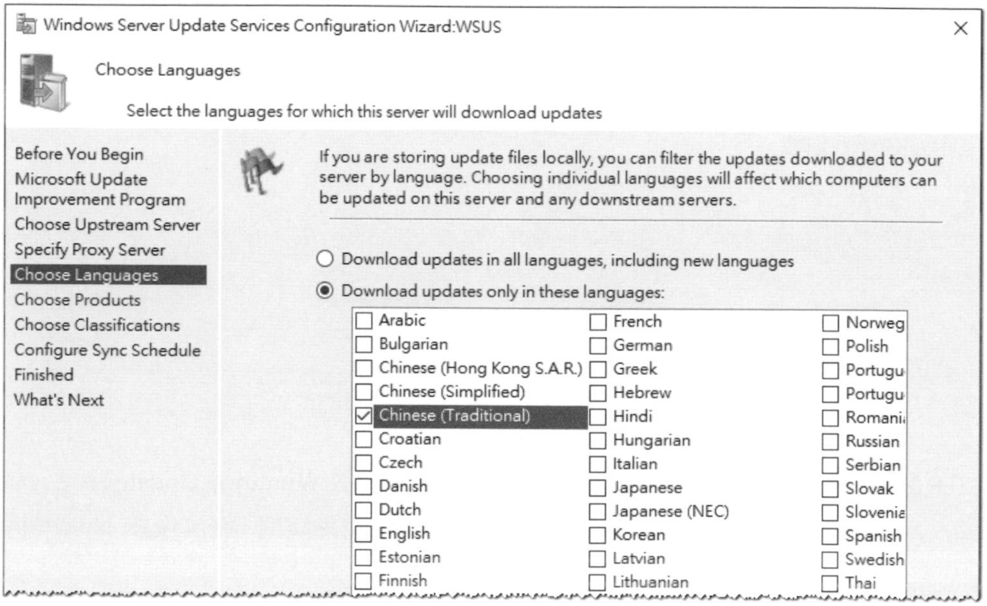

圖 14-4-11

STEP **16** 在圖 14-4-12 選擇所需更新程式的產品後按 Next 鈕。預設會下載 Windows 系統的更新程式。

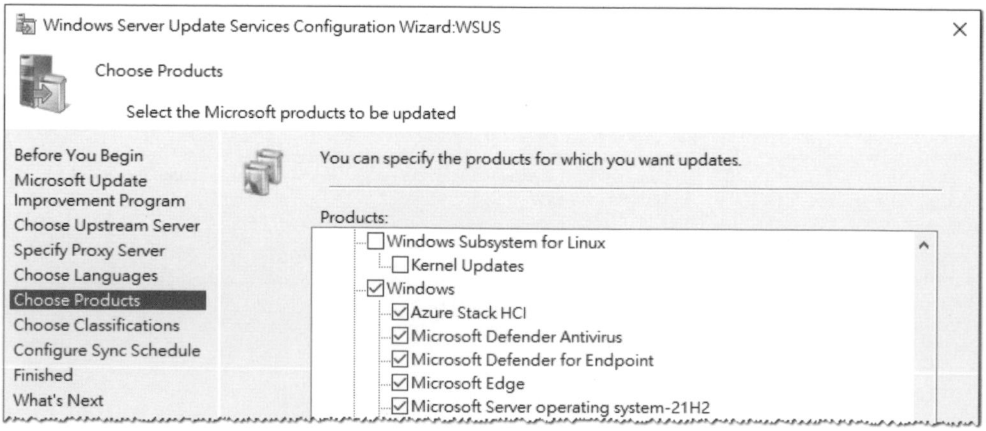

圖 14-4-12

STEP **17** 在圖 14-4-13 選擇欲下載的更新程式類型後按 Next 鈕。

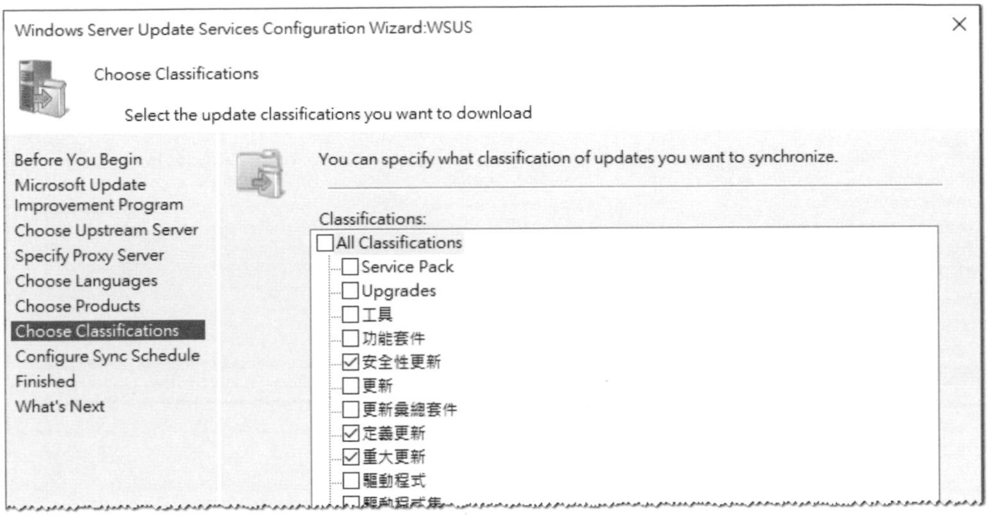

Windows Server Update Services Configuration Wizard:WSUS ✕

Choose Classifications

Select the update classifications you want to download

Before You Begin
Microsoft Update
Improvement Program
Choose Upstream Server
Specify Proxy Server
Choose Languages
Choose Products
Choose Classifications
Configure Sync Schedule
Finished
What's Next

You can specify what classification of updates you want to synchronize.

Classifications:
- ☐ All Classifications
  - ☐ Service Pack
  - ☐ Upgrades
  - ☐ 工具
  - ☐ 功能套件
  - ☑ 安全性更新
  - ☐ 更新
  - ☐ 更新彙總套件
  - ☑ 定義更新
  - ☑ 重大更新
  - ☐ 驅動程式

圖 14-4-13

STEP **18** 在圖 14-4-14 中選擇手動或自動同步後按 Next 鈕。若您選擇自動同步的
話，請設定第 1 次同步的時間與每天同步的次數（系統會自動設定同步間
隔時間），舉例來說，如果您設定第 1 次同步時間為 3:00AM，且每天同
步次數為 4 次的話，則系統會在 3:00AM、9:00AM、3:00PM 與 9:00PM
這 4 個時間點自動執行同步工作。

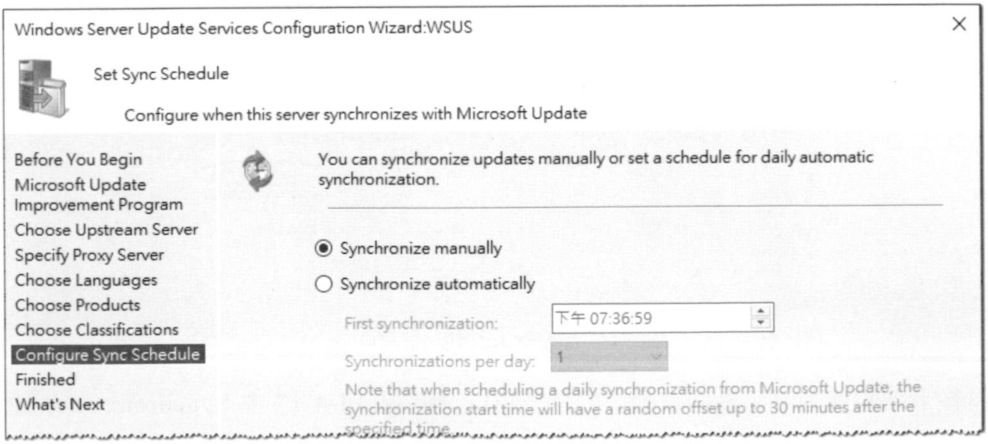

Windows Server Update Services Configuration Wizard:WSUS ✕

Set Sync Schedule

Configure when this server synchronizes with Microsoft Update

Before You Begin
Microsoft Update
Improvement Program
Choose Upstream Server
Specify Proxy Server
Choose Languages
Choose Products
Choose Classifications
Configure Sync Schedule
Finished
What's Next

You can synchronize updates manually or set a schedule for daily automatic
synchronization.

- ⦿ Synchronize manually
- ◯ Synchronize automatically

  First synchronization: 下午 07:36:59

  Synchronizations per day: 1

  Note that when scheduling a daily synchronization from Microsoft Update, the
  synchronization start time will have a random offset up to 30 minutes after the
  specified time.

圖 14-4-14

STEP **19** 可勾選圖 14-4-15 中的選項來執行第 1 次同步工作。按 Next 鈕。

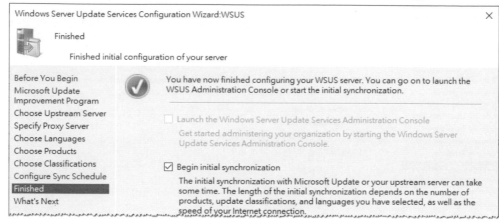

圖 14-4-15

STEP **20** 出現 What's Next 畫面時直接按 Finish 鈕。

STEP **21** 由圖 14-4-16 中可看出目前的同步進度。

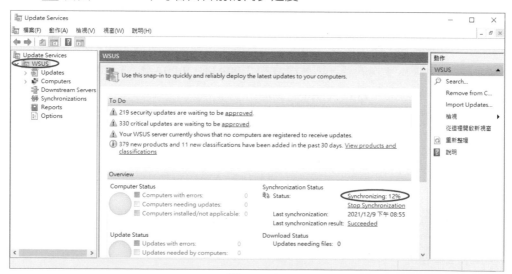

圖 14-4-16

以後若要再次執行手動同步動作的話,可以透過圖 14-4-17 中 Synchronization 畫面右邊的 Synchronize Now 來完成。

圖 14-4-17

若要將手動同步改成排程自動同步的話,請點擊圖 14-4-18 中左邊的 Options,然後透過圖中 Synchronization Schedule。除此之外,在前面安裝過程中的所有設定也都可以透過此 Options 畫面來變更。在同步動作尚未完成之前,無法儲存您所變更的設定,因此請耐心等待同步完成後再來變更設定。

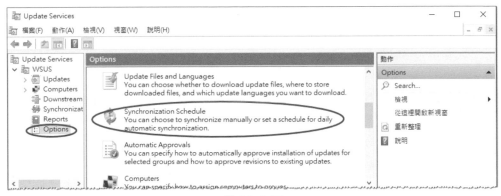

圖 14-4-18

14-5 設定用戶端的自動更新

我們要讓用戶端電腦能夠透過 WSUS 伺服器來下載更新程式,而這個設定可以透過以下兩種途徑來完成:

▶ **群組原則**:在 AD DS 網域環境下可以透過群組原則來設定。

▶ **本機電腦原則**:若沒有 AD DS 網域環境,或用戶端電腦未加入網域的話,則可以透過本機電腦原則來設定。

以下我們利用網域群組原則來說明。假設要在網域 sayms.local 內建立一個網域等級的 GPO（群組原則物件），其名稱為 **WSUS 原則**，然後透過這個 GPO 來設定網域內所有用戶端電腦的自動更新組態。

STEP **1** 到網域控制站上開啟**伺服器管理員**◎點擊右上角的**工具**◎群組原則管理。

STEP **2** 如圖 14-5-1 所示透過【對著網域 sayms.local 按右鍵◎在這個網域中建立 GPO 並連結到◎設定 GPO 的名稱（例如 **WSUS 原則**）後按 確定 鈕】的途徑來建立 GPO。

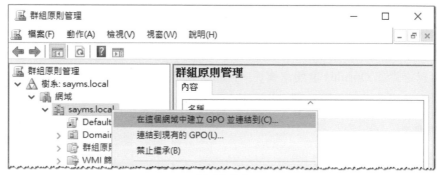

圖 14-5-1

STEP **3** 如圖 14-5-2 所示【對著剛才建立的 **WSUS 原則**按右鍵◎編輯】。

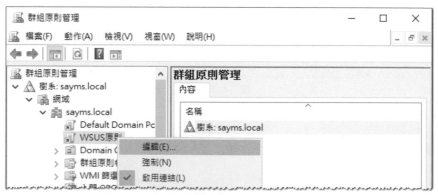

圖 14-5-2

STEP **4** 展開**電腦設定**◎**原則**◎**系統管理範本**◎Windows 元件◎在圖 14-5-3 中雙擊 **Windows Update** 右邊的**設定自動更新**◎在前景圖中選擇用戶端電腦的自動更新方式：

- **通知我下載並自動安裝**：在下載更新程式前會通知已登入的系統管理員，由他自行決定是否要現在下載與自動安裝。

- **自動下載和通知我安裝**：自動下載更新程式，下載完成後、準備安裝前會通知已登入的系統管理員，然後由他自行決定是否要現在安裝。

- **自動下載和排程安裝**：自動下載更新程式，且會在指定時間自動安裝。選擇此選項的話，您還必須在畫面下半段指定自動安裝的日期與時間。

- **允許本機系統管理員選擇設定**：前面幾項設定完成後，就無法在用戶端來變更，但此選項讓在用戶端登入的系統管理員可以透過**控制台**來選擇自動更新方式。

- **自動下載，通知安裝，通知重新啟動**：自動下載更新程式，下載完成後、準備安裝前會通知已登入的系統管理員，然後由他自行決定是否要現在安裝、安裝完成後通知系統管理員重新啟動。

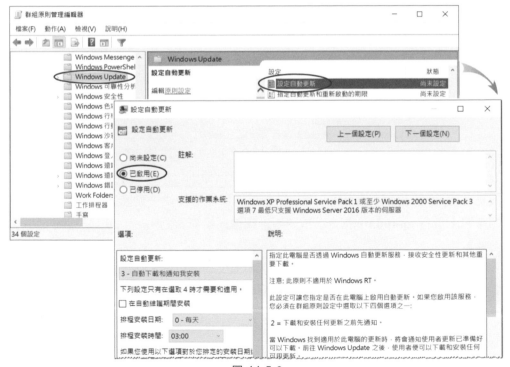

圖 14-5-3

STEP **5**　雙擊圖 14-5-4 中指定近端內部網路 **Microsoft** 更新服務的位置來指定讓
　　　　用戶端從 WSUS 伺服器來取得更新程式，同時也設定讓用戶端將更新結
　　　　果回報給 WSUS 伺服器，這兩處都輸入 **http://wsus.sayms.local:8530/**，
　　　　其中的 8530 為 WSUS 網站的預設接聽連接埠號碼。完成後按確定鈕。

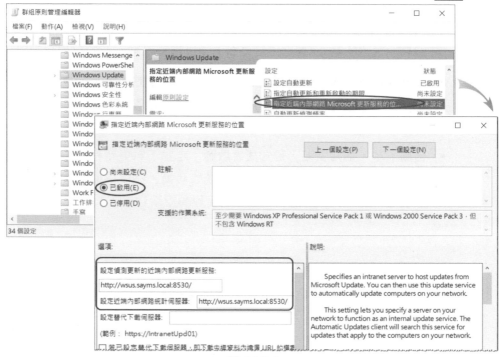

圖 14-5-4

設定完成後，需等網域內的用戶端電腦套用這個原則之後才有效，而用戶端電腦預
設是每隔 90 – 120 分鐘套用一次，若希望用戶端能夠快一點套用的話，請到用戶
端電腦上執行 **gpupdate** 指令（或將用戶端電腦重新啟動）。

　1.　用戶端可透過執行 RSOP.MSC 來查看上述原則設定的套用結果。
　2.　用戶端電腦套用原則後，就無法在用戶端來變更自動更新設定。
　3.　未加入網域的電腦可執行 GPEDIT.MSC，以便透過**本機電腦原則**來完成上
　　　述設定，而且設定完成後會立刻套用。

套用完成後，還需等用戶端電腦主動開始與 WSUS 伺服器接觸後，在 **WSUS 管理
主控台**內才看得到這些用戶端電腦，然後就可以開始將更新程式部署到這些電腦，

不過用戶端電腦在群組原則套用完成後約 20 分鐘才會主動去與 WSUS 伺服器接觸，若不想等待的話，可以利用手動方式來與 WSUS 伺服器接觸，其方法為到用戶端上執行 **wuauclt /detectnow** 指令（在極少數的情況下，可能需要執行：**wuauclt /resetauthorization /detectnow**）。

14-6 核准更新程式

請到 WSUS 伺服器上【開啟伺服器管理員➔點擊右上角工具➔Windows Server Update Services➔展開到 Computers 之下的**所有電腦**➔在中間視窗的 Status 欄位選擇 Any】，之後將看到如圖 14-6-1 所示的用戶端電腦清單，若有用戶端電腦仍未顯示在此畫面的話，可以先到這些電腦上透過 **gpupdate** 來立即套用 GPO 內的群組原則設定，然後再執行 **wuauclt /detectnow** 指令，以便加快讓這些電腦出現在圖 14-6-1 的畫面中。

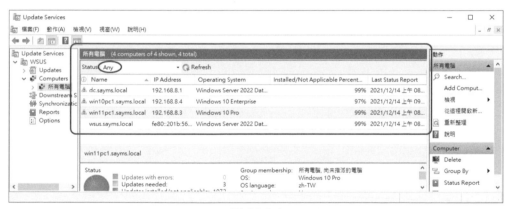

圖 14-6-1

圖中會顯示每一台用戶端電腦的電腦名稱、IP 位址、作業系統的種類（圖中將 Windows 11 Pro 誤顯示為 Windows 10 Pro）、「已安裝與不適用於此電腦（Installed/Not Applicable Percentage）」的更新程式數量佔所有更新程式總數的百分比、用戶端電腦上次向 WSUS 伺服器回報更新狀態的時間。您可以在最上方中間的 Status 處選擇根據不同的狀態來顯示電腦資訊，例如選擇只顯示需要安裝更新程式的用戶端電腦（Needed），然後點擊 Refresh。圖中我們選擇顯示所有狀態（也就是 Any）的電腦。

若用戶端有新的更新狀態可回報，而你希望立即回報的話，可到用戶端電腦上執行 **wuauclt /reportnow** 指令。

若有些用戶端電腦還是未出現在圖 14-6-1 中的話，可在這些電腦上透過**檢查更**
新來解決問題，以 Windows 11 來說：【點擊下方**開始圖示**▉❏點擊**設定**圖示
❏❏如圖 14-6-2 所示點擊左下角的 Windows Update❏點擊 檢查更新 鈕】（若
圖 14-6-2 中已經有列出更新可供下載或安裝的話，請先將這些更新安裝完成，
否則不會出現 檢查更新 鈕；或是先點擊畫面中的**暫停 1 週**後再點擊 繼續更新 ）。

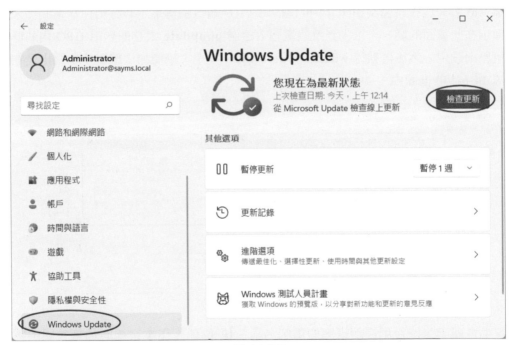

圖 14-6-2

建立新電腦群組

為便於利用 **WSUS** 管理主控台來部署用戶端電腦所需的更新程式（尤其是電腦數
量較多時），建議為用戶端電腦進行群組分類。請建立電腦群組，例如我們要建立
一個名稱為**業務部電腦**的群組，並將隸屬於業務部的電腦搬移到此群組內。

STEP **1** 請如圖 14-6-3 所示【點擊所有電腦畫面右邊的 Add Computer Group➔輸入群組名稱**業務部電腦**後按 Add 鈕】。

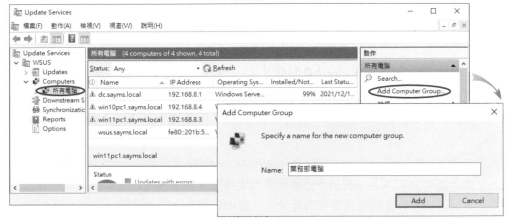

圖 14-6-3

STEP **2** 將應該隸屬於業務部的電腦，從尚未指派的電腦群組搬移到剛剛建立的**業務部電腦**群組中：【如圖 14-6-4 所示點擊左方**尚未指派的電腦**➔Status 欄選 Any 後按 Refresh➔選擇欲搬移到**業務部電腦**群組的電腦➔點擊右邊的 Change Membership➔在前景圖中勾選**業務部電腦**群組後按 OK 鈕】。

圖 14-6-4

核准更新程式的安裝

WSUS 所下載的更新程式都需要經過核准後,用戶端電腦才可以安裝此更新程式,此處假設要核准某個安全性更新,以便讓**業務部電腦**群組內的電腦來安裝此更新程式:【如圖 14-6-5 所示點擊 Security Updates❥在 Approval 處選 Unapproved、在 Status 處選 Any、按 Refresh❥點擊其中一個更新程式❥點擊右邊的 Approve❥對著**業務部電腦**群組按右鍵❥Approved for Install❥按 OK 鈕】。之後如果要解除核准的話,請執行相同的步驟,但是在圖 14-6-5 中選擇 Not Approved。

在圖 14-6-5 中更新程式右邊(Installed/Not Applicable Percentage)欄位的數值(圖中為 75%),表示「已經安裝此更新程式與不適用此更新程式」的電腦數量,佔所有電腦數量總數的百分比,例如總共有 100 台電腦,其中 60 台電腦已經安裝此更新程式、15 台電腦不適用此更新程式,則此處的數值就是(60+15)/100=75%。

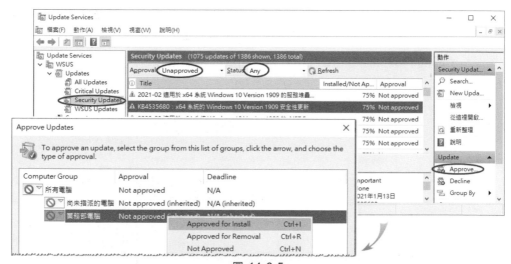

圖 14-6-5

WSUS 預設會延緩下載更新程式,也就是 WSUS 伺服器與 Microsoft Update 同步時僅會下載更新程式的 metadata,當我們核准更新程式後,更新程式才會被下載,需等下載完成後,用戶端電腦才可以開始安裝此更新程式。

可透過在圖 14-6-6 中上方的 Approval 處改選擇 Approved，來選擇僅顯示已經核准的更新，然後在更新程式右邊 Approval 欄位出現了 Install（1/3）字樣，表示目前有 3 個電腦群組，其中有 1 個群組已經被核准安裝此更新程式，例如目前有**所有電腦、尚未指派的電腦**與**業務部電腦** 3 個群組，但僅**業務部電腦**這 1 個群組被核准安裝此更新程式。

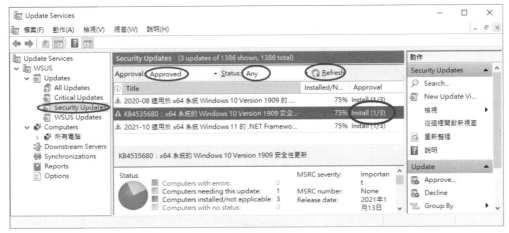

圖 14-6-6

雖然已經核准此更新程式可以讓**業務部電腦**群組內電腦來安裝，可是用戶端電腦預設是每隔 22 到 26 小時才會連接 WSUS 伺服器來檢查是否有最新更新程式可供下載（可利用 **wuauclt /detectnow** 指令來手動檢查）。若檢查到有更新程式可供下載後，用戶端電腦何時會下載此更新程式呢？下載完成後何時才會安裝呢？這些都要看圖 14-6-7 的設定而定，此設定在前面圖 14-5-3 中已設定過了，也解釋過。

用戶端預設是每隔一段時間，才會連接 WSUS 伺服器來檢查是否有最新更新程式可供下載，此時間值可以透過圖 14-6-8 的**自動更新偵測頻率**來變更，實際間隔時間是此處設定值加上 0~4 小時的隨機值。若此原則被設定為**已停用**或**尚未設定**的話，則系統預設就是每隔 22 小時加上隨機值。

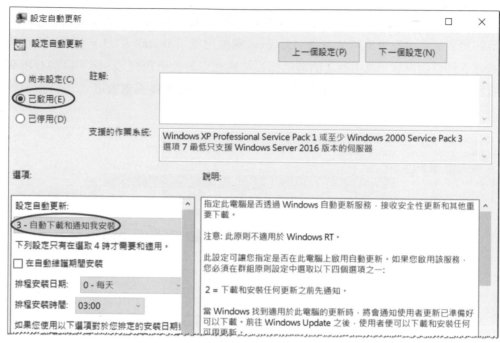

圖 14-6-7

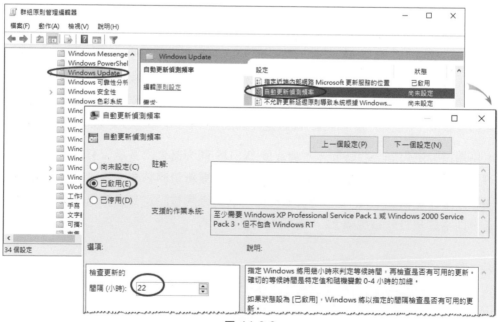

圖 14-6-8

若希望用戶端電腦能夠早一點自動檢查、下載與安裝，以便來驗證 WSUS 功能是否正常、用戶端是否會透過 WSUS 伺服器來安裝更新程式的話，請將圖 14-6-8 的時間縮短，然後到用戶端執行 **gpupdate** 立即套用此原則。或是直接到用戶端電腦執行 **wuauclt /detectow** 指令。

用戶端電腦若要檢查或安裝更新程式的話，以 Windows 11、Windows 10 與 Windows 8.1 來說，可以透過以下途徑：

▶ Windows 11：點擊下方**開始圖示**■ ➲ 點擊**設定圖示**⚙ ➲ Windows Update。

▶ Windows 10：點擊左下角**開始圖示**⊞ ➲ 點擊**設定圖示**◉ ➲ **更新與安全性**。

▶ Windows 8.1：對著左下角的**開始圖示**⊞ 按右鍵 ➲ 控制台 ➲ 系統及安全性 ➲ Windows Update。

拒絕更新程式

如果您點擊圖 14-6-9 中某個更新程式右邊 Decline（拒絕）的話，則系統將解除其核准，同時在 WSUS 資料庫內與此更新有關的報告資料 （由用戶端電腦送來的）都將被刪除，還有在此畫面上也看不到此更新程式。若要看到被拒絕的更新程式的話，請將圖 14-6-9 中 Approval 處改為 Declined 後按 Refresh。

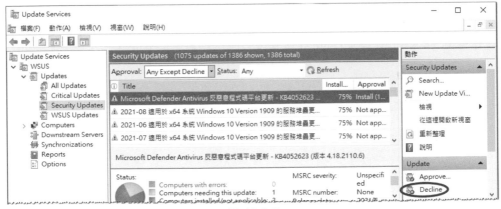

圖 14-6-9

自動核准更新程式

您可以設定以後當 WSUS 伺服器與 Windows Update 同步時,自動核准所下載的更新程式,例如若希望所有下載的**安全性更新**與**重大更新**都能夠自動核准給所有電腦的話:【如圖 14-6-10 所示點擊 Options 選項畫面中的 Automatic Approvals⊃在前景圖中勾選**預設的自動核准規則**⊃按 OK 鈕】(由圖中可看出您還可以自行建立自動核准規則,或編輯、刪除現有規則)。若也要將此規則套用到已經同步的更新程式的話,請點擊畫面中的 Run Rule。

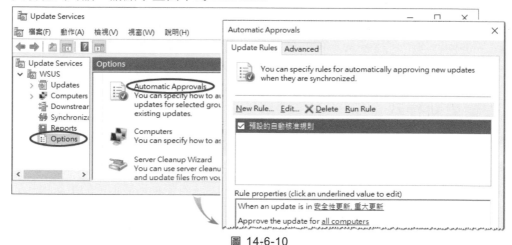

圖 14-6-10

在點擊圖 14-6-11 中的 Advanced 標籤後,還可以變更以下的設定:

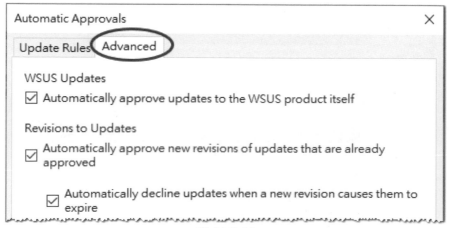

圖 14-6-11

▶ **Automatically approve updates to the WSUS product itself**：是否要讓 WSUS 產品本身的更新程式自動被核准。

▶ **Automatically approve new revisions of updates that are already approved**：若已核准的更新程式未來有修訂版的話，則自動核准此修訂版本的更新程式。

▶ **Automatically decline updates when a new revision causes them to expire**：當未來有新修訂的版本出現，而使得舊版本過期時，則自動拒絕這個過期的舊更新程式。

14-7 自動更新的群組原則設定

前面曾經介紹過幾個與自動更新有關的群組原則設定，本節將介紹更多的設定（參考圖 14-7-1），以便於您進一步控管用戶端電腦與 WSUS 伺服器之間的溝通方式。您可以針對整個網域內的電腦或某個組織單位內的電腦來設定群組原則。建議透過另外建立 GPO 的方式來設定，盡量不要變更內建的 Default Domain Policy GPO 或 Default Domain Controllers Policy GPO 來設定。這些設定在【電腦設定⊃原則⊃系統管理範本⊃Windows 元件⊃Windows Update】。

設定自動更新

用來設定用戶端下載與安裝更新程式的方式，此原則已在前面圖 14-5-3 解釋過了。

指定近端內部網路 Microsoft 更新服務的位置

用來指定讓用戶端電腦從 WSUS 伺服器來取得更新程式，同時也設定讓用戶端將更新結果回報給 WSUS 伺服器，此原則已經在圖 14-5-4 解釋過了。

自動更新偵測頻率

用來設定用戶端電腦每隔多久時間來連接 WSUS 伺服器，以便檢查是否有最新的更新程式可供下載與安裝，此原則已經在圖 14-6-8 解釋過了。

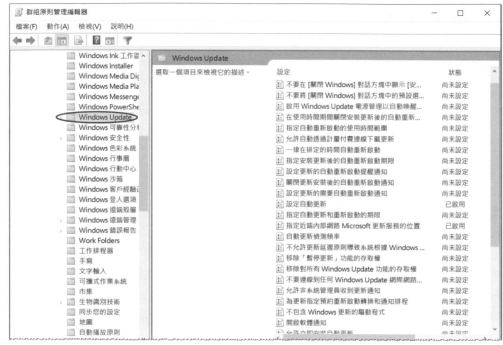

圖 14-7-1

允許非系統管理員收到更新通知

若在**設定自動更新**原則中被設定成在下載前或安裝前通知使用者的話,則預設只有系統管理員才會收到此通知訊息(例如右下角狀態列會顯示通知圖示),然而啟用此原則後,就可以讓非系統管理員也收到通知訊息。若此原則被設定為**已停用**或**尚未設定**的話,則只有系統管理員才會收到通知訊息。

允許立即安裝自動更新

當更新程式下載完成且準備好可以安裝時,預設是根據在**設定自動更新**原則內的設定來決定何時安裝此更新程式,然而啟用此原則後,某些更新程式會被立即安裝,這些更新程式是指那些既不會中斷 Windows 服務,也不會重新啟動 Windows 系統的更新程式。

有使用者登入時不自動重新開機以完成排定的自動更新安裝

若在**設定自動更新**原則中選擇排程安裝更新程式的話，有的更新程式安裝完成後需要重新啟動電腦，而此**有使用者登入時不自動重新開機以完成排定的自動更新安裝**原則是用來設定若有使用者登入用戶端電腦的話，是否要自動重新啟動電腦。

若您啟用此原則的話，則系統會通知已經登入的使用者，要求使用者重新啟動系統以便完成安裝程序。

若此原則被設定為**已停用**或**尚未設定**的話，則系統會通知已經登入的使用者此電腦將在 5 分鐘後（此時間可透過下一個原則來變更）自動重新啟動。

延遲排程安裝的重新啟動

用來設定排程安裝完成後，系統自動重新啟動前需等待的時間（預設為 5 分鐘），請參考前一個原則的說明。

再次提示排程安裝所需的重新啟動

若透過排程安裝更新程式後需要重新啟動電腦，且系統也通知已經登入的使用者此電腦將在 5 分鐘後（預設值）自動重新啟動，此時若使用者在通知畫面選擇不要重新啟動的話，則系統等一段時間後還是會再次通知使用者電腦將在 5 分鐘後重新啟動，此等待時間的長短可透過本原則來設定。

若您啟用此原則的話，請指定重新通知使用者的等待時間。若此原則被設定為**已停用**或**尚未設定**的話，則預設會等 10 分鐘後再通知使用者。

重新排程已經排程好的自動更新安裝

若透過排程指定某個時間點來執行安裝更新程式的工作，但是時間到達時，用戶端電腦卻沒有開機，因此也沒有安裝已經下載的更新程式。此原則是用來設定用戶端電腦重新開機完成後，需等多少時間後就開始安裝之前錯過安裝的更新程式。

圖 14-7-2

若是如圖 14-7-2 所示啟用此原則並指定等待時間的話，則用戶端電腦重新啟動後，就會等指定時間過後再開始安裝之前錯過安裝的更新程式。若停用此原則的話，則用戶端電腦需等下一次排程的時間到達時才會安裝錯過安裝的更新程式。若此原則被設定為**尚未設定**的話，則預設是用戶端電腦重新啟動後 1 分鐘再開始安裝之前錯過安裝的更新程式。

啟用用戶端目標鎖定

套用此設定的所有用戶端電腦會自動被加入到指定的電腦群組內，因此系統管理員就不需要利用 **WSUS 管理主控台**來執行手動加入的工作，例如在圖 14-7-3 中我們透過此原則來讓用戶端自動加入到**業務部電腦**群組內。

圖 14-7-3

允許來自內部網路 Microsoft 更新服務位置的已簽署更新

若此原則啟用的話，用戶端電腦就可以從 WSUS 伺服器下載由其他協力廠商所開發與簽署的更新程式；若未啟用或停用此原則的話，則用戶端電腦僅能夠下載由 Microsoft 所簽署的更新程式。

移除「Window Update」的連結並存取

雖然 WSUS 用戶端透過 WSUS 伺服器只能夠取得經過核准的更新程式，但是本機系統管理員仍然有可能透過**開始**功能表的 **Windows Update** 連結，私自直接連接 Microsoft Update 網站、下載與安裝未經過核准的更新程式，為了減少發生這種狀況，因此建議透過此原則來將用戶端電腦的**開始**功能表的 **Window Update** 連結移除：【展開**使用者設定**➲**原則**➲**系統管理範本**➲「開始」功能表和工作列➲如圖 14-7-4 所示啟用**移除 Windows Update 的連結並存取**原則】，完成後，用戶端電腦的**開始**功能表與 Internet Explorer 的工具功能表內就不會再顯示 **Window Update** 連結，同時在**控制台**的 Windows Update 內的**檢查更新**也會失效。

圖 14-7-4

關閉對所有 Windows Update 功能的存取

若啟用此原則的話，則會禁止用戶端存取 Microsoft Update 網站，例如用戶端透過**開始**功能表的 **Windows Update** 連結去連接 http://windowsupdate.microsoft.com/ 網站會被拒絕、直接在瀏覽器內輸入上述網址來連接 Windows Update 網站也會被拒絕等，換句話說，用戶端電腦將無法直接從 Microsoft Update 網站取得更新程式，不過還是可以從 WSUS 伺服器來取得。啟用此原則的途徑為【展開**電腦設定**➡**原則**➡**系統管理範本**➡**系統**➡**網際網路通訊管理**➡**網際網路通訊設定**➡如圖 14-7-5 所示啟用**關閉對所有 Windows Update 功能的存取**原則】。

圖 14-7-5

15

AD RMS 企業文件版權管理

Active Directory Rights Management Services（AD RMS）能夠確保企業內部數位文件的機密性，使用者即就算是有權限讀取受保護的文件，但若未被授權的話，就無法複製與列印該文件。

15-1 AD RMS 概觀

15-2 AD RMS 實例演練

15-1 AD RMS 概觀

我們雖然可以透過 NTFS（與 ReFS）權限來設定使用者的存取權限，然而 NTFS 權限還是有功能不足之處，例如您開放使用者可以讀取某個內含機密資料的檔案，此時使用者便可以複製檔案內容或另外將檔案儲存到他處，如此便有可能讓這份機密文件內容洩漏出去，尤其現在可攜式儲存媒體盛行（例如 USB 隨身碟），因此使用者可以輕易的將機密文件帶離公司。

Active Directory Rights Management Services（AD RMS）是一種資訊保護技術，在搭配支援 AD RMS 的應用程式（以下簡稱為 **AD RMS-enabled 應用程式**）後，文件的擁有者可以將其設定為版權保護文件，並授予其他使用者讀取、複製或列印文件等權限。若使用者只被授予讀取權限的話，則他無法複製文件內容、也無法列印文件。寄送郵件者也可以限制收件者轉送此郵件。

每一份版權保護文件內都儲存著保護資訊，不論這份文件被搬移、複製到何處，這些保護資訊都仍然存在文件內，因此可以確保文件不會被未經授權的使用者來存取。AD RMS 可以保護企業內部的機密文件與智慧財產，例如財務報表、技術文件、客戶資料、法律文件與電子郵件內容等。

AD RMS 的需求

一個基本 AD RMS 環境包含著如圖 15-1-1 所示的元件。

▶ **網域控制站**：AD RMS 需 AD DS 的網域環境，故需要網域控制站。

▶ **AD RMS 伺服器**：用戶端需要憑證（certificate）與授權（license）才可以進行文件版權保護的工作、存取受版權保護的文件，而 AD RMS 伺服器就是負責憑證與授權的發放。您可以架設多台 AD RMS 伺服器來提供容錯與負載平衡功能，其中第 1 台伺服器被稱為 **AD RMS 根叢集伺服器**。

由於用戶端是透過 HTTP 或 HTTPS 來與 AD RMS 伺服器溝通，因此 AD RMS 伺服器需架設 IIS（Internet Information Services）網站。

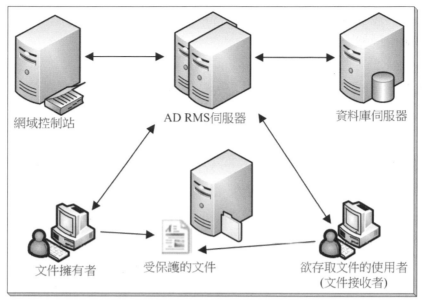

圖 15-1-1

▶ **資料庫伺服器**：用來儲存 AD RMS 設定與原則等資訊，您可以使用 Microsoft SQL Server 來架設資料庫伺服器。您也可以直接使用 AD RMS 伺服器內建資料庫，不過此時只能夠架設一台 AD RMS 伺服器。

▶ 執行「**AD RMS-enabled 應用程式**」的用戶端使用者：使用者執行 **AD RMS-enabled 應用程式**（例如 Microsoft Office Word 2021），並利用它來建立、編輯與將文件設定為受保護的文件，然後將此文件儲存到其他使用者可以存取到的地方，例如網路共用資料夾、USB 隨身碟等。

AD RMS 如何運作？

以前面的圖 15-1-1 為例，文件擁有者建立受保護的文件、文件接受者存取此文件的流程大約是如下所示：

1. 當文件擁有者第一次執行保護文件工作時，他會從 AD RMS 伺服器取得憑證，擁有憑證後便可以執行保護文件的工作。

2. 文件擁有者利用 AD RMS-enabled 應用程式建立文件，並且執行保護文件的步驟，也就是設定此文件的使用權限與使用條件，同時該應用程式會將此文件加密。接著會建立**發行授權**，發行授權內包含著文件的使用權限、使用條件與解密金鑰。

 使用權限包含讀取、變更、列印、轉送與複製內容等，使用權限可搭配使用條件，例如可存取此文件的期限。系統管理員也可以透過 AD RMS 伺服器的設定來限制某些應用程式或使用者不可開啟受保護的文件。

3. 文件擁有者將受保護的文件（內含發行授權）儲存到可供文件接收者存取的地方，或將它直接傳送給文件接收者。

4. 文件接收者利用 AD RMS-enabled 應用程式來開啟文件時，會向 AD RMS 伺服器送出索取**使用授權**的要求（此要求內包含著文件的發行授權）。

5. AD RMS 伺服器透過發行授權內的資訊來確認文件接收者有權存取此文件後，會建立使用者所要求的使用授權（內含使用權限、使用條件與解密金鑰），然後將使用授權傳給文件接收者。

6. 文件接收者的 AD RMS-enabled 應用程式收到使用授權後，會利用使用授權內的解密金鑰來將受保護的文件解密與存取該文件。

15-2　AD RMS 實例演練

我們將透過圖 15-2-1 來練習架設一個 AD RMS 企業版權管理的環境。圖中為了簡化環境複雜度，因此不使用資料庫伺服器，改使用 AD RMS 伺服器的內建資料庫，同時將版權保護文件直接放置到網域控制站 DC 的共用資料夾內，還有用戶端只用一台 Windows 11 電腦，文件擁有者與文件接收者都使用這一台電腦。

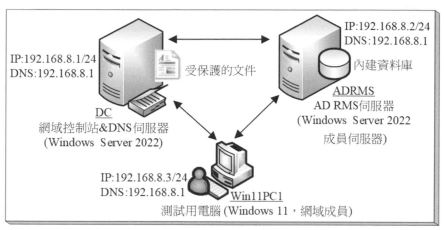

圖 15-2-1

準備好電腦

請準備好圖中 3 台電腦,圖中需要一個 AD DS 網域環境,假設我們所建立的網域名稱為 sayms.local:

▶ 安裝好圖中每一台電腦的作業系統,圖中網域控制站 DC 與 AD RMS 伺服器都是 Windows Server 2022 Datacenter、用戶端電腦為 Windows 11 Professional。

▶ 若是利用 Hyper-V、VMware 或 VirtualBox 來建置虛擬機器 DC 與 ADRMS,且其虛擬硬碟是從同一虛擬硬碟複製來的話,請在虛擬機器內執行 Sysprep.exe 並勾選**一般化**。

▶ 依照圖 15-2-1 來設定每一台電腦的網路卡 IP 位址、子網路遮罩、慣用 DNS 伺服器(預設閘道可不用設定):【點擊下方**檔案總管**圖示■⊃對著左下方的**網路**按右鍵⊃**內容**⊃點擊**乙太網路**⊃**內容**⊃**網際網路通訊協定第 4 版**(TCP/IPv4)】。

▶ 將 3 台電腦的電腦名稱分別變更為 DC、ADRMS 與 Win11PC1:【點擊下方**檔案總管**圖示■⊃對著左下方的**本機**按右鍵選**內容**⊃重新命名此電腦】,完成後重新啟動電腦。

▶ 暫時將每一台電腦的 **Windows Defender** 防火牆關閉(按 Windows 鍵■+ R 鍵⊃輸入 control 按 確定 鈕⊃系統及安全性⊃Windows Defender 防火牆),以免下一個步驟的 ping 測試指令受到 **Windows Defender** 防火牆的阻擋。

▶ 執行以下步驟來測試各電腦之間是否可以正常溝通：

- 到網域控制站 DC 上分別利用 ping 192.168.8.2 與 ping 192.168.8.3 來測試是否可以與 AD RMS 伺服器、用戶端電腦 Win11PC1 溝通。

- 到 AD RMS 伺服器上分別利用 ping 192.168.8.1 與 ping 192.168.8.3 來測試是否可以與網域控制站 DC、用戶端電腦 Win11PC1 溝通。

- 到用戶端電腦 Win11PC1 上分別利用 ping 192.168.8.1 與 ping 192.168.8.2 來測試是否可以與網域控制站 DC、AD RMS 伺服器溝通。

▶ 重新開啟每一台電腦的 **Windows Defender** 防火牆。

▶ 利用將圖左上角伺服器升級為網域控制站的方式來建立網域：到該伺服器上開啟**伺服器管理**、新增 **Active Directory 網域服務**角色，網域名稱為 sayms.local，樹系功能等級選預設的 Windows Server 2016，完成後重新啟動電腦。

▶ 分別到電腦 ADRMS 與 Win11PC1 上將它們加入網域 sayms.local：【點擊下方的**檔案總管**圖示■⊃對著**本機**按右鍵選**內容**⊃點擊**重新命名此電腦（進階）**（若是 Windows Server 2022）或**網域或工作群組**（若是 Windows 11）⊃點擊 變更 鈕⊃...】，完成後重新啟動電腦。

建立使用者帳戶

我們要在 AD DS 資料庫內建立文件擁有者的帳戶 George 與文件接收者的帳戶 Mary，還有一個用來啟動 AD RMS 服務的帳戶 ADRMSSRVC（名稱是隨意命名的），這 3 個帳戶都是一般帳戶，不需要給予特殊權限。

請到網域控制站 DC 上利用網域 Administrator 登入：【開啟**伺服器管理員**⊃點擊右上角**工具**⊃Active Directory 管理中心】，然後分別建立 George、Mary 與 ADRMSSRVC 這 3 個帳戶（假設建立在 Users 容區），在建立帳戶過程中點選**其他密碼選項**後勾選**密碼永久有效**、替 George 與 Mary 設定電子郵件地址，假設分別是 george@sayms.local 與 mary@sayms.local（圖 15-2-2 為 George 的畫面）。

圖 15-2-2

安裝 Active Directory Rights Management Services

請到伺服器 ADRMS 上利用網域 sayms\Administrator 身份登入,然後透過**新增伺服器**角色的方式來安裝 Active Directory Rights Management Services。

 安裝 Active Directory Rights Management Services 的使用者必須是隸屬於本機群組 Administrators 與網域群組 Enterprise Admins,而我們目前使用的 sayms\Administrator 預設就是隸屬於這兩個群組。

STEP **1** 開啟伺服器管理員➔點擊儀表板處的**新增角色及功能**。

STEP **2** 接下來幾個畫面都按 下一步 鈕,一直到出現圖 15-2-3 的畫面時勾選 Active Directory Rights Management Services 後按 新增功能 鈕。

圖 15-2-3

STEP **3** 接下來的步驟都按 下一步 鈕,一直到**確認安裝選項**畫面時按 安裝 鈕。

STEP **4** 安裝完成後，如圖 15-2-4 所示點擊**執行其他設定**（若已經關閉此視窗的
話，可透過點擊儀表板右上方的旗幟來設定）。

圖 15-2-4

STEP **5** 出現 **AD RMS** 畫面時按 下一步 鈕。

STEP **6** 在圖 15-2-5 按 下一步 鈕。由圖中得知可架設兩種叢集：會發放憑證與授
權的「根叢集」與僅發放授權的「僅授權叢集」。您所安裝第 1 台伺服器
會成為「根叢集」。

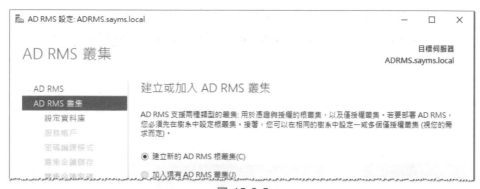

圖 15-2-5

若環境比較複雜的話，可以在架設**根叢集**後，另外再架設**僅授權叢集**，不過建
議都使用**根叢集**，然後將其他 AD RMS 伺服器加入到此**根叢集**，因為**根叢集**與
僅授權叢集無法被使用在同一個容錯集區內（load-balancing pool）。

STEP **7** 如圖 15-2-6 所示選用 **Windows 內部資料庫**後按 下一步 鈕。

圖 15-2-6

因為我們選擇內建資料庫，故只能夠架設一台 AD RMS 伺服器。若要使用 SQL 資料庫伺服器的話，請選擇**指定資料庫伺服器與資料庫執行個體**，該伺服器必須加入網域，同時用來安裝 Active Directory Rights Management Services 的網域使用者帳戶也需隸屬於該資料庫伺服器的本機 Administrators 群組，如此才有權利在該資料庫伺服器內建立 AD RMS 所需的資料庫。

STEP **8** 在圖 15-2-7 中透過按 指定 鈕來選擇用來啟動 AD RMS 服務的網域使用者帳戶 SAYMS\ADRMSSRVC。完成後按 下一步 鈕。

圖 15-2-7

STEP **9** 在圖 15-2-8 中直接按 下一步 鈕。

圖 15-2-8

STEP **10** 在圖 15-2-9 中直接按 下一步 鈕。

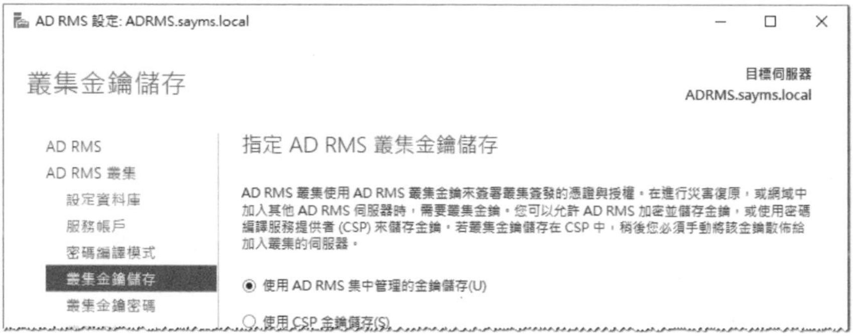

圖 15-2-9

STEP **11** 在圖 15-2-10 為叢集金鑰（cluster key）設定一個密碼後按 下一步 鈕。當
您要將其他 AD RMS 伺服器加入此叢集時，就必須提供此處所設定的密
碼。AD RMS 會利用叢集金鑰來簽署所發放的憑證與授權。

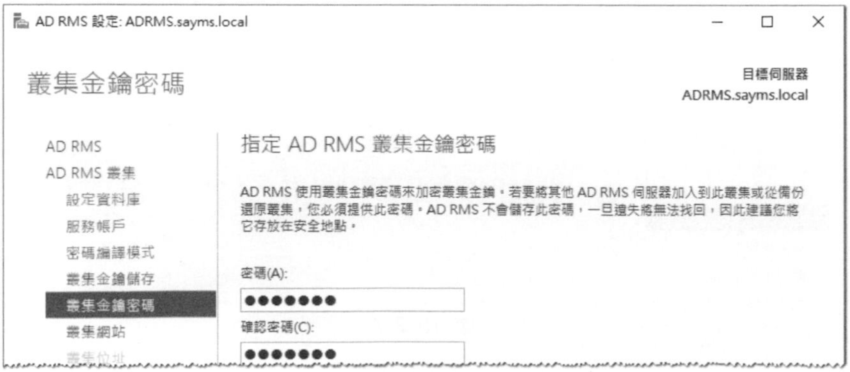

圖 15-2-10

STEP **12** 在圖 15-2-11 中將 IIS 的 Default Web Site 當作叢集網站後按 下一步 鈕。

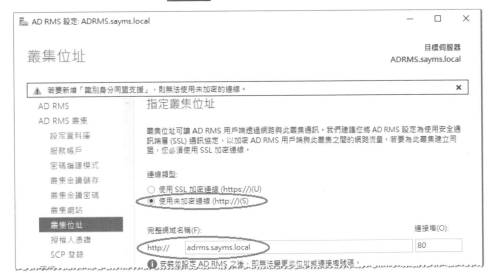

圖 15-2-11

STEP **13** 在圖 15-2-12 中選擇讓用戶端利用 http 來連接叢集網站,並設定其網址,例如 http://adrms.sayms.local,其中的 adrms 為 AD RMS 伺服器的電腦名稱。您也可以選用其他名稱,但需在 DNS 伺服器內建立其主機與 IP 位址的記錄。完成後按 下一步 鈕。

圖 15-2-12

> 若要使用較安全的 https 連線的話,AD RMS 伺服器需要憑證,憑證的部分相關說明可參考第一本書 Windows Server 2022 系統與網站建置實務第 16 章。

STEP **14** 叢集中的第 1 台 AD RMS 伺服器會自行建立一個被稱為**伺服器授權人憑證**的憑證（server licensor certificate，SLC），擁有此憑證便可以對用戶端發放憑證與授權。請在圖 15-2-13 中替這個 SLC 命名，以便讓用戶端透過此名稱來辨識這個 AD RMS 叢集。（加入此叢集的其他 AD RMS 伺服器會共用這個 SLC 憑證）。圖中採用預設值。完成後按 下一步 鈕。

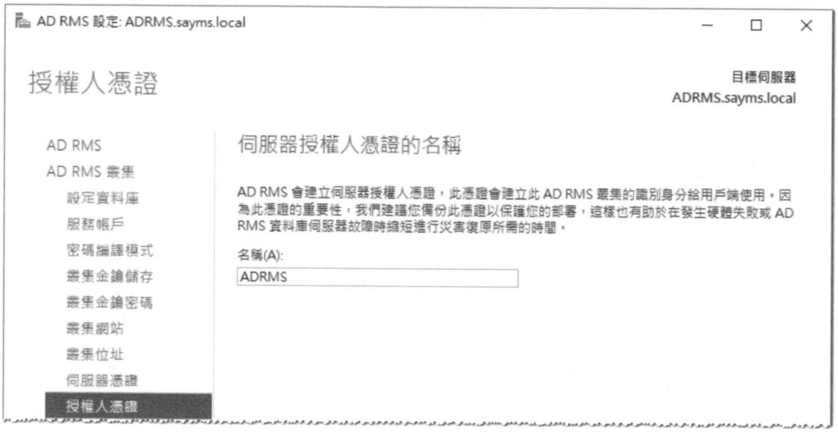

圖 15-2-13

STEP **15** 在圖 15-2-14 中按 下一步 鈕，它會將 AD RMS 服務連接點（service connection point，SCP）登錄到 AD DS 資料庫內，以便讓用戶端透過 AD DS 來找到這台 AD RMS 伺服器。

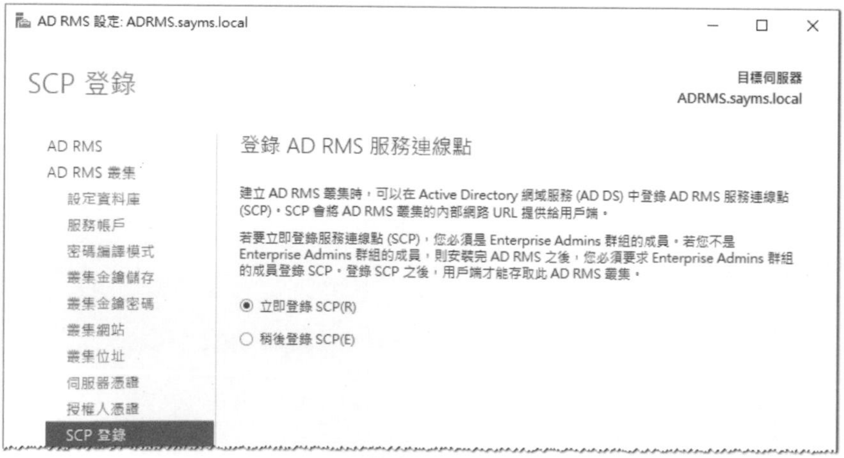

圖 15-2-14

用來將 AD RMS SCP 登錄到 AD DS 的使用者帳戶必須是隸屬於網域群組 Enterprise Admins，若您是利用其他使用者來登入與安裝 Active Directory Rights Management Services 的話，則該使用者必須先被加入到 Enterprise Admins 群組內，安裝完成後，就可以將其從此群組內移除。

STEP **16** 出現**確認安裝選項畫面**時 安裝 鈕，安裝完成後按 關閉 鈕。

STEP **17** 完成安裝後，目前登入的使用者帳戶（sayms\Administrator）會被加入到本機 **AD RMS Enterprise 系統管理員**群組內，此使用者就有權利來管理 AD RMS（可透過開啟**伺服器管理員**➔點擊右上角**工具**➔**Active Directory Rights Management Services**），不過他需先登出、再重新登入後才有效。

登出後再重新登入，才會更新使用者的**存取權杖**（access token，見第 8 章），如此使用者才具備本機 AD RMS Enterprise 系統管理員群組的權利。

建立儲存版權保護文件的共用資料夾

我們要建立一個共用資料夾，然後將文件擁有者的版權保護文件放到此資料夾內，以便文件接收者可以到此共用資料夾來存取此文件。此範例要將共用資料夾建立在網域控制站 DC 內（也可以建立在其他電腦內。若您要透過將檔案儲存到 USB 隨身碟的方式來練習的話，則以下步驟可免）。

STEP **1** 請到網域控制站 DC 上利用網域 Administrator 身份登入：【開啟**檔案總管**➔點擊**本機**➔雙擊 C:磁碟➔對著右方空白處按右鍵➔**新增**➔**資料夾**➔輸入資料夾名稱，假設為 public 】。

STEP **2**　對著資料夾 public 按右鍵⊃授與存取權給⊃特定人員⊃如圖 15-2-15 所示
賦予 Everyone **讀取/寫入**權限⊃按 共用 鈕。

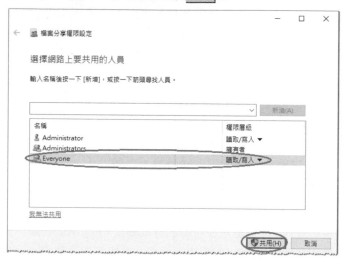

圖 15-2-15

STEP **3**　出現您的資料夾已經共用畫面時按 完成 鈕。

測試 AD RMS 的功能

我們會先在用戶端電腦 Win11PC1 上安裝 Microsoft Word 2021、然後利用 George
身份登入與建立版權保護文件、最後利用 Mary 身份登入來存取此文件。

⊃ 限制只能夠讀取文件，不可列印、複製文件

STEP **1**　到用戶端電腦 Win11PC1 上利用 george@sayms.local 身份登入、安裝
Microsoft Word 2021（可能需輸入具備系統管理員權限的帳戶與密碼）。

STEP **2**　透過【點擊下方**檔案總管**圖示⊃對著左下方**網路**按右鍵⊃內容⊃點擊左
下角**網際網路**選項⊃**安全性**標籤⊃點擊**近端內部網路**⊃按 網站 鈕⊃按 進
階 鈕⊃輸入 http://adrms.sayms.local⊃按 新增 鈕⊃按 關閉 鈕⊃按 確定 鈕
⊃...】的途徑來將 AD RMS 叢集網站加入到近端內部網路的安全區域內。

STEP **3** 點擊下方**開始**圖示██ ⊃ 點擊 **Word** 圖示來建立一個檔案 ⊃ 然後點擊左上角**檔案** ⊃ 如圖 15-2-16 所示點擊**保護文件** ⊃ 限制存取 ⊃ 連線至版權管理伺服器並取得範本。

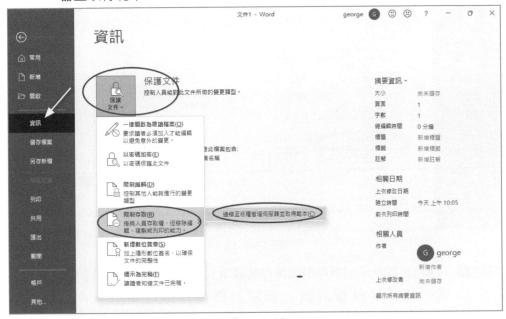

圖 15-2-16

若要求您輸入帳號與密碼，且之後會出現圖 15-2-17 的警示畫面的話，可能是您未在STEP **2**將 http://adrms.sayms.local 加入到近端內部網路。

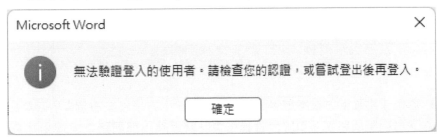

圖 15-2-17

STEP **4** 接下來請如圖 15-2-18 所示【點擊**保護文件** ⊃ 限制存取 ⊃ 限制存取 】。

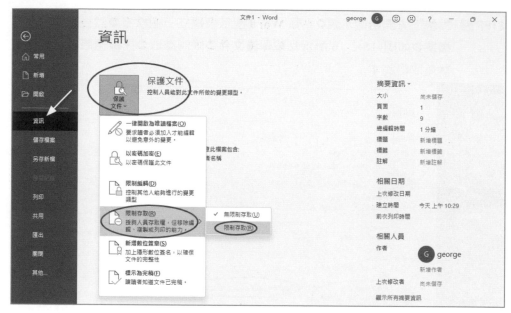

圖 15-2-18

STEP **5** 在圖 15-2-19 中勾選**限制此文件的權限**,然後點擊 讀取 或 變更 鈕來開放權限,完成後按 確定 鈕。圖中我們選擇開放讀取權限給使用者 mary@sayms.local。若您要進一步開放權限的話,請按 其他選項 鈕,然後透過圖 15-2-20 來設定,由此圖可知還可以設定文件到期日、是否可列印文件內容、是否可複製內容等

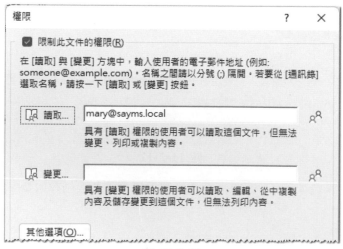

圖 15-2-19

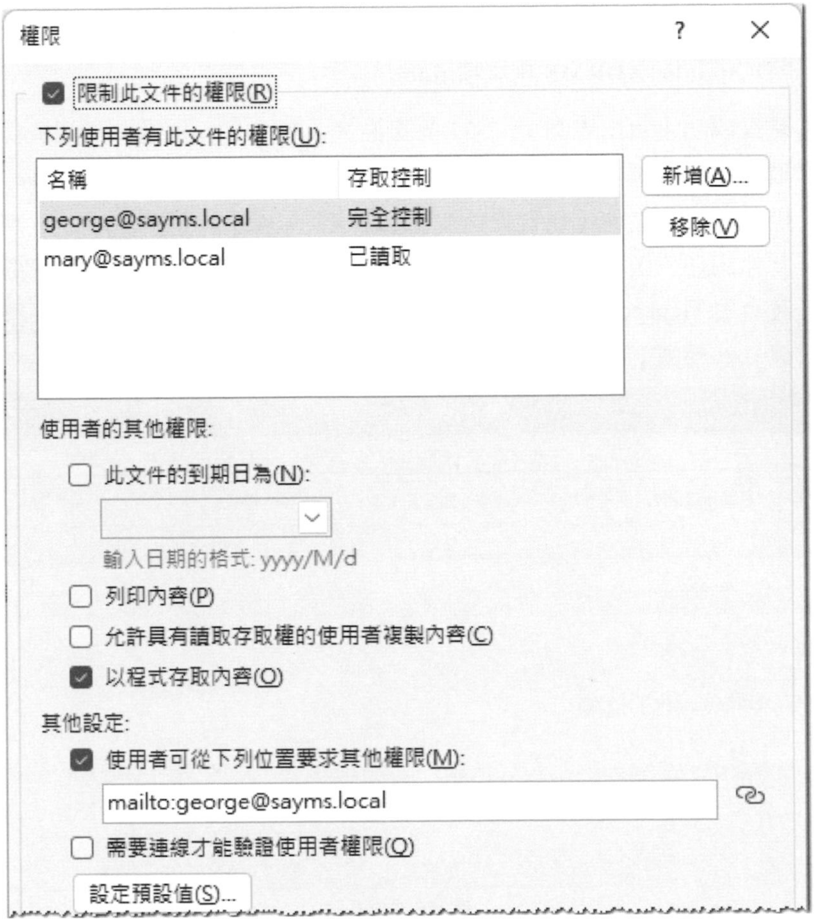

圖 15-2-20

STEP **6** 請透過左上角的**另存新檔**來將檔案儲存到共用資料夾\DC\Public 內,假設我們要將檔名設定為 **ADRMS 測試檔.docx**,此時可直接輸入 \\DC\Public**ADRMS 測試檔**。

STEP **7** 登出,改換使用者帳戶 mary@sayms.local 登入。

STEP **8** 透過【點擊下方**檔案總管**圖示 ➲對著左下方**網路**按右鍵➲**內容**➲點擊左下角**網際網路選項**➲**安全性**標籤➲點擊**近端內部網路**➲按 網站 鈕➲按 進階 鈕➲輸入 http://adrms.sayms.local➲按 新增 鈕➲按 關閉 鈕➲按 確定 鈕 ➲... 】的途徑來將 AD RMS 叢集網站加入到近端內部網路的安全區域內。

STEP **9** 點擊下方**開始**圖示██ ➔ 點擊　**Word**　圖示 ➔ 開啟位於下列路徑的檔案 \\DC\public**ADRMS 測試檔.docx**。

STEP **10** 驗證成功後會出現圖 15-2-21 的畫面與文件內容，由圖中可知這份文件的權限受到限制，目前使用者 Mary 僅能閱讀此文件，因此無法另存新檔、也無法列印文件（包含透過按 PrtScr 鍵或 Alt + PrtScr 鍵）、而且選取文件的任何內容後按右鍵並無法選擇**複製**與**剪下**。如果 Mary 想要向文件擁有者 George 索取其他權限的話，可以透過【點擊圖中 檢視權限 鈕 ➔ 要求其他權限】的途徑來寄送索取權限的郵件給 George。

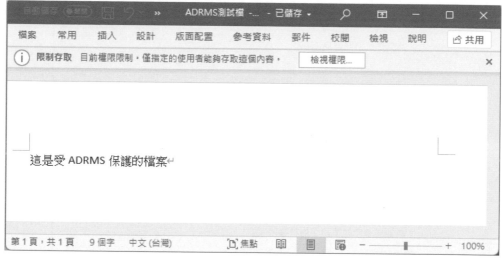

圖 15-2-21

若未在**STEP 8**中將 http://adrms.sayms.local 加入到近端內部網路的話，則可能會出現如圖 15-2-22 所示的警示畫面，此時請按 確定 鈕，然後輸入帳號與密碼。

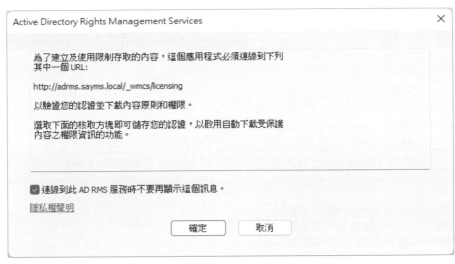

圖 15-2-22

⇨ 限制郵件轉寄

若是透過 Microsoft Outlook 來收發郵件的話,還可以限制收件者不可以轉寄郵件:
在 Microsoft Outlook 的**新增電子郵件**視窗內完成郵件內容的輸入後【點擊左上角
的**檔案**⮞如圖 15-2-23 所示點擊**設定權限**⮞不可轉寄】,收件者收到郵件後,如圖
15-2-24 所示只可以閱讀此郵件,無法轉寄此郵件,也無法列印或複製郵件內容。

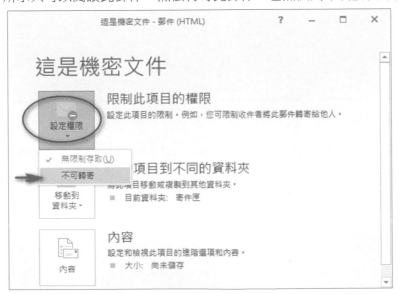

圖 15-2-23

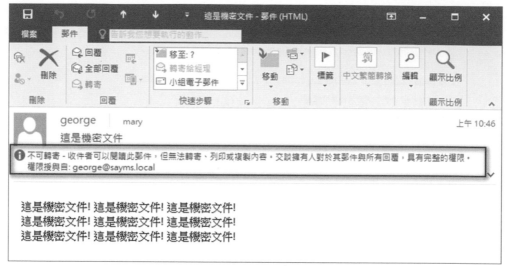

圖 15-2-24

若要練習此郵件轉寄限制的話，可直接利用前面所建置的測試環境，但是另外還需要有電子郵件伺服器（例如 Microsoft Exchange Server），並替寄件者與收件者在電子郵件伺服器內建立電子郵件信箱，還有需要在用戶端電腦安裝 Microsoft Outlook。

16

AD DS 與防火牆

若兩台網域控制站之間，或網域控制站與成員電腦之間，被防火牆隔開的話，則如何讓 AD DS 資料庫複寫、使用者身分驗證、網路資源存取等行為穿越防火牆的阻隔，便成為系統管理員必須瞭解的重要課題。

16-1 AD DS 相關的連接埠

16-2 限制動態 RPC 連接埠的使用範圍

16-3 IPSec 與 VPN 連接埠

16-1 AD DS 相關的連接埠

不同的網路服務會使用到不同的 TCP 或 UDP 連接埠（port），若防火牆沒有開放相關連接埠的話，將造成這些服務無法正常運作。我們先在表 16-1-1 中列出 AD DS（Active Directory 網域服務）一些相關的服務與其所佔用的 TCP/UDP 連接埠號碼，然後再說明這些服務的使用場合。

表 16-1-1

服務	TCP 連接埠	UDP 連接埠
RPC Endpoint Mapper	135	
Kerberos	88	88
LDAP	389	389
LDAPS （LDAP over SSL）	636	636
LDAP GC （LDAP Global Catalog）	3268	
LDAPS GC （LDAP Global Catalog over SSL）	3269	
SMB （Microsoft CIFS）	445	
DNS	53	53
Network Time Protocol （NTP）		123
AD DS 資料庫複寫、檔案複寫服務（FRS）、分散式檔案系統（DFS）等服務	使用動態連接埠：可限制連接埠範圍或將其變更為靜態連接埠	
NetBIOS Name Service		137
NetBIOS Datagram Service		138
NetBIOS Session Service	139	

將用戶端電腦加入網域、使用者登入時會用到的連接埠

將用戶端電腦加入網域、使用者登入時會用到以下的服務，因此若用戶端電腦與相關伺服器（網域控制站、DNS 伺服器）之間被防火牆隔開的話，請在防火牆開放以下連接埠：

▶ Microsoft CIFS：445/TCP

▶ Kerberos：88/TCP、88/UDP

- DNS：53/TCP、53/UDP
- LDAP：389/TCP、389/UDP
- Netlogon 服務：NetBIOS Name Service（137/UDP）/NetBIOS Datagram Service（138/UDP）/NetBIOS Session Service（139/TCP）與 SMB（445/ TCP）。

電腦登入時會用到的連接埠

電腦登入到網域時會用到以下的服務，因此若網域成員電腦與相關伺服器（網域控制站、DNS 伺服器）之間被防火牆隔開的話，請在防火牆開放以下連接埠：

- Microsoft CIFS：445/TCP
- Kerberos：88/TCP、88/UDP
- LDAP：389/UDP
- DNS：53/TCP、53/UDP

建立網域信任時會用到的連接埠

位於不同樹系的網域之間在建立捷徑信任、外部信任等**顯性的信任**（explicit trust）關係時，會用到以下的服務，因此若這兩個網域的網域控制站之間是被防火牆隔開的話，請在防火牆開放以下的連接埠：

- Microsoft CIFS：445/TCP
- Kerberos：88/TCP、88/UDP
- LDAP：389/TCP、389/UDP
- LDAPS：636/TCP（若使用 SSL 的話）
- DNS：53/TCP、53/UDP

驗證網域信任時會用到的連接埠

不同網域的網域控制站之間在驗證信任關係時會用到以下的服務，因此若這些網域控制站之間是被防火牆隔開的話，請在防火牆開放以下的連接埠：

▶ Microsoft CIFS：445/TCP

▶ Kerberos：88/TCP、88/UDP

▶ LDAP：389/TCP、389/UDP

▶ LDAPS：636/TCP（若使用 SSL 的話）

▶ DNS：53/TCP、53/UDP

▶ Netlogon 服務：NetBIOS Name Service（137/UDP）/NetBIOS Datagram Service（138/UDP）/NetBIOS Session Service（139/TCP）與 SMB（445/ TCP）。

存取檔案資源時會用到的連接埠

存取檔案資源時所使用的服務為 SMB（445/TCP）或 NetBIOS Name Service（137/UDP）/NetBIOS Datagram Service（138/UDP）/NetBIOS Session Service（139/TCP），因此若使用者的電腦與資源所在的電腦是被防火牆隔開的話，請在防火牆開放這些服務的連接埠。

執行 DNS 查詢時會用到的連接埠

若要透過防火牆來向 DNS 伺服器提出查詢要求的話，例如查詢網域控制站的 IP 位址，就需要開放 DNS 服務的連接埠：53/TCP 與 53/UDP。

執行 AD DS 資料庫複寫時會用到的連接埠

兩台網域控制站之間在進行 AD DS 資料庫複寫時會用到以下服務，因此若這兩台網域控制站之間被防火牆隔開的話，請在防火牆開放以下連接埠：

▶ AD DS 資料庫複寫

它不是使用靜態 RPC（Remote Procedure Call）連接埠，而是使用動態 RPC 連接埠（其範圍為 49152 － 65535 之間），此時我們要如何來開放連接埠呢？還好動態 RPC 連接埠可以被限制在一段較小的範圍內（見第 16-7 頁 **限制所有服務的動態 RPC 連接埠範圍**的說明），因此我們只要在防火牆開放這一小段範圍的 TCP 連接埠即可。

您也可以指定它來使用靜態的連接埠,參見第 16-10 頁 **限制 AD DS 資料庫複寫使用指定的靜態連接埠** 的說明。

▶ RPC Endpoint Mapper:135/TCP

使用動態 RPC 連接埠時,需要搭配 RPC Endpoint Mapper 服務,因此請在防火牆開放此服務的連接埠。

▶ Kerberos:88/TCP、88/UDP

▶ LDAP:389/TCP、389/UDP

▶ LDAPS:636/TCP(若使用 SSL 的話)

▶ DNS:53/TCP、53/UDP

▶ Microsoft CIFS:445/TCP

檔案複寫服務(FRS)會用到的連接埠

若網域功能等級是 Windows Server 2008 以下的話,則同一個網域的網域控制站之間在複寫 SYSVOL 資料夾時,會使用 FRS(File Replication Service)。FRS 也是採用動態 RPC 連接埠,因此若將動態 RPC 連接埠限制在一段較小範圍內的話(參見第 16-7 頁 **限制所有服務的動態 RPC 連接埠範圍** 的說明),則我們只要在防火牆開放這段範圍的 TCP 連接埠即可。但是使用動態 RPC 連接埠時,需要搭配 RPC Endpoint Mapper 服務,因此請在防火牆開放 RPC Endpoint Mapper:135/TCP。

您也可以指定它來使用靜態的連接埠,參見第 16-11 頁 **限制 FRS 使用指定的靜態連接埠**的說明。

分散式檔案系統(DFS)會用到的連接埠

若網域功能等級為 Windows Server 2008(含)以上的話,則 Windows Server 2008(含)上的網域控制站之間在複寫 SYSVOL 資料夾時需利用 **DFS 複寫服務** (DFS Replication Service),因此若這些網域控制站之間是被防火牆隔開的話,請在防火牆開放以下的連接埠:

▶ LDAP：389/TCP、389/UDP

▶ Microsoft CIFS：445/TCP

▶ NetBIOS Datagram Service：138/UDP

▶ NetBIOS Session Service：139/TCP

▶ Distributed File System（DFS）

　DFS 也是採用動態 RPC 連接埠，因此若將動態 RPC 連接埠限制在一段較小範圍內的話 （參見第 16-7 頁 **限制所有服務的動態 RPC 連接埠範圍** 的說明），則我們只要在防火牆開放這段範圍的 TCP 連接埠即可。

　您也可以指定它來使用靜態的連接埠，參見第 16-11 頁 **限制 DFS 使用指定的靜態連接埠** 的說明。

▶ RPC Endpoint Mapper：135/TCP

　使用動態 RPC 連接埠時，需要搭配 RPC Endpoint Mapper 服務，因此請在防火牆開放此服務的連接埠。

其他可能需要開放的連接埠

▶ LDAP GC 、LDAPS GC：3268/TCP、3269/TCP（若使用 SSL 的話）

　假設使用者登入時，負責驗證使用者身分的網域控制站需要透過防火牆來向**通用類別目錄伺服器**查詢使用者所隸屬的萬用群組資料時，您就需要在防火牆開放連接埠 3268 或 3269。

　又例如 Microsoft Exchange Server 需要存取位於防火牆另外一端的**通用類別目錄伺服器**的話，您也需要開放連接埠 3268 或 3269。

▶ Network Time Protocol（NTP）:123/UDP

　它負責時間的同步（參見第 10 章關於 **PDC 模擬器操作主機** 的說明）。

▶ NetBIOS 的相關服務：137/UDP、138/UDP、139/TCP

　開放這些連接埠，以便透過防火牆來使用 NetBIOS 服務，例如支援舊用戶端來登入、瀏覽網路上的芳鄰等。

16-2 限制動態 RPC 連接埠的使用範圍

動態 RPC 連接埠是如何運作呢？以 Microsoft Office Outlook（MAPI 用戶端）與 Microsoft Exchange Server 之間的溝通為例來說：用戶端 Outlook 先連接 Exchange Server 的 RPC Endpoint Mapper（RPC Locator Services，TCP 連接埠 135）、RPC Endpoint Mapper 再將 Exchange Server 所使用的連接埠（動態範圍在 49152 － 65535 之間）通知用戶端、用戶端 Outlook 再透過此連接埠來連接 Exchange Server。

AD DS 資料庫的複寫、Outlook 與 Exchange Server 之間的溝通、檔案複寫服務（File Replication Service，FRS）、分散式檔案系統（Distributed File System，DFS）等預設都是使用動態 RPC 連接埠，也就是沒有固定的連接埠，這將造成在防火牆設定上的困擾，還好動態 RPC 連接埠可以被限制在一段較小的範圍內，如此我們只要在防火牆開放這段範圍的連接埠即可。

限制所有服務的動態 RPC 連接埠範圍

以下說明如何將電腦所使用的動態 RPC 連接埠限制在指定的範圍內。假設我們要將其限制在從 8000 起開始，總共 1000 個連接埠號碼（連接埠號碼最大為 65535）。

請開啟 Windows PowerShell 視窗、執行以下 2 個指令（參見圖 16-2-1，其中第一行是針對 TCP、第二行是針對 UDP）：

Set-NetTCPSetting -DynamicPortRangeStartPort 8000 -DynamicPortRangeNumberOfPorts 1000

Set-NetUDPSetting -DynamicPortRangeStartPort 8000 -DynamicPortRangeNumberOfPorts 1000

圖 16-2-1

您也可以執行以下的 netsh 指令（IPv4 與 IPv6 分開設定）：

netsh int ipv4 set dynamicport tcp start=8000 num=1000

netsh int ipv4 set dynamicport udp start=8000 num=1000

netsh int ipv6 set dynamicport tcp start=8000 num=1000

netsh int ipv6 set dynamicport udp start=8000 num=1000

若要檢查目前的 TCP 與 UDP 動態 RPC 連接埠範圍的話，請執行以下指令（參見圖 16-2-2）：

Get-NetTCPSetting -Setting Internet

Get-NetUDPSetting

其中的 **Get-NetTCPSetting -Setting Internet** 也可改為 **Get-NetTCPSetting**，但是會顯示較多不相關的資料。

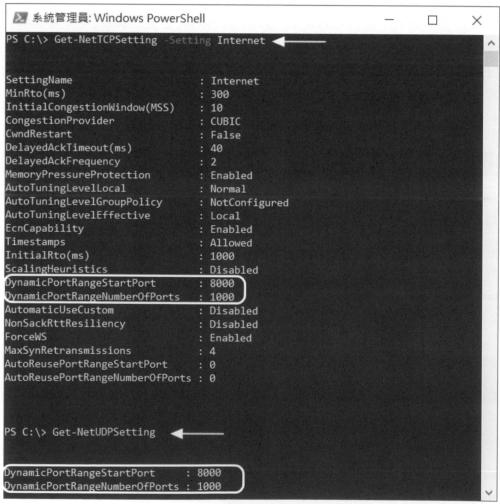

圖 16-2-2

您也可以執行以下的 netsh 指令來查看:

netsh int ipv4 show dynamicport tcp

netsh int ipv4 show dynamicport udp

netsh int ipv6 show dynamicport tcp

netsh int ipv6 show dynamicport udp

您可以利用以下步驟來練習與驗證:假設網域內有一台網域控制站與一台成員伺服器,請修改網域控制站的上述連接埠設定值,然後將成員伺服器重新啟動,在大約快要出現登入畫面時(此時它會與網域控制站溝通),改到網域控制站上開啟 Windows PowerShell 視窗、執行 **netstat -n** 指令來檢視其目前所使用的連接埠。此時應該可以看到某些服務(與 AD 有關的服務)所使用的連接埠是在我們所設定的從 8000 開始,如圖 16-2-3 所示,圖中 IP 位址為 192.168.8.1 的電腦是網域控制站,其連接埠是 8452、而 IP 位址為 192.168.8.10 的電腦是成員伺服器,其連接埠(49676 與 49696)是在預設的範圍內(49152－65535)。您也可以利用 PowerShell 指令 **Get-NetTCPConnection** 來查看。

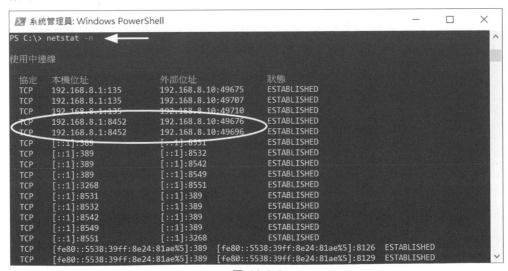

圖 16-2-3

限制 AD DS 資料庫複寫使用指定的靜態連接埠

網域控制站執行 AD DS 資料庫複寫工作時，預設是使用動態 RPC 連接埠，但是我們也可以自行指定一個靜態的連接埠。請到網域控制站上執行登錄編輯程式 REGEDIT.EXE，然後透過以下路徑來設定：

HKEY_LOCAL_MACHINE\SYSTEM\CurrentControlSet\Services\NTDS\Parameters

請在上述路徑之下新增一個如表 16-2-1 所示的數值，圖 16-2-4 為完成後的畫面，圖中我們將連接埠號碼設定為 56789（十進位），注意此連接埠不可以與其他服務所使用的連接埠重複。

表 16-2-1

數值名稱	資料型態	數值
TCP/IP Port	REG_DWORD （DWORD（32-位元）值）	自訂，例如 56789（十進位）

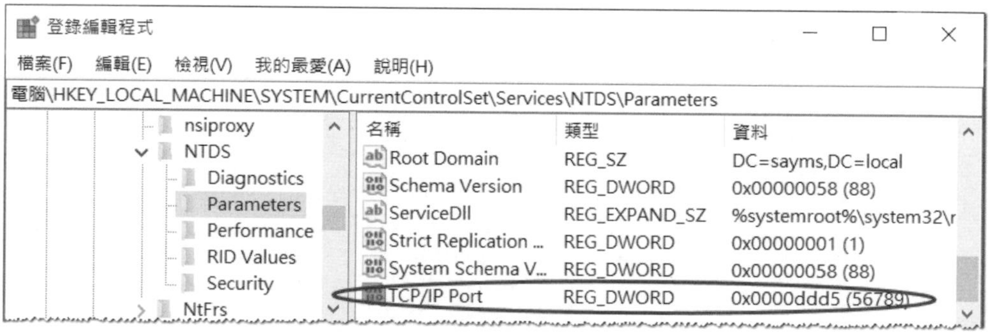

圖 16-2-4

完成後重新開機，以後這台網域控制站在執行 AD DS 資料庫複寫時所使用到的連接埠將會是 56789（包含 IPv4 與 IPv6）。您可以先利用 **Active Directory 站台及服務**來手動與其他網域控制站之間執行 AD DS 資料庫複寫的工作，然後在這台網域控制站上開啟 Windows PowerShell 視窗、執行 **netstat -n** 指令來檢視其所使用的連接埠，如圖 16-2-5 所示可看到它使用到我們所指定的連接埠 56789（圖中為 IPv4，往下捲還可看到 IPv6）。

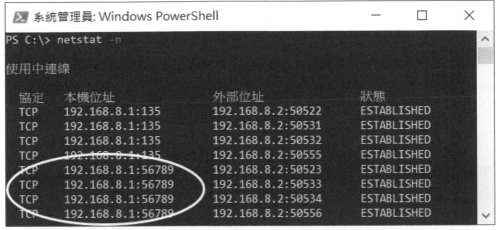

圖 16-2-5

限制 FRS 使用指定的靜態連接埠

若網域功能等級是 Windows Server 2008 以下的話,則同一個網域的網域控制站之間在複寫 SYSVOL 資料夾時,會使用 FRS(File Replication Service)。FRS 預設也是採用動態 RPC 連接埠,但是我們也可以自行指定一個靜態的連接埠。請到網域控制站上執行登錄編輯程式 REGEDIT.EXE,然後透過以下路徑來設定:

HKEY_LOCAL_MACHINE\SYSTEM\CurrentControlSet\Services\NTFRS\Parameters

請在上述路徑之下新增一個如表 16-2-2 所示的數值,表中我們將連接埠號碼設定為 45678(十進位),注意此連接埠不可以與其他服務所使用的連接埠相同。完成後重新開機。以後這台網域控制站的 FRS 服務所使用的連接埠將會是 45678。

表 16-2-2

數值名稱	資料型態	數值
RPC TCP/IP Port Assignment	REG_DWORD	自訂,例如 45678(十進位)

限制 DFS 使用指定的靜態連接埠

若網域功能等級為 Windows Server 2008(含)以上的話,則 Windows Server 2008(含)以上的網域控制站之間在複寫 SYSVOL 資料夾時需利用 **DFS 複寫服務**,而它也是採用動態 RPC 連接埠，但是我們也可以將其固定到一個靜態的連接埠。請到網域控制站上開啟 Windows PowerShell 視窗，然後執行以下指令（如圖 16-2-6 所示，圖中假設將連接埠固定到 34567）：

Set-DfsrServiceConfiguration　-RPCPort　34567

完成後重新啟動此網域控制站，以後其 **DFS 複寫服務**所使用的連接埠將會是 34567。

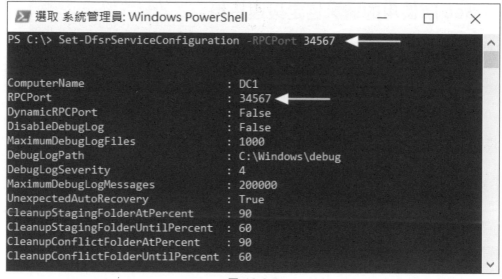

圖 16-2-6

注意此連接埠不可以與其他服務所使用的連接埠相同，還有需在有安裝 **DFS 複寫服務**的伺服器上執行上述指令，否則執行會失敗。若要安裝 **DFS 複寫服務**的話：開啟伺服器管理員❺點擊儀表板處的**新增角色及功能**❺持續按 下一步 鈕，一直到**選取伺服器角色**畫面時展開**檔案和存放服務**❺展開**檔案和 iSCSI 服務**❺勾選 **DFS 複寫**❺… 。

您也可以執行 **DFSRDIAG　StaticRPC　/Port:34567** 指令來達到相同目的。

16-3 IPSec 與 VPN 連接埠

如果網域控制站之間，或網域控制站與成員電腦之間，不但被防火牆隔開，而且所傳送的資料還經過 IPSec 的處理，或經過 PPTP、L2TP 等 VPN 安全傳輸通道來傳送的話，則還有一些通訊協定或連接埠需在防火牆開放。

IPSec 所使用的通訊協定與連接埠

IPSec 除了用到 UDP 通訊協定外，還會用到 ESP 與 AH 通訊協定，因此我們需要在防火牆開放相關的 UDP 連接埠與 ESP、AH 通訊協定：

▶ Encapsulation Security Payload（ESP）：通訊協定號碼為 50

▶ Authentication Header（AH）：通訊協定號碼為 51

▶ Internet Key Exchange（IKE）：所使用的是 UDP 連接埠號碼 500

PPTP VPN 所使用的通訊協定與連接埠

除了 TCP 通訊協定外，PPTP VPN 還會使用到 GRE 通訊協定：

▶ General Routing Encapsulation（GRE）：通訊協定號碼為 47

▶ PPTP：所使用的是 TCP 連接埠號碼 1723

L2TP/IPSec 所使用的通訊協定與連接埠

除了 UDP 通訊協定外，L2TP/IPSec 還會用到 ESP 通訊協定：

▶ Encapsulation Security Payload（ESP）：通訊協定號碼為 50

▶ Internet Key Exchange（IKE）：所使用的是 UDP 連接埠號碼 500

▶ NAT-T：所使用的是 UDP 連接埠號碼 4500，它讓 IPSec 可以穿越 NAT。

雖然 L2TP/IPSec 還會使用到 UDP 連接埠 1701，但它是被封裝在 IPSec 封包內，因此不需要在防火牆開放此連接埠。

Windows Server 2022 Active Directory 建置實務

作　　　者：戴有煒
企劃編輯：莊吳行世
文字編輯：詹祐甯
設計裝幀：張寶莉
發　行　人：廖文良

發　行　所：碁峰資訊股份有限公司
地　　　址：台北市南港區三重路 66 號 7 樓之 6
電　　　話：(02)2788-2408
傳　　　真：(02)8192-4433
網　　　站：www.gotop.com.tw
書　　　號：ACA027300
版　　　次：2022 年 03 月初版
建議售價：NT$620

國家圖書館出版品預行編目資料

Windows Server 2022 Active Directory 建置實務 / 戴有煒著. --
　　初版. -- 臺北市：碁峰資訊, 2022.03
　　　面；　　公分
　　ISBN 978-626-324-105-3(平裝)
　　1.CST：網際網路
312.1653　　　　　　　　　　　　　　　111001521

讀者服務

- 感謝您購買碁峰圖書，如果您對本書的內容或表達上有不清楚的地方或其他建議，請至碁峰網站：「聯絡我們」\「圖書問題」留下您所購買之書籍及問題。(請註明購買書籍之書號及書名，以及問題頁數，以便能儘快為您處理)
  http://www.gotop.com.tw

- 售後服務僅限書籍本身內容，若是軟、硬體問題，請您直接與軟體廠商聯絡。

- 若於購買書籍後發現有破損、缺頁、裝訂錯誤之問題，請直接將書寄回更換，並註明您的姓名、連絡電話及地址，將有專人與您連絡補寄商品。